普通高等教育数学基础课程教材

数学实验

（MATLAB 版）

第 5 版

韩 明 王家宝 李 林 编著

同济大学出版社
TONGJI UNIVERSITY PRESS
·上海·

内容提要

本书是在贯彻落实教育部“高等教育面向 21 世纪教学内容和课程体系改革计划”的要求精神及第 4 版的基础上，按照工科及经济管理类“本科数学基础课程教学基本要求”，并结合当前大多数本专科院校的学生基础、教学特点和教材改革精神编写的. 全书以通俗易懂的语言，全面而系统地讲解数学实验的内容. 全书共 7 章，第 1 章是绪论；第 2—5 章是基础实验部分，内容包括一元微积分实验、多元微积分实验、线性代数实验和概率论与数理统计实验；第 6 章是综合实验；第 7 章是数学建模初步. 每章都以实验的形式将有关内容与 MATLAB 相结合，达到理论与实践的统一，便于读者学习和上机实验. 每节后面有“练习题”，每小节(或节)的例题(或实验)前有简要的“实验目的”，并在附录中有 MATLAB 的基本操作.

本书理论系统，举例丰富、新颖，讲解透彻，难度适宜，可作为高等院校各专业“数学实验”或“建模竞赛”课程的教材或参考书，也可以穿插在“高等数学”“线性代数”和“概率论与数理统计”课程中同步使用，并可供广大自学者学习和参考.

图书在版编目(CIP)数据

数学实验：MATLAB 版 / 韩明，王家宝，李林编著. -- 5 版. -- 上海：同济大学出版社，2023. 8

ISBN 978-7-5765-0770-6

Ⅰ. ①数… Ⅱ. ①韩… ②王… ③李… Ⅲ. ① 高等数学-实验-高等学校-教材 Ⅳ. ①013-33

中国国家版本馆 CIP 数据核字(2023)第 013750 号

普通高等教育数学基础课程教材

数学实验(MATLAB 版) 第 5 版

韩　明　王家宝　李　林　编著

责任编辑　陈佳蔚　　责任校对　徐逢乔　　封面设计　潘向蓁

出版发行　同济大学出版社　www.tongjipress.com.cn

（地址：上海市四平路 1239 号　邮编：200092　电话：021 - 65985622）

经　　销　全国各地新华书店

排　　版　南京月叶图文制作有限公司

印　　刷　常熟市大宏印刷有限公司

开　　本　710 mm×960 mm　1/16

印　　张　19.75

印　　数　1—3100

字　　数　395 000

版　　次　2023 年 8 月第 5 版

印　　次　2023 年 8 月第 1 次印刷

书　　号　ISBN 978-7-5765-0770-6

定　　价　59.80 元

前　言

本书的第1—4版出版后，深受广大读者的关心和厚爱，在此作者表示衷心感谢. 第4版出版以来，我们继续关注国内外“数学实验”方面的有关动态，并已将部分成果融入教材中.

数学对当代科学乃至整个社会的影响和作用日益显著，已成为科学研究的主要支柱，其方法及计算、理论研究和科学实验均成为科学研究中不可缺少的手段. 同时，现代数学几乎渗透到包括自然科学和人文社会科学在内的所有学科和应用领域中. 应用数学理论和方法并结合计算机来解决实际问题已成为极其普遍的模式. 因此，社会对人才培养中的数学素质和能力提出了更高的要求. 然而，传统的数学课程对此体现不足，出现了像李大潜院士指出的“长期存在的矛盾现象：一方面数学很有用，另一方面学生学了数学以后却不会用的问题”.

计算机的普及和发展，改变了人们对数学只用纸和笔进行学习和研究的传统方式. 学生凭借简单易学、高度集成化的数学软件(如 MATLAB 软件等)，能方便地对数学问题或实际应用问题进行符号演算、数值计算和图形分析，从而提高数学实践能力、培养探索精神，进而在实践和探索过程中提高创造能力. 数学实验从根本上影响和改变了数学学习、研究和应用的方式. 数学实验借助计算机和数学软件，通过脑、手、眼并用的实践探索性学习模式，有效地延伸了数学的应用领域和活动空间，使数学学习和问题解决的探索过程相统一.

本书的第4版在2018年1月出版后，经过五年多的教学实践，我们又积累了一些经验，并收集了广大读者的意见和建议. 我们力求把传统的大学数学内容用现代观点进行介绍，并通过数学软件(MATLAB)编写程序的数学实验来具体实现. 在本次改版中，我们继承了前4版对数学实验的定位和基本框架：通过以“高等数学”“线性代数”和“概率论与数理统计”三门课程知识为背景的实验——**基础实验**，引导学生借助数学软件理解抽象的数学理论；通过解决一些综合性问题的实验——**综合实验**，培养学生的探索精神、综合应用数学知识解决问题的意识及能力;通过数学建模的问题——**数学建模初步**,初步体验数学建模的过程,进一步培养和提高学生的创新能力和素质.

在本次改版中,我们保留了第4版的内容体系和大部分内容;修改了第4版中的不妥或错误,努力提高教材的质量;增加和改写了少部分内容,如在第6章最后增加了“混沌和分形”.

虽然作者努力使本书成为一本既有特色又便于教学的教材,但由于水平所限,书中如有疏漏甚至错误,恳请专家和读者批评指正.让我们共同努力,把这本教材建设好.

韩 明

2023年8月

第 4 版前言

本书的第 1—3 版出版后，深受广大师生的关心和厚爱，在此作者表示衷心感谢.

进入 20 世纪 90 年代以后，特别是进入 21 世纪以来，随着计算机的普及和各种数学软件的开发，高等院校数学类课程的教学内容、课程体系和教学方式也随之进行了改革. 数学实验作为大学数学教学改革的产物，与传统的数学课程不同，它将数学知识与数学软件、计算机相结合. 在数学实验过程中，学生使用所学的知识，先对问题进行分析、设计，然后应用数学软件进行求解、验证. 在此过程中，加深了对数学知识的理解，既培养了学生编写程序(代码)的能力，也培养了应用数学知识解决问题的能力，同时还能激发学生学习数学的兴趣，并能培养学生的创新能力.

以计算机为代表的信息技术拓展了数学的应用领域，使数学的应用在广度和深度上都达到了前所未有的程度，并使数学技术成为当今高科技的一个重要标志. 同时，信息技术也从根本上影响和改变了数学的学习、研究和应用方式，数学教学正在进行前所未有的变革. 数学实验正是在这一变革大潮中迅速发展起来的一门新兴课程，它颠覆了仅靠纸和笔的数学学习方式. 借助计算机和数学软件，倡导脑、手、眼并用的实践探索性学习模式，有效地延伸了数学的应用领域和活动空间，使数学学习和问题解决的探索过程相统一.

教育部高等学校大学数学课程教学指导委员会在"本科数学基础课程教学基本要求"(2014 年版)中指出，"各高校应根据自身的实际情况，努力创造条件，开设与理论教学相配套的数学建模与数学实验课程，培养学生的数学建模能力，突出建模、实验方法的创新能力培养."

伴随着数学实验课程在我国高等院校的广泛开设，尽管已经有不少数学实验方面的教材陆续出版，然而，对数学实验课程的教学内容、教学方法和教材等方面的问题还没有统一的认识，仍然有待广大教育工作者的进一步探索和实践. 本书力求把传统的大学数学内容用现代观点进行介绍，并用数学软件(MATLAB)编写程序的数学实验来具体实现.

在本次修订中，我们继承了前三版对数学实验的定位和基本框架：通过以"高等数学""线性代数"和"概率论与数理统计"三门课程知识为背景的实验——**基础实验**，引导学生借助数学软件理解抽象的数学理论；通过解决一些综合性问题的实验——**综合实验**，培养学生的探索精神、综合应用数学知识解决问题的意识及能力;通过数学建模的几个问题——**数学建模初步**,初步体验数学建模的过程,进一步培养和提高学生的创新能力和素质.其中,基础实验是**主体**,综合实验是基础实验的扩展,数学建模初步是基础实验和综合实验的提高.

本书的第3版在2015年2月出版后,经过三年来的教学实践,我们又积累了一些经验,并收集了广大师生的意见和建议,本次修订就是在这些基础上进行的.在本次修订中,我们更正了第3版中的不妥或错误,努力提高教材的质量.本次修订计划由韩明教授提出,并经作者们讨论后确定,具体分工如下:第1,5,7章(部分)由韩明教授执笔;第2,3,4章由李林副教授执笔;第6,7章(部分)与附录由王家宝教授执笔;全书由韩明教授统稿、定稿.

我们努力使本书成为一部既有特色又便于教学的教材,但由于水平所限,书中如有疏漏甚至错误,恳请专家和读者批评、指正.

韩　明

2018年1月

第 3 版前言

本书的第 1 版、第 2 版出版后，得到了广大师生的关心和厚爱，在此表示衷心感谢，同时也深感“责任重”.

大学数学教育本质上是一种素质教育. 数学的训练，可以使学生树立明确的数量观念，提高逻辑思维能力，有助于培养认真细致、一丝不苟的作风，形成精益求精的风格，提高运用数学知识处理现实世界中各种复杂问题的意识、信念和能力，调动学生的探索精神和创造力.

要体现素质教育的要求，大学数学的教学不能完全与外部世界隔离开来，关起门来在数学的概念、方法和理论中打圈子，处于自我封闭状态，以致学生在学了许多据说是非常重要、十分有用的数学知识以后，却不会应用或无法应用. 实践已证明：开设数学建模和数学实验课程，举办数学建模竞赛，为数学与外部世界的联系打开了一个通道，提高了学生学习数学的积极性和主动性，是对数学教学体系和内容改革的一个成功的尝试.

二十多年来，在数学建模竞赛的推动下，许多高等院校相继开设了数学建模课程以及与此密切相关的数学实验课程. 一些教师正在进行将数学建模、数学实验的思想和方法融入大学数学主干课程的研究和探索. 从已出版的“数学实验”教材中，我们已经看到了不同的教材，在模式、定位、内容选取等方面有着各种不同的理解和多样的选择，可以说是各有特色.

本书的第 2 版在 2012 年 1 月出版后，已重印三次，经过三年来的教学实践，我们又积累了一些经验，并吸取了广大师生的意见和建议，本次修订就是在这些基础上进行的. 本次修订中保留了本书第 2 版的以下主要特色：

(1) 起点低，便于自学；

(2) 通过以“高等数学”“线性代数”和“概率论与数理统计”三门课程知识为背景的实验——**基础实验**，引导学生借助数学软件理解抽象的数学理论；

(3) 通过解决一些综合性问题的实验——**综合实验**，培养学生的探索精神、综合应用数学知识解决问题的意识及能力；

(4) 通过数学建模的几个问题——**数学建模初步**，初步体验数学建模的过程，进一步培养和提高学生的创新能力和素质.

在本次修订中，我们修订了第 2 版中的不妥或错误，努力提高教材的质量. 本次修订中，我们保留了第 2 版的内容体系和大部分内容，增加、删除和改写了少部分内容. 本次修订计划由作者们讨论并确定，具体分工如下：第 1 章、第 5

章、第 7 章(部分)由韩明教授执笔;第 2 章、第 3 章、第 4 章由李林副教授执笔;第 6 章、第 7 章(部分)、附录由王家宝教授执笔;徐新亚教授承担了其他相关工作;全书由韩明教授统稿、定稿.

本书的第 1 版,已被李大潜院士主编的《中国大学生数学建模竞赛》收入"数学建模及相关教材目录"(1982 年以来国内正式出版的数学建模教材、译著、竞赛辅导教材及与数学建模相关的数学实验教材).

2014 年 5 月,浙江省教育厅关于浙江省"十二五"普通高等教育本科国家级规划教材推荐名单的公示(http://www.zjedu.gov.cn/gb/articles/2014-05-09/news20140509171438.html)中,也列有本书的第 2 版.

虽然我们努力使本书写成一部既有特色又便于教学(自学)的教材,但由于作者水平所限,书中难免还有一些疏漏甚至错误,恳请专家和读者批评和指正.希望本书能够继续得到广大师生的关心和厚爱,让我们共同努力,把这部教材建设好.

韩　明

2015 年 1 月

第 2 版前言

据《科学时报》2011 年 9 月 23 日报道，全国大学生数学建模竞赛组委会主任、中国科学院院士、复旦大学教授李大潜在"2011 高教社杯全国大学生数学建模竞赛"新闻发布会上指出："开设数学建模和数学实验课程，举办数学建模竞赛，为数学与外部世界的联系打开了一个通道，提高了学生学习数学的积极性和主动性，是对数学教学体系和内容改革的一个成功的尝试."

2011 年的全国大学生数学建模竞赛共吸引来自国内外的 1 251 所高校 19 490 个队的 58 000 多名大学生参赛，为历年来人数最多的一次. 竞赛虽然发展得如此迅速，但是参加者毕竟还是在校大学生中的很少一部分学生，要使它具有强大的生命力，必须与日常的教学活动和教育改革相结合. 十几年来在竞赛的推动下，许多高校相继开设了"数学建模"课程以及与此密切相关的"数学实验"课程.

实践证明，数学实验(mathematical experiment)是连接"高等数学""线性代数"和"概率论与数理统计"这三门课程与数学建模(mathematical modelling)的一个桥梁，对于提高大学生学习数学的兴趣、促进数学理论和应用的结合等起到了积极的作用，为数学建模奠定了良好的基础.

目前，对"数学实验"课程的模式、定位、内容选取和教学方式等方面可能有着各种不同的理解和多样的选择. 在数学建模竞赛的推动下，开设"数学实验"课程的高等院校越来越多，相关的教材也越来越多. 另外，怎样"在大学的主干数学课程中融入数学实验的思想和方法"，也是十分有意义的工作.

本书第 1 版在 2009 年 1 月出版后，深受广大师生的欢迎，并已重印 3 次，错误和疏漏也已修订了 3 次. 经过 3 年来的教学实践，我们积累了一些经验，并听取了广大师生的意见和建议，本次修订就是在这些基础上进行的. "怎样突出本书的特色呢?"这是我们一直在努力探索的问题. 本次修订保留了本书第 1 版的主要特点：

(1) 起点低，便于自学；

(2) 通过以"高等数学""线性代数"和"概率论与数理统计"三门课程知识为背景的实验——**基础实验**，引导学生借助数学软件理解抽象的数学理论；

(3) 通过解决一些综合性问题的实验——**综合实验**，培养学生的探索精神、综合应用数学知识解决问题的意识及能力；

(4) 通过数学建模的几个问题——**数学建模初步**，初步体验数学建模的过程，进一步培养和提高学生的创新能力和素质.

另外，本书在"数学建模初步"部分与大部分"数学建模"方面的教材不同，在每个问题中都附有比较详细的MATLAB程序(这些程序都已通过调试运行).这部分内容体现了数学实验在数学建模中的作用，便于读者学习.考虑到数学实验与数学建模、数学建模竞赛的关系，本次修订我们适当增加了"数学建模初步"的篇幅.

本次修订我们修改了第1版中的不当之处，并努力致力于教材质量的提高.我们保留了第1版的内容体系和大部分内容，增加、删除和改写了一小部分内容.本次修订计划由作者们讨论并确定，具体分工如下：第1章、第5章、第7章(部分)由韩明教授执笔；第2章、第3章、第4章由李林副教授执笔；第6章、第7章(部分)、附录由王家宝教授执笔；全书由韩明教授统稿、定稿.

希望本书能够继续得到广大师生的关心和厚爱，让我们共同努力，把这部教材建设好.我们深知要想建设好一部教材，绝非一朝一夕能够实现，要经过若干年的努力探索才有可能，在这方面国内外已有成功的经验可以借鉴.虽然我们努力使本书写成一部既有特色又便于教学的教材，但由于作者水平所限，书中难免还有一些疏漏甚至错误之处，恳请专家和读者批评、指正.

韩　明

2012年1月

第 1 版前言

传统的数学课程教学方法是教师在课堂上讲、学生(用纸和笔)练. 这种模式注重培养学生进行精密的计算、严密的逻辑推理能力,而忽视了对学生主动思考、自主创新能力的培养. 在这种教学模式下,学生对数学的认识也仅是停留在记公式、做计算题和证明题上. 这与当前社会对科技人才的培养中数学素质和能力的要求相差甚远. 从 20 世纪 90 年代中期开始,数学实验(mathematical experiment)作为大学数学教学改革的产物在国内高等院校诞生,它以与传统数学教学不同的方式在大学数学教育中引起了广大师生的广泛的兴趣.

1989 年,著名的科学家钱学森教授在"中国数学会教育与科研座谈会"上提出:"电子计算机的出现对数学科学的发展产生了深刻的影响,大学理工科的数学课程是不是需要改革一番?"

1992 年,美国工业与应用数学学会的一篇论文就指出:"一切科学与工程技术人员的教育必须包括愈来愈多的数学和计算机科学的内容. 数学建模和相伴的计算正在成为工程设计中的关键工具."美国科学、工程和公共事业政策委员会在一份报告中曾指出:"今天,在科学技术中最为有用的领域就是数值分析与数学建模."所有这些思想,都与数学实验课程所包含的内容密切相关.

周远清(教育部原副部长)、姜启源发表在 2006 年 1 月 11 日《光明日报》上的文章《数学建模竞赛实现了什么?》中指出:十几年来在我国开展的"全国大学生数学建模竞赛"的实践已经证实了"数学建模竞赛"至少实现了以下两点:(1)提高了学生的综合素质;(2)推动了高校教育改革.

实践证明,数学建模(mathematical modelling)是连接"学"和"用"的一个桥梁. 李大潜院士提出:"把**数学建模**的思想和方法融入到大学的主干数学课程中去."目前,多数专业的主干数学课程主要有"高等数学""线性代数"和"概率论与数理统计",而数学实验是连接这三门课程与数学建模的一个桥梁. 因此,仿照以上李大潜院士的说法,我们可以提出:"把**数学实验**的思想和方法融入到大学的主干数学课程中去."

21 世纪对各类专业技术人才的培养中数学素质和能力的要求越来越高,我们培养的人才应具有对专业背景的实际问题建立数学模型的能力,这样才能在实际工作中发挥更大的创造性. 开设"数学实验"课程的目的,正是为了培养学生运用计算机研究、学习数学的能力，锻炼学生动手能力，进而提高学生的创造能力.

我们对“数学实验”课程教学的认识主要包括两个方面：一是对“高等数学”“线性代数”和“概率论与数理统计”课程中一些抽象的、难以理解的概念和理论结果，通过数学软件(本书的数学软件选用 MATLAB，所有例题中的程序都已通过 MATLAB 7.0 的运行)在视觉上进行形象化再现，以加深理解；二是把它理解为数学建模的基础和数学理论知识的一些应用，也就是使学生从实际问题出发，经过分析和研究，建立数学模型，并借助数学软件，上机操作，得到解决问题的一种或多种方案，在实验的过程中体验数学的奥妙.

基于以上对“数学实验”课程教学的这种认识，本书主要内容分为三个部分：

第一部分是**基础实验**(第 2 章、第 3 章、第 4 章、第 5 章)，主要围绕“高等数学”“线性代数”和“概率论与数理统计”课程中的一些基本概念、数学理论，应用数学软件进行一些计算，并把一些基本概念、数学理论通过图形的可视化等方式，使学生更容易理解其内涵.

第二部分是**综合实验**(第 6 章)，主要介绍一些计算方法，并应用这些方法解决一些综合性的问题. 考虑到不同专业的需要、学时等方面因素，这部分介绍的 15 个综合实验相对独立，读者可以根据具体需要进行选择.

第三部分是**数学建模初步**(第 7 章)，主要介绍三个数学建模问题. 这部分介绍的三个问题相对独立，可以根据实际需要进行选择.

基于本书以上的主要内容，本书有以下几种用途：

(1) 可以作为一门课程——“数学实验”课程的教材或参考书；

(2) 可以穿插在“高等数学”“线性代数”和“概率论与数理统计”课程中同步使用；

(3) 可作为“数学建模竞赛”的培训教材或参考书；

(4) 可供广大自学者学习和参考.

本书是作者结合多年来在“高等数学”“线性代数”“概率论与数理统计”“数学实验”“数学建模”“数学建模竞赛”等课程的教学或培训以及指导学生参加“全国大学生数学建模竞赛”的实践经验编写而成的. 在写作本书的过程中，作者们经常在一起讨论，并把各自平时在教学实践中的一些积累无私地奉献出来，可以说，本书是作者们集体合作的一个成果. 编写大纲由韩明提出，并经作者们集体讨论并确定. 本书的分工如下：第 1 章、第 5 章由韩明编写；第 2 章、第 3 章、第 4 章由李林编写；第 6 章、第 7 章、附录由王家宝编写. 全书由韩明统稿、定稿.

除了作者写作的内容外，本书的部分内容(一些例题和练习题等)参考了书后所列参考文献. 作者在这里对这些参考文献的作者表示感谢.

虽然我们努力使本书成为一本既有新意又便于教学的教材,但由于水平所限,书中肯定还有一些不尽如人意之处,恳请专家和读者提出宝贵意见,以便再版时修改.

韩　明

2009 年 1 月

目　　录

1 绪　　论

本章主要介绍数学实验概述、数学软件及其应用以及本书的基本框架和内容安排.

1.1 数学实验概述

1.1.1 什么是数学实验

大家都知道物理实验和化学实验,那么,什么是数学实验呢? 长期以来,人们对数学教学的认识就是概念、定理、公式和解题. 在传统的数学教学过程中,教师在黑板上讲数学,而学生则在课堂上听数学和在纸上做题目. 这样,对多数学生而言,数学的发现探索活动没有能够真正开展起来,学习数学的积极性也没有真正地被调动出来.

随着计算机的普及和发展,改变了数学只用纸和笔进行研究的传统方式,特别是利用计算机成功地解决了"四色问题"对数学领域产生了巨大的影响,尽管有些数学家不承认这是一个证明(即严格地按数学逻辑推理得到的证明),但是问题的最终解决还是被数学界接受了. 20 世纪 70 年代末,我国数学家吴文俊从中国传统的数学机械化思想出发,创立了几何定理机器(计算机)证明的"吴方法",实现了利用计算机进行推理证明的突破,获得了国内外学术界的高度称赞与广泛重视,他因此获得我国首届国家最高科学技术奖.

随着科学技术的进步,尤其是计算机技术的快速发展,数学对当代科学乃至整个社会的影响和作用日益显著. 数学成为科学研究的主要支柱,其方法及计算已经与理论研究和科学实验成为科学研究中不可缺少的手段. 同时,现代数学几乎渗透到包括自然科学、人文社会科学在内的所有学科和应用领域中,通过建立数学模型(mathematical model)、应用数学理论和方法并结合计算机来解决实际问题已成为极其普遍的模式. 因此,社会对科技人才培养中的数学素质和能力已经提出了更高的要求. 然而传统的数学课程对此反映不足,不能体现数学在科技和现实生活中所起的重要作用. 因此出现了像李大潜院士指出的那种"长期存在的矛盾现象:一方面,数学很有用,另一方面,学生学了数学以后却不会用"的问题.

关于什么是数学实验,目前还没有一个统一的定义. 所谓**数学实验**(mathematical experiment),是在现代教育理论(特别是建构主义学习理论)指导下,旨在引导学生借助数学软件理解抽象的数学理论、自主探索和研究数学问题以及数学的应用问题的实践过程.

建构主义学习理论强调以学生为中心,要求学生由外部刺激的被动接受者和知识的灌输对象转变为信息加工的主体、知识意义的主动建构者;教师由知识的传授者、灌输者转变为学生主动建构意义的帮助者、促进者.计算机技术的普及,为实现建构主义的学习环境提供了理想的条件.可见在建构主义学习环境下,教师和学生的地位、作用与传统教学相比已发生了很大变化.这就意味着教师应该在数学实验教学中采用全新的教学模式、全新的教学方法和教学设计思想.

学生凭借简单易学、高度集成化的数学软件系统,能方便地对数学问题或实际应用问题进行符号演算、数值计算和图形分析,从而能够提高数学实践能力、培养探索精神,进而在实践和探索过程中提高学生的创造能力.数学实验既然是实验,就要求学生多动手,多上机,勤思考,在教师的指导下探索解决实际问题的方法,在失败与成功中获得真知.

1.1.2 关于"数学实验"课程

从20世纪90年代中期开始,数学实验作为大学数学教学改革的产物在国内高等院校诞生,它以与传统数学教学不同的方式在大学数学教育中引起了广泛的兴趣.数学实验是让学生通过结合使用计算机解决实际问题的过程来学习数学或应用数学,它并不是一门单纯介绍某一数学分支或数学方法的课程,其特点是:有让学生自己解决具体问题的"实验",通常包含了从问题到数学形式的建模,结合使用数学软件或编制程序.因此,数学实验是数学教学中的一个实践环节.

数学实验发展迅速,目前在国内有一大批学校开设了数学实验课程,而且有越来越多的学校准备开设这门课程.课程的对象不仅有理工科专业,而且包括了经济管理专业甚至文科专业.数学实验课程的模式可以有多种,以下介绍具有代表性的三种模式:一种是以介绍数学应用方法为主,通常是计算、统计和优化方法,以这种方法联系实验来开展教学,以清华大学的数学实验课程为代表;另一种是以解决来自各领域的实际问题为主,即"案例式"的教学,在解决实际问题的实验中来学用相关的数学知识,以上海交通大学的数学实验课程为代表;还有一种是以探索数学的理论和内容为主,目的是通过实验去发现和理解数学中较为抽象或复杂的内容,以中国科技大学的数学实验课程为代表.无论是采用哪种模式的数学实验课程,都必须有让学生自己动手来解决问题的过程,通过该过程提高对数学的理解和掌握,更重要的是学会数学的应用.在数学实验课程中,需要学生应用多方面的知识和掌握多种能力(包括应用数学和使用计算机等),因此,该课程有助于综合应用能力的培养和提高,同时,在实验中,学生作为学习的主体作用非常明显,学生的主观能动性能够得到很好的发挥.正因为如此,数学实验课程已成为一门极具活力的新型数学基础课程.

开设"数学实验"课程的目的与意义在于,将信息的单向交流变成多向交流,有利于培养学生的创新能力和实践能力;它将数学的直观、形象思维与逻辑思维结合起来,有利于培养学生运用数学知识、借助计算机手段来解决实际问题的综合能力和素质,进而提高学生的创造能力.

在提到"数学实验"课程时,不能不提**数学建模**(mathematical modelling)以及**全国大学生数学建模竞赛**.这项竞赛是由教育部高等教育司和中国工业与应用数学学会共同主办的全国大学生数学建模竞赛,每年一次,这项竞赛的规模以平均年增长25%以上的速度发展.竞赛虽然发展得如此迅速,但是参加者毕竟还只是很少一部分学生,要使它具有强大的生命力,必须与日常的教学活动和教育改革相结合.多年来,在竞赛的推动下,许多高校相继开设了数学建模课程以及与此密切相关的数学实验课程.

目前对"数学实验"课程的模式、定位、内容选取和教学方式等方面可能有着各种不同的理解和多样的选择,还需要进一步探讨.另外,怎样在大学的主干数学课程中融入数学实验的思想,也是一项十分有意义的工作.

1.2 数学软件及其应用

1.2.1 数学软件

近年来,在计算机辅助教学领域里出现了多种支持数学实验的软件,具有代表性的主要有 MATHEMATICA, MATHCAD, MAPLE, MATLAB 等.

MATLAB 提供了一个人机交互的数学系统环境,并以矩阵作为基本的数据结构,可以大大节省编程时间.MATLAB 具有强大的符号演算、数值计算和图形分析功能.在美国大学中,MATLAB 受到了教授与学生的普遍欢迎和重视.由于它将使用者从繁重、重复的计算中解放出来,把更多的精力投入到对数学的基本含义的理解上,因此,它已逐步成为许多大学生和研究生课程中的标准和重要的工具.不论是在教学还是在学生解题时,它都表现出高效、简单和直观的性能,是教师教学和学生学习强有力的工具.因此,在欧美的高等院校里,熟练运用 MATLAB 已成为大学生和研究生必须掌握的基本技能.近年来,在我国,高等院校教师和学生中也十分流行 MATLAB.本书的数学软件平台选择 MATLAB(所有例题或案例中的程序都已通过调试和运行).关于 MATLAB,

由于在本书的附录中有详细介绍，在此不再赘述.

1.2.2 应用 MATLAB 的几个例子

在系统介绍本书的内容之前，先看几个应用 MATLAB 软件的例子.

实验目的 通过以下几个例子，初步领略 MATLAB 的符号演算、数值计算和图形分析功能.

例 1.2.1 在“高等数学”课程中学习了微分和积分的概念等，在有些问题中可能会遇到高阶导数问题. 例如 $f(x)=\dfrac{\sin x}{x^2+4x+3}$，如何求$\dfrac{\mathrm{d}^3 f(x)}{\mathrm{d}^3(x)}$？

当然，手工推导是可以的，先求出 $\dfrac{\mathrm{d}f(x)}{\mathrm{d}x}$，再对$\dfrac{\mathrm{d}f(x)}{\mathrm{d}x}$ 求导数得出二阶导数 $\dfrac{\mathrm{d}^2 f(x)}{\mathrm{d}^2 x}$，最后再对 $\dfrac{\mathrm{d}^2 f(x)}{\mathrm{d}^2 x}$ 求导数得出三阶导数 $\dfrac{\mathrm{d}^3 f(x)}{\mathrm{d}^3 x}$. 这个过程比较机械，适合计算机实现. 以上计算用 MATLAB 只需执行一行命令即可得出结果.

解 在窗口(Command Window)输入命令(以下简称“输入命令”)

```
syms x;f=sin(x)/(x*x+4*x+3);f3=diff(f,x,3)
```

运行结果为

$$-\frac{\cos(x)}{x^2+4x+3}+3\frac{\sin(x)(2x+4)}{(x^2+4x+3)^2}+6\frac{\cos(x)(2x+4)^2}{(x^2+4x+3)^3}-6\frac{\cos(x)}{(x^2+4x+3)^2}-$$
$$6\frac{\sin(x)(2x+4)^3}{(x^2+4x+3)^4}+12\frac{\sin(x)(2x+4)}{(x^2+4x+3)^3}.$$

如果用手工推导，得出这样的结果需要繁杂、细致的工作，而且稍有不慎，就可能得出错误的结果.

实践证明，应用 MATLAB，在 1.5 s 内就可以精确地求出 $\dfrac{\mathrm{d}^{100} f(x)}{\mathrm{d}^{100} x}$（注：CPU 在不同状态下运行测出的时间可能有差异），但因其结果实在太长，在此从略（有兴趣的读者，可以自己算一下）.

通过例 1.2.1 我们看到，手工推导得出的结果的可信程度有时会受到怀疑[比如用手工求 $\dfrac{\mathrm{d}^{100} f(x)}{\mathrm{d}^{100} x}$ 等]，我们也初步体验了 MATLAB 符号演算功能的魅力.

例 1.2.2 在“线性代数”课程中学习了求矩阵的行列式的方法，比如用代数余子式方法可以把一个 n 阶行列式问题化简成 $n-1$ 阶行列式问题，而 $n-1$ 阶行列式又可化简为 $n-2$ 阶行列式问题，这样，用递归的方法可以最终化简成一阶行列式求解问题. 因此可以得到结论，任意阶矩阵的行列式都可以直接求出来.

事实上，这个结论忽视了算法的计算复杂性问题，这样的算法计算量庞大，

高达 $(n-1)(n+1)!+n$ 次. 比如 $n=20$ 时,运算次数为 $(n-1)(n+1)!+n=9.707\,279\,012\,624\,794\times10^{20}$ 次(应用 MATLAB,执行命令 19 * factorial(21)+20 即可得到),相当于在每秒亿次的巨型机(如中国运行速度最快的银河计算机)上 3 000 年的计算量.

考虑 Hilbert 矩阵

$$\boldsymbol{H}=\begin{pmatrix} 1 & \frac{1}{2} & \frac{1}{3} & \cdots & \frac{1}{n} \\ \frac{1}{2} & \frac{1}{3} & \frac{1}{4} & \cdots & \frac{1}{n+1} \\ \vdots & \vdots & \vdots & & \vdots \\ \frac{1}{n} & \frac{1}{n+1} & \frac{1}{n+2} & \cdots & \frac{1}{2n-1} \end{pmatrix},$$

以下应用 MATLAB 分别计算 $n=10$ 和 $n=20$ 时 Hilbert 矩阵的行列式和秩.

解 (1) 当 $n=10$ 时,输入命令

```
H=sym(hilb(10));det(H)
```

得 Hilbert 矩阵的行列式为

$$\det(\boldsymbol{H})=\frac{1}{46206893947914691316295628839036278726983680000000000}.$$

输入命令

```
H=sym(hilb(10));rank(H)
```

得 Hilbert 矩阵的秩为 $\mathrm{rank}(\boldsymbol{H})=10$.

(2) 当 $n=20$ 时,与 $n=10$ 时类似,有

$$\det(\boldsymbol{H})=\frac{1}{\underbrace{2377454716768534\cdots978368000000000000000000000000000000000000000}_{225\text{位,因页面宽度的限制省略了中间的数字}}}.$$

$\mathrm{rank}(\boldsymbol{H})=20$.

以上结果说明,当 $n=10$ 和 $n=20$ 时,Hilbert 矩阵的行列式的值接近零,这也说明高阶 Hilbert 矩阵接近奇异矩阵.

以上结果还说明,虽然当 $n=10$ 和 $n=20$ 时 Hilbert 矩阵都接近奇异矩阵,但它们都是满秩矩阵,因此都是非奇异矩阵.

通过例 1.2.2,我们初步体验了 MATLAB 强大的数值计算功能.

例 1.2.3 在"概率论与数理统计"课程中学习了概率的计算,现在看一个

问题(生日问题):假设每个人的生日在一年 365 天中的任意一天是等可能的,即等于 1/365,随机选取 n ($n \leqslant 365$) 个人,则他(她)们的生日各不相同的概率为$\frac{365\times 364\times\cdots\times[365-(n-1)]}{365^n}$,$n$ 个人中至少有两个人生日相同的概率为

$$p_n = 1-\frac{365\times 364\times\cdots\times[365-(n-1)]}{365^n}.$$

应用 MATLAB 软件,(1)画出 n 个人中至少有两个人生日相同的概率曲线($1\leqslant n\leqslant 80$);(2)对 $n=10, 20, 30, 40, 50, 60, 70, 80$,计算 n 个人中至少有两个人生日相同的概率.

解 (1) 输入命令

```
for n=1:80
  p1(n)=prod (365-n+1:365)/365^n;
  p(n)=1-p1(n);
end
plot(p)
```

运行结果如图 1-1 所示.

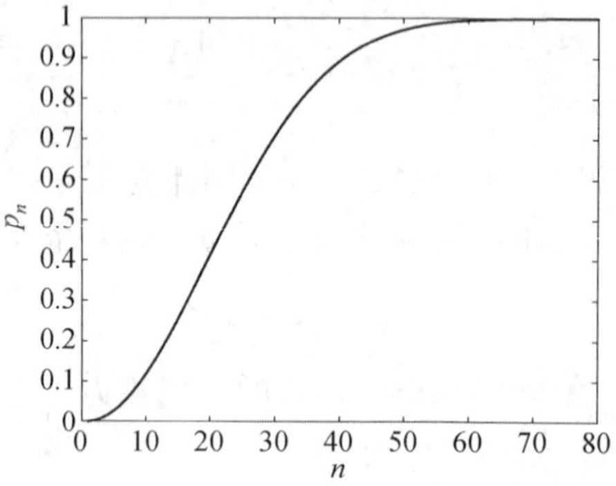

图 1-1 生日问题的概率曲线

(2) 在(1)的基础上,分别输入命令

```
p(10), p(20), p(30), p(40), p(50),
p(60), p(70), p(80)
```

运行结果见表 1-1.

表 1-1 **结果数据**

n	10	20	30	40	50	60	70	80
p_n	0.1169	0.4114	0.7063	0.8912	0.9704	0.9941	0.9992	0.9999

根据表 1-1 可以看出,尽管一年有 365 天,但任意 30 个人中至少有两个人生日相同的概率就高达 0.7063,这是我们意想不到的结果. 因此,只凭直观想象不一定能作出正确的判断.

在本书的第 5 章(例 5.7.2)中将给出生日问题概率的另外一种计算方法——随机模拟计算.

例 1.2.4 圆周率 π 是一个无理数[1761 年,由兰伯特(Lambert)证明],也是一个超越数[1882 年,由林德曼(Lindemann)证明],即它不能表示为一个整系数多项式方程的解(没有解析解). 中国古代数学家、天文学家祖冲之早在公元 480 年就得到了 $3.1415926<\pi<3.1415927$. 在一般科学和工程应用中,取这样的值可以满足精度要求,而没有必要非要去追求根本不存在的解析解.

古今中外,历史上有许多科学家致力于圆周率 π 的研究与计算. 19 世纪以

前及整个 19 世纪，虽然圆周率的计算进度相当缓慢，仅靠手工计算，但记录却不断地被刷新. 到了 20 世纪，伴随着计算技术的发展，圆周率的计算发展很快，1999 年得到的圆周率的计算记录是小数点后的 206 158 430 000（2 061 多亿）位精确值（这个结果是在 1999 年 9 月，由两个日本人利用高速计算机，用时 37 小时 21 分 4 秒得到的）.

据英国广播公司（BBC）2010 年 9 月 17 日报道：雅虎科技公司的研究人员尼古拉斯 · 斯则（Nicholas Sze），采用"云计算"技术，利用 1 000 台电脑同时计算，历时 23 天，将圆周率精确到小数点后 2 000 万亿位. 这个结果比此前 1999 年得到的圆周率的计算记录（小数点后 2 000 多亿位）更精确.

当今，利用有效的数学计算软件，也可以直接得到圆周率小数点后的若干位. 但必须明确的是，无论用到什么样的软件直接得到圆周率的近似值（例如，应用 MATLAB，执行命令 vpa（pi，100）就能得到圆周率 π 小数点后 99 位，即 3. 141 592 653 589 793 238 462 643 383 279 502 884 197 169 399 375 105 820 974 944 592 307 816 406 286 208 998 628 034 825 342 117 068），它的后台程序还依然对应一个较为有效的计算方法. 所以，我们介绍圆周率的计算，其目的在于使读者了解一些关于近似计算的方法，而不是为了试图得到圆周率小数点后更多的精确位数.

如何设计一种求 π 的方法，并具体算出 π 的近似值呢？从不同角度考虑问题，我们可以得到多种方法（如幂级数法、数值积分法、繁分式法、随机模拟法等），因此，数值解法就显示出其优越性了. 这里先不具体讨论这个问题，在后面第 5 章中（例 5. 2. 2 和例 5. 7. 1）将具体讨论这个问题.

例 1. 2. 5（洛伦兹吸引子与"蝴蝶效应"） 吸引子在 1963 年由美国麻省理工学院的气象学家洛伦兹（E. N. Lorenz）发现. 洛伦兹教授在研究天气的不可预测性时，通过简化方程，获得了具有三个自由度的系统. 在计算机上用他所建立的微分方程模拟气候变化，意外地发现，初始条件的极微小差别可以引起模拟结果的巨大变化，这表明天气过程以及描述它们的非线性方程是如此的不稳定，以至巴西热带雨林的一只蝴蝶偶然拍动一下翅膀，几星期后可以在美国得克萨斯州引起一场龙卷风，这就是"蝴蝶效应".

洛伦兹根据牛顿定律建立的温度、压强和风速之间的微分方程组为

$$\begin{cases} \dfrac{\mathrm{d}x}{\mathrm{d}t} = -\beta x + yz, \\ \dfrac{\mathrm{d}y}{\mathrm{d}t} = -\sigma(y - z), \\ \dfrac{\mathrm{d}z}{\mathrm{d}t} = -xy + \rho y - z. \end{cases}$$

给定初值条件

$$\begin{cases} x(0)=0, \\ y(0)=0, \\ z(0)=\varepsilon. \end{cases}$$

取 $\beta=8/3$，$\rho=28$，$\sigma=10$，$\varepsilon=2.2204\times10^{-16}$，则得微分方程组：

$$\begin{cases} \dfrac{\mathrm{d}x}{\mathrm{d}t}=-8x/3+yz, \\ \dfrac{\mathrm{d}y}{\mathrm{d}t}=-10y+10z, \\ \dfrac{\mathrm{d}z}{\mathrm{d}t}=-xy+28y-z. \end{cases}$$

将三个方程的右端函数写成向量形式，得

$$\begin{pmatrix} -8x/3+yz \\ -10y+10z \\ -xy+28y-z \end{pmatrix}=\begin{pmatrix} -8/3 & 0 & y \\ 0 & -10 & 10 \\ -y & 28 & -1 \end{pmatrix}\begin{pmatrix} x \\ y \\ z \end{pmatrix}.$$

由于 MATLAB 中有常数 eps $=2.2204\times10^{-16}$，初始条件可以用列向量 $(0\quad 0\quad \text{eps})^{\mathrm{T}}$ 表示. 首先在程序编辑器(Editer)窗口内写建立上述微分方程组右端函数的 M 文件，输入命令

```
function z=flo(t,y)
A=[-8./3 0 y(2);0 -10. 10.;-y(2) 28. -1];
z=A*y;
```

将上述 M 文件保存在 work 文件夹(默认)中，然后(在 Command Window 窗口)输入命令

```
[t,y]=ode23('flo',[0,80],[0 0 eps]');
u=y(:,1);v=y(:,2);w=y(:,3);plot3(u,v,w)
```

运行结果如图 1-2 所示.

洛伦兹微分方程组的解曲线——洛伦兹吸引子是三维空间中的一条曲线，如图 1-2 所示，这条曲线相互缠绕而互不相交. 如果将这条曲线视为某一动点的轨迹，这个动点将随自变量 t 的增大，在空间中的两个定点附近做环绕运动.

“蝴蝶效应”是最早发现的混沌现象之一. 什么是混沌呢? 它的原意是指无序和混乱的状态(混沌译自英文 chaos). 这些表面上看起来无规律、不可预测的现象，实际上有它自己的规律，混沌学的任务就是寻求混沌现象的规律，并加以

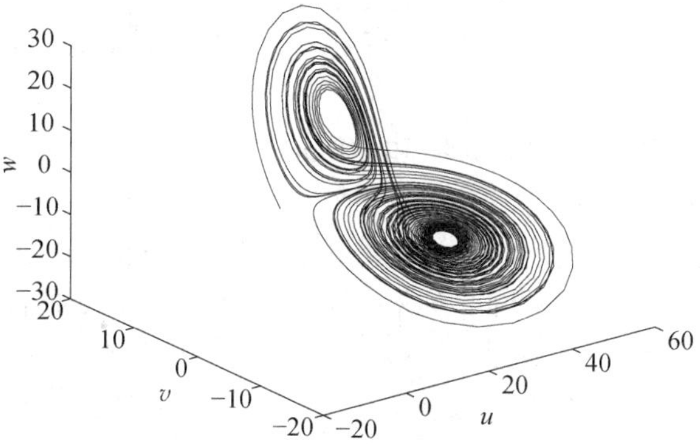

图 1－2　洛伦兹吸引子

处理和应用.

洛伦兹的论文发表在《大气科学杂志》(*Journal of The Atmospheric Sciences*)上,当时并没有引起注意. 而真正最早给出混沌的第一个严格数学定义的人是李天岩,他和约克教授受到洛伦兹论文的启发,在 1975 年 12 月份《美国数学月刊》(*American Mathematical Monthly*)上发表了一篇论文,题为"周期 3 意味着混沌",在这篇文章中,他们正式提出"混沌"一词,并给出它的定义和一些有趣的性质. 紧接着在 1978 年,费根鲍姆(Feigenbaum)发现了倍周期分叉进入混沌的道路,并获得了一些普适性常数,这更引起了数学物理界的广泛关注. 与此同时,曼德尔布罗特(Mandelbrot)用分形(fractal)一词来描述自然界中传统的欧几里得几何所不能描述的一大类复杂无规则的几何对象,使混沌现象中的奇怪吸引子有了对应的数学模型. 20 世纪 80 年代后,混沌理论的研究成为热点,不仅数学家、物理学家,而且生物学家、化学家、医学家、经济学家都不约而同地寻找不同形式的无规则性之间的联系.

分形几何学(fractal geometry)是更为接近自然现象的几何学,而且也正是混沌现象的几何学. 在经典的 Euclid 几何学里,零维的点、一维的线、二维的面、三维的体和四维时空,这是大家所熟悉的几何现象. 它们的维数(dimension)是整数. 但从 1919 年以来,Hausdorff 提出维数可以是分数即分数维的概念,并定义了分数维的 Hausdorff 测度. 著名的实例有 Cantor 集:取一线段三等分,移去中段之后再等分余下的两段,然后继续移去相应的中段,这样反复下去,以至于无穷,就得到了 Cantor 集,它是无穷多个点的集合,它的维数既不是 0,也不是 1,而是介于 0 和 1 两个整数之间的 0. 630 1. 具有分数维的几何体称为分形(fractals),洛伦兹吸引子就是一种分形,其分形维数是 2. 06.

"混沌"和"分形"是两种主要的非线性现象,它不但在确定性和随机性之间架起了桥梁,而且激起了非线性现象的广泛研究. 作为分形在数学建模中的应用案例——分形中的 Koch 雪花，见本书第 7 章第 4 节. 以下先介绍“分形中的 Julia 集和 Mandelbrot 集”(见例 1. 2. 6). 关于混沌和分形的详细介绍，见后面(本书的)第 6 章的最后一节.

例 1. 2. 6 (分形中的 Julia 集和 Mandelbrot 集) 一直以来，Julia 集和 Mandelbrot 集在分形领域中占有重要地位，而它们分形图形的精美结构又显示出分形的奇特之美. 法国数学家朱丽亚(G. Julia，1893—1978)，在 1919 年第一次世界大战时受了伤，住院期间，他潜心研究复平面上的变换能产生的一系列令人眼花缭乱的图形变化. 当时没有计算机，不能像现在这样把美妙绝伦的图形奉献于世，因此，他的工作当时并没有被世人重视. 分形理论的创始人曼德布洛特(B. Mandelbrot，1924—2010)于 1924 年诞生在波兰的一个犹太人家庭，后迁居法国，并在法国完成学业后移居美国，无怪乎法国人总是自豪地称曼德布洛特是美籍法国数学家. 他获得了许多奖励，如巴纳奖章(Barnard Medal，1985)、富兰克林奖章(Franklin Medal，1986)和沃尔夫奖(Wolf Prize，1991)等，并当选为美国科学院院士和美国艺术与科学院院士，欧洲艺术、科学与人文学院院士. 曼德布洛特师从复动力系统领域开拓者朱莉亚，并根据朱莉亚的研究思想，经过多年的艰辛努力，终于在 20 世纪 70 年代创立了分形(fractal)理论. 他在 1980 年给世人提供了一幅无与伦比的杰作——Mandelbrot 集. 在 1982 年，随着曼德布洛特的著作 *The Fractal Geometry of Nature* 第 2 版的问世，在美国乃至欧洲，迅速掀起了“分形热”.

考虑如下迭代：$z_{n+1}=z_n^2+c$，其中 z_n，$c\in\mathbf{C}$(复数集合)，$n=0, 1, 2, \cdots$.

给定复常量 c，从某个 z_0 出发，迭代序列保持有界的复数 z_0 的集合是复平面上的一个有界闭子集，记作 K，即 $K=\{z_0\in\mathbf{C}: \{z_n\}_{n=1}^{+\infty}$ 有界$\}$. K 的边界称为复平面上的 Julia 集. Julia 集分形图，如图 1－3 所示(其 MATLAB 程序，见本章附录).

设 M 使得迭代序列$\{z_n\}$有界的复数 c 构成的集合，称 M 为参数平面上的 Mandelbrot 集，即 $M=\{c\in\mathbf{C}: \{z_n\}$ 有界$(n\to+\infty)\}$. Mandelbrot 集分形图，如图 1－4 所示(其 MATLAB 程序，见本章附录).

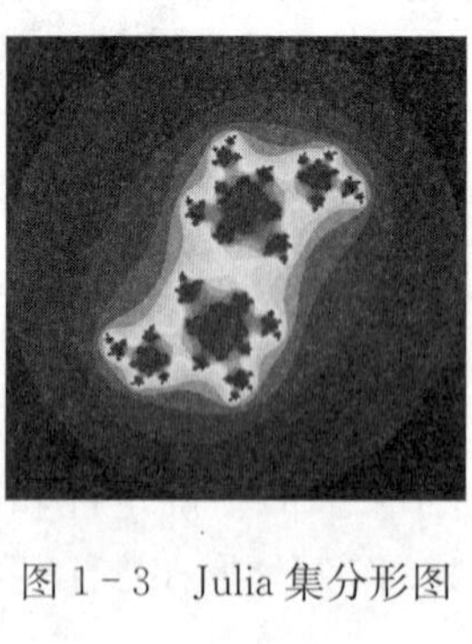

图 1－3　Julia 集分形图

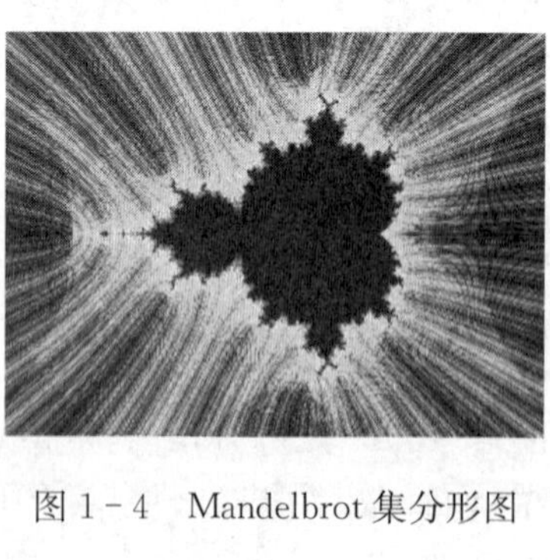

图 1－4　Mandelbrot 集分形图

关于 Julia 集和 Mandelbrot 集的其他介绍，有兴趣的读者可以参考康奈尔大学的“数学探险者俱乐部”（Math Explorers' Club）的“Chaos and Fractals”（http：//pi. math. cornell. edu/～lipa/mec/）.

通过以上 6 个例子，我们从几个侧面初步地领略了 MATLAB 的符号演算、数值计算和图形分析功能. 当然，MATLAB 是可扩展语言，还可以通过编写一些程序解决很多问题.

1.3 本书的基本框架和内容安排

目前，有关“数学实验”课程的框架和内容选取等方面还有着各种不同的理解和多样的选择. 本书将以数学实验为载体，以培养学生的创新能力和素质为目标. 以下是根据我们对“数学实验”课程的理解，给出的本书基本框架和内容安排.

本书的主要内容分为三个层次：**基础实验**（第 2 章、第 3 章、第 4 章、第 5 章），**综合实验**（第 6 章）以及**数学建模初步**（第 7 章）.

基础实验是**主体**，这部分是以“高等数学”“线性代数”和“概率论与数理统计”三门课程知识为背景的实验，引导学生借助数学软件理解抽象的数学理论、自主探索和研究数学问题，提高数学实践能力.

综合实验是基础实验的**扩展**，这部分是让学生通过解决一些综合性的问题，使学生体验综合应用数学知识求解问题的过程，培养探索精神，进而在实践和探索过程中培养学生综合应用数学知识解决问题的意识及能力.

数学建模初步是基础实验和综合实验的**提高**，这部分作为培养学生的创新能力和素质的突破口，通过数学建模的几个问题，初步体验问题分析、模型假设、模型设计与建立、模型求解等，进一步培养和提高学生的创新能力和素质.

本 章 附 录

1. Julia 集分形图的 MATLAB 程序

首先建立 M 文件：

```
function Julia (c,k,v)
if nargin<3        %当输入的参数小于 3 时，自动赋值
    c=0.2+0.65i;
    k=14;
    v=500;
end
```

```
r=max(abs(c),2);        %设置发散点所超出的圆的半径
d=linspace(-r,r,v);
A=ones(v,1) * d+i * (ones(v,1) * d)';
B=zeros(v,v);
for s=1:k              %迭代
    B=B+(abs(A)<=r);
    A=A. * A+ones(v,v). * c;
end;
imagesc(B);            %绘图
colormap(jet);         %着色
axis equal
axis off
```

然后(在命令窗口)输入命令

```
Julia (0.2+0.65i, 14,500)
```

运行结果如图 1-3 所示.

2. Mandelbrot 集分形图的 MATLAB 程序

首先建立 M 文件:

```
function Mandelbrot(iter, pixel)
switch nargin
    case 0
        iter=23;       %迭代次数
    pixel=400;         %横坐标的点数
end
r=3/4;
x=linspace(-2.5, 1.5, pixel);                  %生成向量
y=linspace(-1.5, 1.5, round(pixel * r)');      %生成包含所有像素点的矩阵
[Re,Im]=meshgrid(x,y);
C=Re+i * Im;
B=zeros(round(pixel * r), pixel);
Cn=B;      %C0=0+0i
for l=1:iter
    Cn=Cn. * Cn+C;
    B=B+(abs(Cn<2));
end;
imagesc(B);
colormap(jet);      %着色
```

```
axis equal
axis off
```

然后(在命令窗口)输入命令

```
Mandelbrot(23, 400)
```

运行结果如图 1－4 所示.

2　一元微积分实验

本章主要介绍使用 MATLAB 软件进行曲线绘图、极限与导数、方程(组)求根、积分、级数等运算.

2.1　曲线绘图

2.1.1　曲线的几种表现形式

曲线的常见表现形式有以下四种.

(1) 直角坐标显式：$y=f(x)$. 例如，$y=\sin x$，$y=x^2$ 等.

(2) 直角坐标隐式：$F(x, y)=0$. 例如，$x^2+y^2=4$ 等.

(3) 参数式：$x=x(t)$，$y=y(t)$　$(z=z(t))$. 例如,圆 $x=\sin t$，$y=\cos t$，螺旋线 $x=\sin t$，$y=\cos t$，$z=t$ 等.

(4) 极坐标形式：$\rho=\rho(\theta)$. 例如,螺线 $\rho=\theta$，心形线 $\rho=1+\cos\theta$ 等.

2.1.2　绘制曲线的 MATLAB 命令

对于不同的曲线表达式,MATLAB 中有不同的绘图命令. MATLAB 中主要用 plot，fplot，ezplot，plot3，polar 命令来绘制曲线.

plot(x,y)	作出以数据$(x(i), y(i))$为节点的折线图,其中 x，y 为同维数的向量.
plot(x1,y1,x2,y2,...)	作出多组数据折线图.
fplot(fun,[a,b])	作出函数 fun 在区间$[a, b]$上的函数图.
polar(theta,rho)	极坐标系绘图.
plot3(x,y,z)	空间曲线图,x，y，z 表示曲线上的坐标,是同维向量.
ezplot(fun,[xmin,xmax])	作出隐函数 fun $=F(x, y)=0$ 的函数图,$x$min，$x$max 为自变量 x 的下界和上界.

在 MATLAB 中,通过三种形式绘图. 最基本的最常用的是描点法,例如 plot，polar,将括号内的点按坐标描出后连接;一种是函数处理,例如 fplot,后面跟上所定义的函数或直接跟上函数,定义域甚至可以内部处理;还有一种就是涉及符号运算,例如对于 ezplot,它是符号作图,不是描点作图,输入的参数只接受符号表达式或字符串,不接受数据. 所以,首先要通过 syms 命令定义符号函数,

这种特别的功能在隐函数和参数作图时表现得特别明显.

实验目的 学习和掌握用 MATLAB 软件进行曲线绘图.

例 2.1.1 已知点列 (x_i, y_i) 坐标如下：$x=[0, 1, 2, 3, 4, 5]$，$y=[3, 1, 4, 2, 6, -1]$，试将该点列连接成折线.

解 输入命令

```
x=[0,1,2,3,4,5];
y=[3,1,4,2,6,-1];
plot(x,y)
```

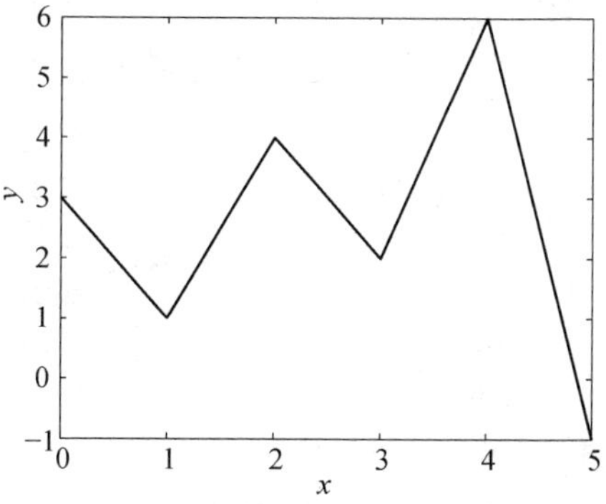

图 2-1 点列连接成折线图

运行结果如图 2-1 所示.

例 2.1.2 作出函数 $y=\sin x$，$y=\cos x$，$y=\sin 2x$，$x\in[0, 2\pi]$ 的图象.

解 输入命令

```
x1=0:0.1:2*pi;y1=sin(x1);              % 自变量为从 0 到 2π 步长为 0.1 的一组向量
x2=linspace(0,2*pi,50);y2=cos(x2);     % 自变量为从 0 到 2π 的一组 50 维向量
subplot(1,2,1)                         % 将图形窗口分为 1 行 2 列子图并指向第 1 个图
plot(x1,y1,'ro',x2,y2,'b+')            % r 和 b 分别表示红色和蓝色,o 和+表示点的形状
subplot(1,2,2)                         % 将图形窗口分为 1 行 2 列子图并指向第 2 个图
fun='sin(2*x)';                        % 定义函数 fun
fplot(fun,[0,2*pi])
```

运行结果如图 2-2 所示.

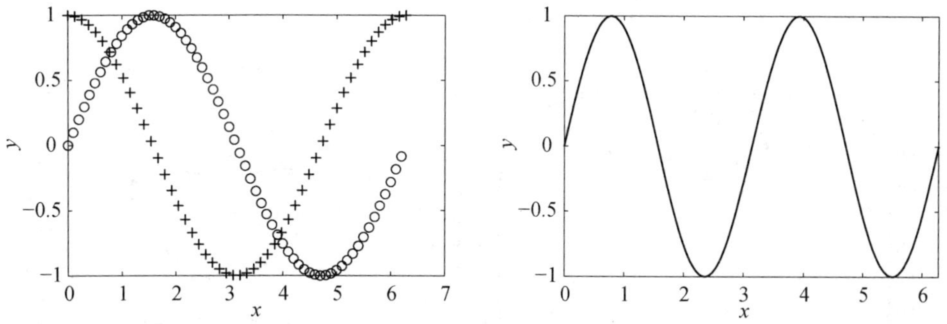

图 2-2 函数 $y=\sin x$，$y=\cos x$，$y=\sin 2x$ 的图象

说明 (1) 在 'ro' 中，r 表示红色. 相应的有 b 表示蓝色(默认)，g 表示绿色，c 表示青色，m 表示洋红，y 表示黄色，k 表示黑色，w 表示白色；

(2) o 是点的标记，表示圆圈，. 表示点，x 表示叉，+表示十字，* 表示星；

(3) 线型表示：— 表示实线（默认），… 表示虚线，—· 表示点划线，- -表示划线.

另外，图形说明和定制命令有：

title	标题说明.
xlabel, ylabel, zlabel	显示坐标轴 x, y, z.
hold on/hold off	保留/释放现有图形.
grid on/grid off	显示/不显示格栅.
box on/box off	使用/不使用图形边框.
axis off/axis on	使用/不使用轴背景.
axis([a,b,c,d])	显示坐标轴范围 $a\leqslant x\leqslant b$, $c\leqslant y\leqslant d$.
axis([a,b,c,d,e,f])	定制三维坐标轴范围.
figure/close	开一个新图形窗口/关闭当前窗口.
subplot(m,n,k)	将图形窗口分为 $m\times n$ 个子图，指向第 k 幅图.
legend(str1,str2,...)	图例.

例 2.1.3 作出方程 $x^4+y^4=1$ 的图象.

解 这是一个隐式曲线，通常称为伪圆，无法用显式表示，只能用 ezplot 函数绘制图形.

输入命令

```
syms x y                          %首先需要定义符号变量
ezplot(x^4+y^4-1, [-1, 1]);
```

还可以省略 syms x y，简单函数可以直接用字符串表示，即

```
ezplot('x^4+y^4-1', [-1, 1]);
```

运行结果如图 2-3 所示.

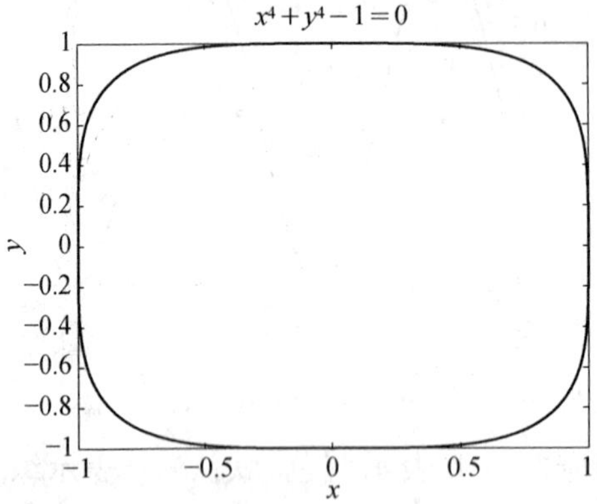

图 2-3 伪圆的图象

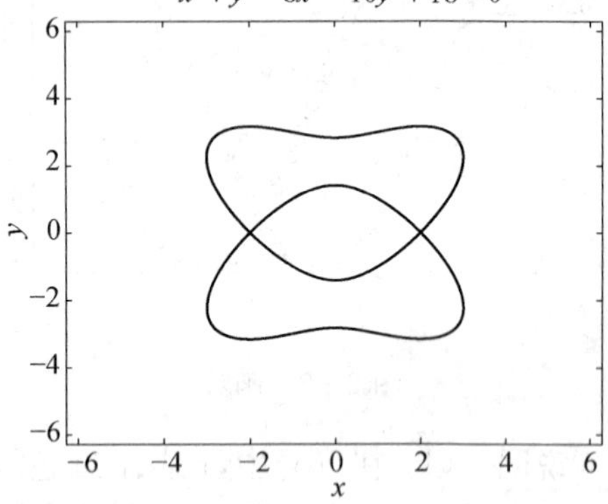

图 2-4 $x^4+y^4-8x^2-10y^2+16=0$ 的图象

例 2.1.4 作出方程 $x^4+y^4-8x^2-10y^2+16=0$ 的图象.

解 输入命令

```
syms x y                          %首先需要定义符号变量
f=x^4+y^4-8*x^2-10*y^2+16;        %复杂函数不好用字符串直接定义
ezplot(f)                         %不易估算上下界只好省略,默认区间大致为
                                  [-2π, 2π]
```

运行结果如图 2-4 所示.

例 2.1.5 作出参数方程 $x=\sin t$, $y=\cos t$ 与 $x=2\sin 2t$, $y=2\cos 3t$, $t\in[0, 2\pi]$ 的曲线.

解 输入命令

```
t=0:0.1:2*pi;
x1=sin(t);y1=cos(t);
x2=2*sin(2*t);y2=2*cos(3*t);
plot(x1,y1,'m*',x2,y2,'g-')
```

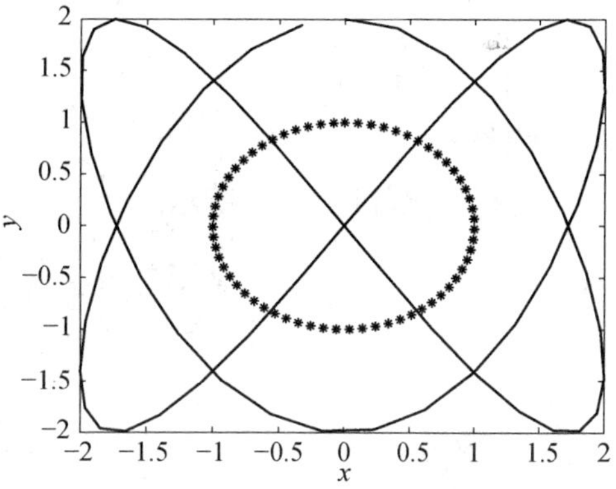

图 2-5 两参数方程的图形

运行结果如图 2-5 所示.

例 2.1.6 试在极坐标系下绘出 4 叶玫瑰线 $\rho=5\cos 2\theta$ 和 3 叶玫瑰线 $\rho=5\cos 3\theta$.

解 输入命令

```
theta=0:0.1:2*pi;
rho1=5*cos(2*theta);rho2=5*cos(3*theta);
subplot(1,2,1),polar(theta,rho1),
subplot(1,2,2),polar(theta,rho2)
```

运行结果如图 2-6 所示.

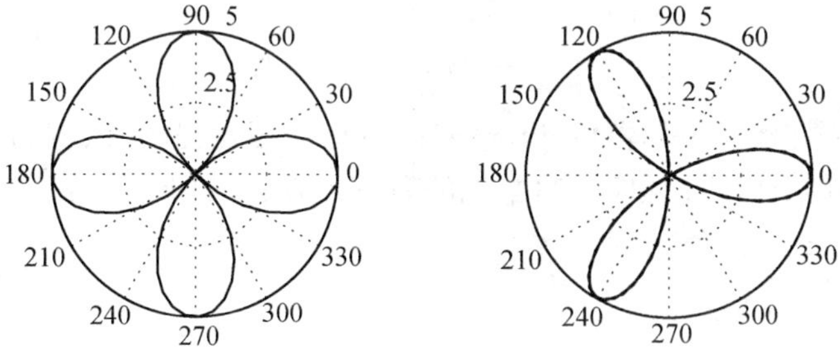

图 2-6 4 叶玫瑰线(左)和 3 叶玫瑰线(右)

例 2.1.7 作出由参数方程 $x=\mathrm{e}^{-0.2t}\cos\left(\frac{\pi}{2}t\right)$, $y=\mathrm{e}^{-0.2t}\sin\left(\frac{\pi}{2}t\right)$, $z=\sqrt{t}$, $0<t<20$ 表示的空间曲线.

解 输入命令

```
clear;
t=0:0.1:20;r=exp(-0.2*t);th=0.5*pi*t;
x=r.*cos(th);y=r.*sin(th);z=sqrt(t);
plot3(x,y,z);
title('helix');text(x(end),y(end),z(end),'end');
xlabel('\it x=e^{\rm-0.2\it t\rm cos(\it\pit\rm/2)}');
ylabel('Y');zlabel('Z');
axis([-1 1 -1 1 0 4])
grid on
```

运行结果如图 2-7 所示.

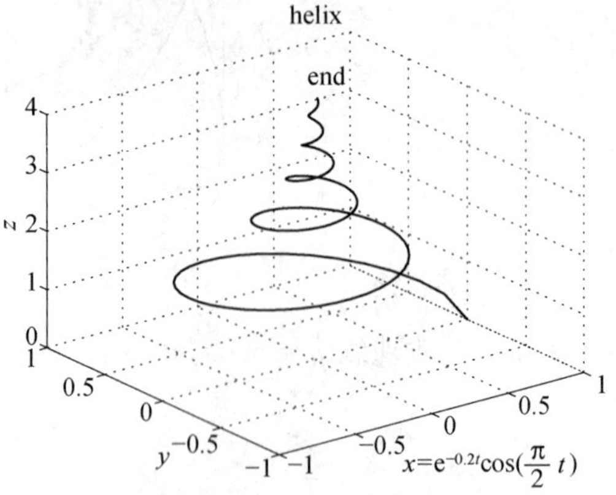

图 2-7 空间曲线的图形

例 2.1.8 作出下列分段函数的图形：

$$f(x)=\begin{cases} x^2, & x>1, \\ 1, & -1<x\leqslant 1, \\ 3+2x, & x\leqslant -1. \end{cases}$$

解 首先在程序编辑器(Editer)窗口内写下下列程序,保存为 M 文件放在 work 文件夹(默认)中.程序编写常见的有三种方法,如下所示：

方法 1 输入命令

```
function y=fenduan1(x)
n=length(x);
for    i=1:n
       if x(i)>1
            y(i)=x(i)^2;
elseif x(i)>-1
```

```
            y(i)=1;
        else
            y(i)=3+2*x(i);
        end
    end
```

保存为 M 函数 fenduan1. m.

方法 2 输入命令

```
function y=fenduan2(x)
y=zeros(size(x));
k1=find(x>1);y(k1)=x(k1).^2;
k2=find(x>-1&x<=1);y(k2)=1;
k3=find(x<=-1);y(k3)=3+2*x(k3);
```

保存为 M 函数 fenduan2. m.

方法 3 输入命令

```
function y=fenduan3(x)
y=(x>1).*x.^2+(x>-1&x<=1)+(x<=-1).*(3+2*x);
```

保存为 M 函数 fenduan3. m,三个都是正确的.

输入命令

```
x=-5:0.5:5;y=fenduan3(x);plot(x,y,x,y,'ro')
```

运行结果如图 2-8 所示.

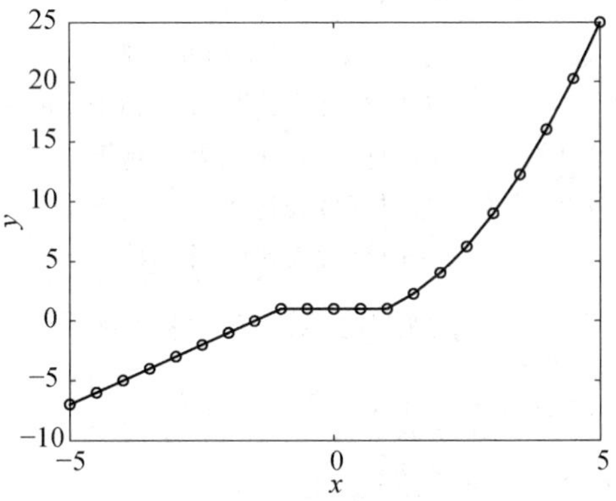

图 2-8 分段函数的图形

在指令窗口中将上述命令中的 fenduan3 改成 fenduan1 和 fenduan2 都是可以的,请体会这三个程序,第一个按通常思路编写,可读性好,但较慢.后面两个利用逻辑运算,简单且速度快.

练习 2.1

绘制下列常见曲线的图形(其中 $a=1$, $b=2$, $c=3$).

1. 立方抛物线 $y=\sqrt[3]{x}$.
2. 高斯曲线 $y=\mathrm{e}^{-x^2}$.
3. 笛卡尔曲线 $x=\dfrac{3at}{1+t^2}$, $y=\dfrac{3at^2}{1+t^2}$ $(x^3+y^3=3axy)$.
4. 蔓叶线 $x=\dfrac{at^2}{1+t^2}$, $y=\dfrac{at^3}{1+t^2}$ $\left(y^2=\dfrac{x^3}{a-x}\right)$.
5. 摆线 $x=a(t-\sin t)$, $y=b(1-\cos t)$.
6. 星形线 $x=a\cos^3 t$, $y=a\sin^3 t$ $\left(x^{\frac{2}{3}}+y^{\frac{2}{3}}=a^{\frac{2}{3}}\right)$.
7. 螺旋线 $x=a\cos t$, $y=b\sin t$, $z=ct$.
8. 阿基米德螺线 $r=a\theta$.
9. 对数螺线 $r=\mathrm{e}^{a\theta}$.
10. 双纽线 $r^2=a^2\cos 2\theta$ $((x^2+y^2)^2=a^2(x^2-y^2))$.
11. 双纽线 $r^2=a^2\sin 2\theta$ $((x^2+y^2)^2=2a^2xy)$.
12. 心形线 $r=a(1+\cos\theta)$.

2.2 极限与导数

2.2.1 极限

MATLAB 中关于极限的命令主要有：

syms x	将 x, a 定义为符号变量.
limit(F,x,a)	返回符号表达式当 x 趋于 a 时表达式 F 的极限.
limit(F,a,inf)	返回符号表达式当 x 趋于 a 时表达式 F 的极限.
limit(F,x,a,'right')	返回符号表达式当 x 趋于 $a+0$ 时表达式 F 的右极限.
limit(F,x,a,'left')	返回符号表达式当 x 趋于 $a-0$ 时表达式 F 的左极限.

实验目的 学习和掌握用 MATLAB 工具求解极限问题.

例 2.2.1 研究 $\lim\limits_{x\to 0}\sin\dfrac{1}{x}$, $\lim\limits_{x\to 0}\dfrac{\sin x}{x}$, $\lim\limits_{x\to\infty}\left(1+\dfrac{1}{x}\right)^x$.

解 首先可以看看三个函数的变化趋势.

输入命令

```
clear
x=[-1:0.0001:-0.01,0.01:0.0001:1];
x3=10:500;
```

```
y1=sin(1./x);
y2=sin(x)./x;
y3=(1+1./x3).^x3;
y4=2.71828;
subplot(1,3,1),plot(x,y1),
subplot(1,3,2),plot(x,y2),
subplot(1,3,3),plot(x3,y3,x3,y4)
```

分别得到三个函数对应图 2-9 中的左、中、右三个图，很直观地得到实验结果，第一个在零点附近振荡，后面两个分别在 $x\to 0$ 和 $x\to+\infty$ 时稳定地趋向某个常数.

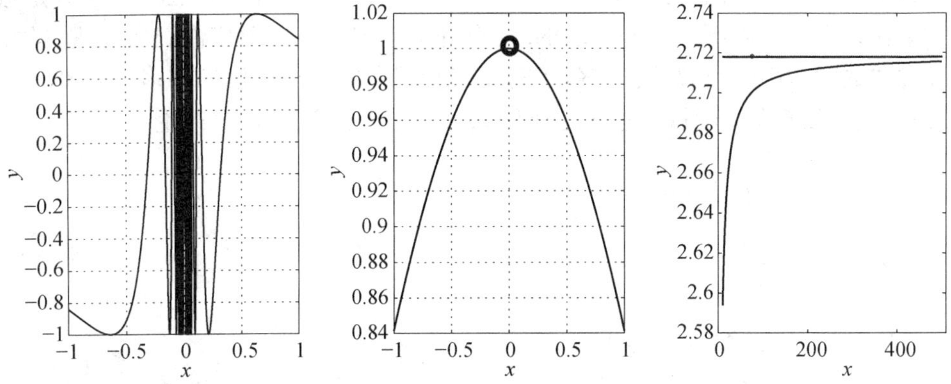

图 2-9　函数 $\sin\frac{1}{x}$, $\frac{\sin x}{x}$, $\left(1+\frac{1}{x}\right)^x$ 的示意图

输入命令

```
clear;syms x;
limit(sin(1/x),x,0),
limit(sin(x)/x,x,0),
limit((1+1/x)^x,x,inf),
```

第一个结果为 ans=−1…1，由于极限是唯一的，所以，本式极限不存在；第二个结果是 1；第三个结果是 exp(1)，即为常数 e.

例 2.2.2（连续复利问题）　某顾客向银行存入本金 1 元，而银行年复利率为 10%. n 年后他在银行的存款总额 $a_n=(1+10\%)^n$. 但是银行若是改为每月、每天、每小时、每秒钟……结算一次，10 年后他的存款总额是多少？得出什么结论？

解　每年结算 m 次时，复利率为 $0.1/m$，共结算 $10m$ 次，将 10 年后顾客的存款额记为 $a(m)=\left(1+\frac{0.1}{m}\right)^{10m}$，由于要反复调用该函数，写成 M 文件 cunkuan.m.

```
function c=cunkuan(m),c=(1+0.1/m)^(10*m)
```

每年结算一次：cunkuan(1)，结果是 2.5937.

每月结算一次：cunkuan(12)，结果是 2.7070.

每天结算一次：cunkuan(365)，结果是 2.7179.

每小时结算一次：cunkuan(365*24)，结果是 2.7183.

每秒结算一次：cunkuan(365*24*3600)，结果是 2.71828187436074.

……

通过以上实验和观察，你会得到什么结论？对，就是 e. 祝贺你发现了一个重要常数. 就凭这个，在多年前就可以成为一个伟大的数学家. 所以，请同学们注意数学实验这种方法，尤其是在计算机上使用这种方法. 著名的混沌现象就是数学家在计算机上画图时意外发现的. 还有许多未知的东西等待你们去发现. 欧拉说过："数学这门学科，需要观察，还需要实验."高斯也说过他的许多定理都是靠实验、归纳发现的，证明只是补充的手段. 请读者自己证明这个结论.

例 2.2.3 研究 $\lim\limits_{x\to 0}\dfrac{(1+x)^{\frac{1}{x}}-e}{x}$.

解 输入命令

```
syms x
limit(((1+x)^(1/x)-exp(1))/x,x,0)
```

运行结果为

```
ans=
NaN
```

说明并不是所有的极限都可以用 MATLAB 命令求出，显然，上式要先用洛必达法则处理后再用 limit 命令就可以求出结果了.

2.2.2 导　数

MATLAB 中关于导数的命令主要有：

```
syms x
diff(F,x,n)      返回符号表达式对自变量的 x 的 n 阶导数.
```

diff 是导数的符号运算命令，所以，使用之前也要加上 syms 的定义变量命令. 但是，如果是对于数组，diff 就变成数值差分运算了.

实验目的 学习和掌握用 MATLAB 工具求解导数问题.

例 2.2.4 研究函数 $y=x^2\exp(2x)$ 的一阶和五阶导数并化简，当 $x=1$ 时，求对应的一阶导数值和五阶导数值.

解 输入命令

```
syms x y
y=x^2*exp(2*x);
yx=diff(y,x);                    %求出一阶导数
yxxxxx=diff(y,x,5);              %求出五阶导数
y1=simple(yx);                   %化简一阶导数
y5=simple(yxxxxx);               %化简五阶导数
yx,y1,yxxxxx,y5;                 %相互比较
x=1;eval(y1),eval(y5)            %求出导数值,eval是将符号形式转换为数值形式
```

运行结果为

```
yx=2*x*exp(2*x)+2*x^2*exp(2*x)
y1=2*x*exp(2*x)*(1+x)
yxxxxx=160*exp(2*x)+160*x*exp(2*x)+32*x^2*exp(2*x)
ans=29.5562
ans=2.6009e+003(2.6009e+003 表示 2.6009×10^3)
```

例 2.2.5 求数组 $x=(1\quad 5\quad 2\quad 7\quad 9\quad 9)$ 的一阶差分. 当对数组进行 diff 命令时,结果变成差分.

解 输入命令

```
x=[1 5 2 7 9 9];diff(x)
```

运行结果为

```
ans=4 -3 5 2 0
```

2.2.3 极值和最值

MATLAB 中关于极值和最值的命令主要有:

[x,f]=fminbnd(F,a,b)	x 返回一元函数 $y=f(x)$ 在$[a,b]$内的局部极小值点,f 返回局部极小值,F 为函数.
[x,f]=fminsearch(F,x0)	x 返回一元或多元函数 $y=f(x)$ 在 x_0 附近的局部极小值点,f 返回局部极小值,F 为函数.
[m,k]=min(y)	m 返回向量 y 的最小值,k 返回对应的编址.
[m,k]=max(y)	m 返回向量 y 的最大值,k 返回对应的编址.

实验目的 学习和掌握用 MATLAB 工具求解极值和最值问题.

例 2.2.6 求解函数 $y=x\sin(x^2-x-1)$ 在$[-2,0]$上的极值和最值.

解 第一步,利用 MATLAB 作图命令,可以获取初步近似解.

输入命令

```
fplot('x * sin(x^2-x-1)',[-2 0]);grid on
```

运行结果如图 2 - 10 所示.

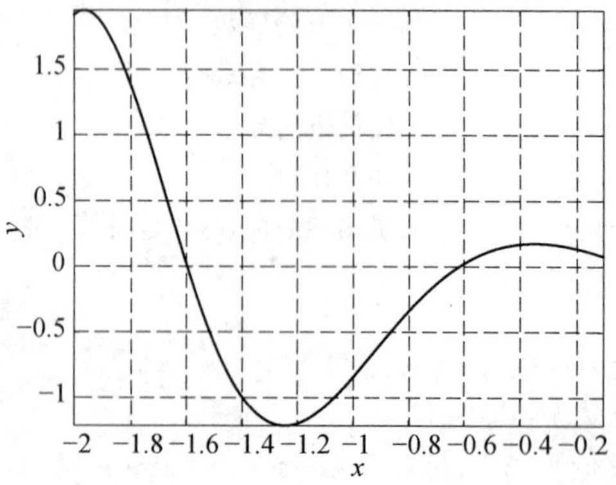

图 2 - 10　函数 $y = x\sin(x^2 - x - 1)$ 示意图

通过观察图 2 - 10,可以发现函数 y 在 $x = -2$, -1.2 和 -0.4 附近有极值.

第二步,输入命令

```
[x,f]=fminbnd('x * sin(x^2-x-1)',-2,0)
```

运行结果为

```
x=-1.2455
f=-1.2138
```

输入命令

```
f=inline('x * sin(x^2-x-1)','x');
[x,f]=fminsearch(f,-1.2)
```

运行结果为

```
x=-1.2455
f=-1.2138
```

得到相同的答案,都是 $x=-1.2455$,极小值 $y=-1.2138$. 要想得到原函数极大值,只能将函数加一个负号求极小值.

输入命令

```
ff=inline('-x * sin(x^2-x-1)','x');
[x,f]=fminbnd(ff,-2,-1)
```

运行结果为

```
x=-1.9628
f=-1.9524
```

输入命令

```
ff=inline('-x*sin(x^2-x-1)','x');
[x,f]=fminbnd(ff,-1,0)
```

运行结果为

```
x=-0.3473
f=-0.1762
```

就是说 $x=-1.9628$，得到一个极大值 $y=1.9524$. $x=-0.3473$，又得到一个极大值 $y=0.1762$. 可以用 fminsearch 来验证一下.

输入命令

```
ff=inline('-x*sin(x^2-x-1)','x');
[x,f]=fminsearch(ff,-2)
```

运行结果为

```
x=-1.9628
f=-1.9524
```

另一个极大值请读者自行验证.

第三步，下面研究最值.

输入命令

```
x=-2:0.01:0;y=x.*sin(x.^2-x-1);[m k]=min(y)
```

运行结果为

```
m=-1.2137
k=76
```

说明最小值为 $y=-1.2137$，编址是第 76 个，可以求出最小值对应的自变量值.

输入命令

```
x(k)
```

运行结果为

```
ans=-1.2500
```

这个结果和前面用 fminbnd 和 fminsearch 得到的结果 $x=-1.2455$，极小

值 $y=-1.2138$ 有出入. 用 min 命令误差大,精度低.

求极值也可以用传统的方法,就是通过求出一阶导数为零的点,并在该零点处判断是否一阶导变号,或在一阶导的零点处判断二阶导的符号,等等. 这里提供的方法是直接通过观察图象,利用 MATLAB 命令直接得到对应所求的数值.

练习 2.2

1. 求下列极限值.

(1) $\lim\limits_{n\to\infty}\sqrt[n]{n^3+3^n}$;　　(2) $\lim\limits_{n\to\infty}(\sqrt{n+2}-2\sqrt{n+1}+\sqrt{n})$;

(3) $\lim\limits_{x\to 0}x\cot 2x$;　　(4) $\lim\limits_{x\to\infty}\left(\cos\dfrac{m}{x}\right)^x$;

(5) $\lim\limits_{x\to 1}\left(\dfrac{1}{x}-\dfrac{1}{\mathrm{e}^x-1}\right)$;　　(6) $\lim\limits_{x\to\infty}(\sqrt{x^2+x}-x)$.

2. 有个客户看中某套面积为 180 m^2,每平方米 7 500 元的房子. 他计划首付 30%,其余 70%用 20 年按揭贷款(贷款年利率 5.04%). 按揭贷款中有 10 万元为公积金贷款(贷款年利率 4.05%),请问他的房屋总价、首付款额和月付还款额分别为多少?

3. 作出下列函数及其导函数的图形,观察极值点、最值点的位置,求所有驻点以及对应的二阶导数值,函数的单调区间.

(1) $f(x)=x^2\sin(x^2-x-2)$, $[-2,2]$;

(2) $f(x)=3x^5-20x^3+10$, $[-3,3]$;

(3) $f(x)=|x^3-x^2-x-2|$, $[-3,3]$.

2.3 方程(组)求根

有关方程(组)求根的 MATLAB 命令:

solve(Fun,x)	返回一元函数 Fun 的所有符号解或精确根.
[x,y]=solve(Fun1,Fun2,x,y)	返回由 Fun1,Fun2 组成的方程组的符号解或精确根.
x=fzero(Fun,x0)	返回一元函数 Fun 在自变量点 x_0 附近的一个零点.
x=fzero(Fun,[a,b])	返回一元函数 Fun 在区间$[a,b]$中的一个零点,要求 Fun 在区间端点异号.
[x,f,h]=fsolve(Fun,x0)	x 返回一元函数或多元函数 Fun 在自变量点 x_0 附近的一个零点, f 返回对应函数值,h 返回值大于零说明结果可靠,否则不可靠.

符号运算不同于数值计算,它的特点是:第一,运算以推理解析的方式进行,因此不受计算误差积累问题困扰;第二,符号计算或给出完全正确的封闭解,或给出任意精度的数值解(当封闭解不存在时);第三,符号计算命令的调用比较

简单，与经典的教科书公式相近；第四，计算所需的时间较长，有时难以忍受.

在 MATLAB 中，符号常数、符号变量、符号函数、符号操作等则是用来形成符号表达式，严格按照代数、微积分等课程中的规则、公式进行运算，并尽可能给出解析解. MATLAB 规定：在进行符号运算时，首先要定义基本的符号对象（可以是常数、变量和表达式），然后利用这些基本符号对象构成新的表达式，并进而从事所需的符号运算.

在 MATLAB 中，定义基本符号对象的命令有两个：sym，syms. 比如涉及这些常见的符号运算 limit(f,x,a)求极限，diff(f,x,n)求导数、偏导数，int(f,x)，int(f,a,b)求不定积分、定积分，taylor(f,n,x,x0)泰勒级数展开，symsum(f,k,1,n)符号求和，x = solve(f)方程求根，dsolve('eqn','x')求微分方程解析解，subs(f,x,a)变量代换，simplify(f)，simple(f)化简，pretty(f)优美格式显示，vpa(x,n)显示数据 n 位，factor(f)因式分解，expand(f)展开，jacobian([x,y,z],t)参数曲线切向量，jacobian(F,[x,y,z])一般曲面法向量，gredient(f,h)求步长为 h 的梯度等，一定要先定义所用到的符号和函数，syms x，a，b，k，f=sym(2 * sin(x) * cos(x))，否则将会出现错误. 而此处的 fzero 命令是数值计算，所以不需要用 syms 定义.

2.3.1　方程(组)符号解

实验目的　学习和掌握用 MATLAB 工具求解有关非线性方程(组)符号解问题.

例 2.3.1　求一般二次方程 $ax^2+bx+c=0$ 的根.

解　输入命令

```
clear
f=sym('a * x^2+b * x+c=0');   %定义符号方程
y=solve(f,x)
```

运行结果为

```
y=
    1/2/a * (-b+(b^2-4 * a * c)^(1/2))
    1/2/a * (-b-(b^2-4 * a * c)^(1/2))
```

例 2.3.2　求三次方程 $x^3-2x+1=0$ 的精确根.

解　输入命令

```
clear
y=solve('x^3-2 * x+1=0','x')
```

运行结果为

```
y=
              1
1/2 * 5^(1/2)-1/2
-1/2-1/2 * 5^(1/2)
```

例 2.3.3 求解方程组 $\begin{cases} x^2 - y = a, \\ x + y = b. \end{cases}$

解 输入命令

```
clear
f1=('x^2-y=a');
f2=('x+y=b');
[x,y]=solve(f1,f2,x,y)
```

运行结果为

```
x=
   -1/2-1/2 * (4 * b+1+4 * a)^(1/2)
   -1/2+1/2 * (4 * b+1+4 * a)^(1/2)
y=
   b+1/2+1/2 * (4 * b+1+4 * a)^(1/2)
   b+1/2-1/2 * (4 * b+1+4 * a)^(1/2)
```

2.3.2 方程(组)数值解

实验目的 学习和掌握用 MATLAB 工具求解有关非线性方程(组)的数值解问题.

例 2.3.4 求解方程 $\sin 4x = \ln x$.

解 输入命令

```
clear
y=solve('sin(4 * x)=log(x)',x)
```

运行结果为

```
y=-.10877900306159789468200262668326-.36648567156485691133986799692358 * i
```

求解失败,但是很容易验证该方程有根,利用 solve 函数求解失败的原因是该方程是超越方程,它的解无法用精确的解析式表达出来,只能用下面求解近似数值解的方法来处理.

要求解方程(组)的近似解,要调用 fzero 或 fsolve 函数,但是这两个函数都需要一个零点附近的迭代初值,或者根所在的一个区间,该区间只能有一个根且端点异号. 所以，常常先画出函数图象，初步得到迭代初值. 以上题为例继续求解，先作出 $y=\sin(4x)-\ln(x)$ 的图象.

输入命令

```
clear
x=0.1:0.1:4;
y=sin(4*x)-log(x);
plot(x,y)
grid on
```

运行结果如图 2-11 所示.

观察图 2-11，可以发现有三个根，分别在 $x=0.7$，$x=1.6$，$x=2.1$ 附近. 这里求解一个 $x=0.7$ 附近的近似解，另外两个请读者自行求解.

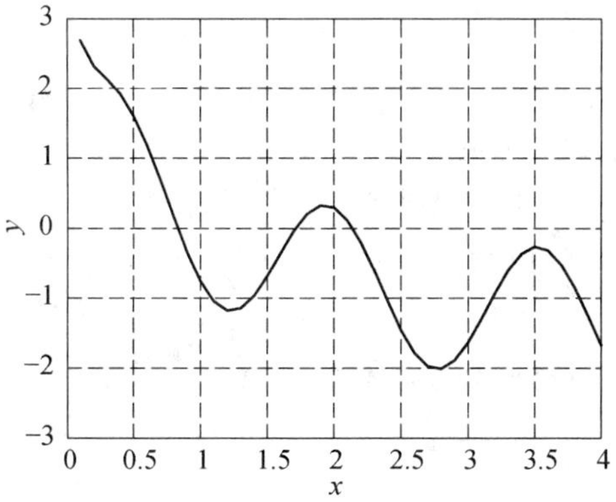

图 2-11　函数 $y=\sin 4x-\ln x$ 示意图

输入命令

```
f=inline('sin(4*x)-log(x)','x');   %定义一个 inline 函数
y1=fzero(f,0.7)
y2=fzero(f,[0.5,1])
[x,f,h]=fsolve(f,0.7)
```

运行结果为

```
y1=0.8317
y2=0.8317
x=0.8317
f=1.3518e-012
h=1
```

由上可以得到方程的一个近似解是 $x=0.8317$，无论是用 fzero 函数，还是

用 fsolve 函数，都能得到相同的结果. 特别地，对于 fsolve 函数，对应函数值 f 为 1.3518e−012 非常接近于零，$h=1$（大于零）说明该结果是可靠的. 如果使用 y3=fzero(f,[0.5,2])，那么就会出错，出错的原因是函数 f 在区间的两个端点 0.5 和 2 都是正号，而按要求应该是异号.

例 2.3.5 求解方程组 $\begin{cases} x^2-y^3=0, \\ e^{-x}-y=0. \end{cases}$

解 第一步，先绘出简图，通过观察图象，可以得到交点的近似数值，作为迭代初值.

输入命令

```
clear
ezplot('x^2-y^3=0')
grid on
hold on
ezplot('exp(-x)=y')
```

运行结果如图 2-12 所示.

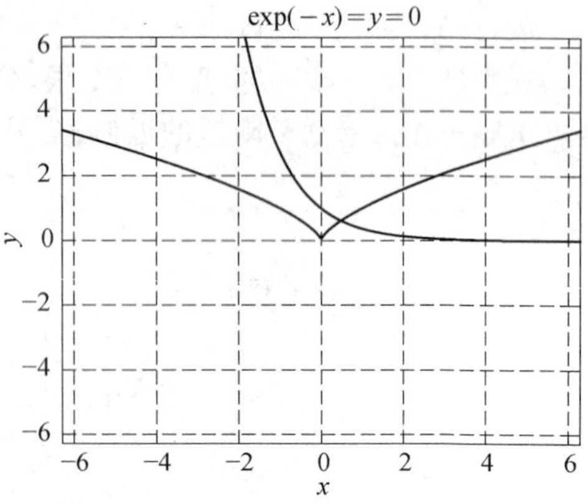

图 2-12 方程组的示意图

通过观察图 2-12，可以得到交点大约在(1, 1)附近，可以将(1, 1)作为迭代初值.

第二步，在编辑窗口建立函数子程序，设子程序命名为 fun.m.

```
function f=fun(t)
x=t(1);               %方程组中的变量 x, y 都要写成向量变量 t(1), t(2)
y=t(2);
f(1)=x^2-y^3;         %方程组也写成向量变量 f(1), f(2)
f(2)=exp(-x)-y;
```

第三步，输入命令

```
t0=[1,1];             %迭代初值
[t,f,h]=fsolve(@fun,t0)
```

运行结果为

```
t=0.4839   0.6164
f=1.0e-009 *
0.3639   0.1988
h=1
```

由上可以得到原方程组的近似解为(0.4839,0.6164)；

对应函数值 $f=1.0\text{e}-009*(0.3639, 0.1988)$ 非常接近零；

对应的 $h=1$（大于零），说明结果是可靠的.

说明 （1）在上例中，可以不用 M 文件建立函数，用下面两种简便的方法代替.

一种是：

```
clear
fun=inline('[t(1)^2-t(2)^3,exp(t(1))-t(2)]','t')
t0=[1,1];
[t,f,h]=fsolve(fun,t0)
```

另一种是：

```
clear
fun=@(t)[t(1)^2-t(2)^3,exp(t(1))-t(2)]
t0=[1,1];
[t,f,h]=fsolve(fun,t0)
```

总之，定义函数有多种方法，例如，直接用 fun='函数表达式'来表达，还可以用 fun=inline('函数表达式')来表达，还可以用 fun=@(自变量符号)[函数表达式]来表达，以及通过 M 文件建立函数来表达.

（2）使用 fzero 函数，只能求零点附近变号的根，试以 $x=1.1$ 为迭代初值，用 fzero 函数和 fsolve 函数求解 $(x-1)^2=0$，看看发生了什么.

（3）使用 fzero 和 fsolve 函数只能求实根，使用它们求解 $x^2-x+1=0$，看看发生了什么.

（4）使用 fsolve 函数求解方程组时，多变量必须写成向量变量，如 $t(1)$，$t(2)$，….

（5）如果解有多组，可以参照上面的解法得到所有的解.

练习 2.3

1. 求下列方程在限制条件下的根.

(1) $x^4=2^x$， $-2<x<2$；　　(2) $x\ln(\sqrt{x^2-1}+x)=\sqrt{x^2-1}+0.5x$， $x>1$.

2. 农夫老李有一个半径为 10 m 的圆形牛栏，里面长满了草，老李要将家里的一头牛拴在牛栏边界的一根栏桩上，要求只让牛吃到圆形牛栏中一半的草，请问栓牛鼻的绳子应为多长？

3. 求解下列非线性方程组在原点附近的根.

$$\begin{cases}9x^2+36y^2+4z^2=36,\\x^2-2y^2-20z=0,\\16x-x^3-2y^2-16z^2=0.\end{cases}$$

4. 绘制下面两个椭圆的图形，并求出它们所有的交点坐标.

$(x-2)^2+(y+2x-3)^2=5$， $18(x-3)^2+y^2=36$.

2.4 积 分

有关积分的 MATLAB 命令有：

syms x	
int(s)	返回符号表达式 s 的不定积分，默认变量为 t.
int(s,x)	返回符号表达式 s 关于指定变量 x 的不定积分.
int(s,x,a,b)	返回符号表达式 s 关于指定变量 x 的定积分，a，b 为积分上、下限.
quad(Fun,a,b,tol)	抛物线积分法(simpson)返回积分值，Fun 为被积函数，a，b 为积分上、下限，tol 为积分精度，缺省值 1e-3 即 1×10^{-3}.
quadl(Fun,a,b,tol)	NewtonCotes 积分法返回积分值，Fun 为被积函数，a，b 为积分上、下限，tol 为积分精度，缺省值 1e-6.
trapz(x,y)	梯形积分法返回积分值，x 为积分区间离散化变量，y 表示被积函数，是与 x 同维数的向量.

对于符号积分，都是用 int 的命令，通常在前面先用 syms 来定义表达式中所涉及的变量. int 计算出来的值是符号解，是精确值. quad，quadl，trapz 是数值积分运算命令，不用 syms 来定义，计算出来的值是近似值.

2.4.1 不定积分

实验目的 学习和掌握用 MATLAB 工具求解有关不定积分问题.

例 2.4.1 求不定积分 $\int e^{2x}\sin 3x\,dx$.

解 输入命令

```
clear
syms x y
y=exp(2*x)*sin(3*x);
f=int(y,x)
```

运行结果为

```
f=-3/13*exp(2*x)*cos(3*x)+2/13*exp(2*x)*sin(3*x)
```

运算符 int 和运算符 diff 是一对互逆运算，读者可以进行检验. 必须指出的是，在初等函数范围内，不定积分有时是不存在的. 例如 $\dfrac{\sin x}{x}$，$\dfrac{1}{\ln x}$，e^{-x^2}，$\dfrac{e^x}{x}$ 均为初等函数,而 $\int \frac{\sin x}{x} \mathrm{d}x$, $\int \frac{1}{\ln x} \mathrm{d}x$, $\int \mathrm{e}^{-x^2} \mathrm{d}x$, $\int \frac{\mathrm{e}^x}{x} \mathrm{d}x$ 却不能用初等函数表示出来. 比如输入命令

```
int(sin(x)/x,x)
```

运行结果为

```
ans=
sinint(x)
```

该结果是一个非初等函数 sinint(x),称为积分正弦函数. 在使用 int 函数求不定积分时,读者应注意到这种情况.

2.4.2 定积分

实验目的 学习和掌握用 MATLAB 工具求解有关定积分问题.

例 2.4.2 分别求定积分 $y_1 = \int_0^a \cos bx \mathrm{d}x$, $y_2 = \int_2^{+\infty} \frac{1}{x^2 + 2x - 3} \mathrm{d}x$, $y_3 = \int_0^1 \frac{1}{\sin x} \mathrm{d}x$, $y_4 = \int_0^1 \frac{\sin x}{x} \mathrm{d}x$.

解 输入命令

```
clear
syms x a b
y1=int(cos(b*x),x,0,a)
y2=int(1/(x^2+2*x-3),x,2,inf)
y3=int(1/sin(x),x,0,1)
y4=int(sin(x)/x,x,0,1)
```

运行结果为

```
y1=1/b*sin(b*a)
y2=1/4*log(5)
y3=Inf
y4=sinint(1)
```

第一个积分表明积分上、下限可以是符号,第二个积分表明可以将 int 函数推广到广义积分上去. 此处,在 MATLAB 中的 log(5)就是 ln 5,在 MATLAB 中,就是用 log 表示自然对数函数 ln. 显然,第三个积分表示该广义积分是发散到无穷大,第四个积分表明该广义积分收敛于 sinint(1),只是无法用初等函数表示,如果想得到它的一个 10 位有效数字的近似值,可以输入命令

```
vpa(y4,10)
```

运行结果为

```
0.9460830704
```

该积分约等于 0.9460830704.

如 $\frac{\sin x}{x}$，$\frac{1}{\ln x}$，e^{-x^2}，$\frac{e^x}{x}$ 等，均为初等函数，而不定积分 $\int \frac{\sin x}{x}dx$，$\int \frac{1}{\ln x}dx$，$\int e^{-x^2}dx$，$\int \frac{e^x}{x}dx$ 可积却不能用初等函数表示出来. 它们对应的定积分也是可以求解的，但是无法用解析解表示，如上例中的 $\int_0^1 \frac{\sin x}{x}dx = \text{sinint}(1)$，要求出近似值，可以用 vpa(y4, 10)求出. 再如，要求解 $\int_{-1}^2 e^{-x^2}dx$，输入命令

```
int(exp(-x^2),x,-1,2)
```

运行结果为

```
1/2*erf(2)*pi^(1/2)+1/2*erf(1)*pi^(1/2)
```

要想知道其近似值，仍然用 vpa(ans, 10)，得到其近似值为 1.628905524.

例 2.4.3 分别用 trapz, quad, quadl, int 函数求定积分 $\int_0^1 \frac{\sin x^2}{x+1}dx$ 的值.

解 输入命令

```
clear;x=0:0.001:1;y=sin(x.^2)./(1+x);
format long;y1=trapz(x,y)
```

运行结果为

```
y1=0.18078963138040
```

编写 M 函数，记为 jifen1.m：

```
function y=jifen1(x)
y=sin(x.^2)./(1+x);
```

输入命令

```
clear;y2=quad('jifen1',0,1)
```

运行结果为

```
y2=0.18078963147536
```

输入命令

```
clear;y3=quadl('jifen1',0,1)
```

运行结果为

```
y3=0.18078960702481
```

输入命令

```
clear;syms x;
y4=int(sin(x^2)/(1+x),0,1)
vpa(y4,14)
```

运行结果为

```
y4=0.18078960388585
```

计算结果应该是 int 函数算出的结果最好.

例 2.4.4 计算广义积分 $\int_{-\infty}^{+\infty}\exp(\cos x-x^2)\mathrm{d}x$.

解 输入命令

```
format long
ff=@(x)(exp(cos(x)-x.^2));            %另外一种定义函数的方法
y1=quadl(ff,-100,100)
y2=quadl(ff,-1e10,1e10)
y3=quadl(ff,-1e20,1e20)
y4=quadl(ff,-1e30,1e30)
y5=quadl(ff,-inf,inf)
y6=vpa(int(exp(cos(x)-x^2),-inf,inf),15)
```

运行结果为

```
y1=3.98981227738317
y2=3.98981227258585
y3=25.81454336739944
y4=2.581454336739941e+011
y5=NaN
y6=3.98981227258600
```

由上面可以看出,本题的广义积分区间$(-\infty, +\infty)$算到$[-100, 100]$得到的 y_1 的答案就已足够满足一般的要求了,当然,算到$[-1e10, 1e10]$得到 y_2 更精确一点. 但是把区间算到$[-1e20, 1e20]$,$[-1e30, 1e30]$得到的 y_3, y_4 的答案很显然是错误的,y_5 则是无法算出的,这就说明,并不是区间越大越好. 可以取一个适当的区间计算积分值,然后让区间按照某种规律扩大,直至前、后两个积分值的差小于给定精度为止,具体可以参见下面的程序. 一般地说,y_6 这样用符号积分命令 int 计算出来的答案在其中相对来说应该是最精确的. 输入命令

```
clear;
ff=@(x)(exp(cos(x)-x.^2));
n=10;m=2;c=1e-6;a=inf;
b=quadl(ff,-n,n);
while abs(a-b)>c,a=b;n=n*m;
b=quadl(ff,-n,n);end
b
```

运行结果为

```
b=3.98981227258700
```

例 2.4.5 计算瑕积分 $\int_0^1 \frac{1}{\sqrt{x}(1+\cos x)}\mathrm{d}x$.

解 输入命令

```
format long
ff=@(x)(1./(1+cos(x))./sqrt(x));
y1=quadl(ff,1e-5,1)
y2=quadl(ff,1e-10,1)
y3=quadl(ff,1e-100,1)
y4=quadl(ff,0,1)
y5=vpa(int(1/(1+cos(x))/sqrt(x),0,1),16).
```

运行结果为

```
y1=1.05197168243584
y2=1.05512396140554
y3=1.05513493400769
y4=1.05513416754827
y5=1.055133956869227
```

上例瑕积分中的 0 是瑕点,在积分时,为了避免分母为零,常常用很小的数字代替,这里用了 1e-5, 1e-10, 1e-100,太小的数显然超过了计算机的最小步长,在计算 y_4 时,干脆直接用了零,计算机警告分母为零,但是在 MATLAB 7.0 版本最后都计算出了它们的近似值,也是可以满足一般要求的. 当然,还是 y_5 的数值相对来说较好.

例 2.4.6 计算积分 $\int_{-1}^1 x^{\frac{1}{3}}\mathrm{d}x$.

解 输入命令

```
clear;syms x
```

```
format long
t=-1:0.1:1;
y=t.^(1/3);
y1=trapz(t,y)
f=@(x)(x.^(1/3));
y2=quadl(f,-1,1)
y3=vpa(int(x^(1/3),-1,1),15)
```

运行结果为

```
y1=1.10610690377561+0.638611118647735i
y2=1.12499983630314+0.64951895832791i
y3=1.12500000000000+0.649519052838330*i
```

显然，上述结果是错误的，无论是用 trapz 函数，quadl 函数，还是用 int 函数. 众所周知，$\int_{-1}^{1} x^{\frac{1}{3}} \mathrm{d}x = 0$. 为何会出现这样的错误呢？这是由于数值计算的方法造成的. 数值方法对 $x^{\frac{1}{3}}$ 是通过 exp(ln(x)/3)计算，当 $x \leqslant 0$ 时，就会出现复数，这种情况称为假奇异积分. 要避免出现这种情况，当 $x \leqslant 0$ 时，就用 $-(-x)^{\frac{1}{3}}$. 编写 jifen2.m 文件：

```
function y=jifen2(x)
y=x.^(1/3);
if x<0,y=-(-x).^(1/3);
end
```

运行结果为

```
clear;
y1=quadl('jifen2',-1,1)
y1=
    1.2361e-006+7.1365e-007i
```

结果虽然不是零，但是非常接近，可以近似认为是零. 使用数值方法计算，有时简单的问题反而得不到理想的结果，请读者遇到具体问题时具体分析.

练习 2.4

1. 求下列不定积分，并用 diff 验证.

$\int \frac{\mathrm{d}x}{1+\cos x}$, $\int \frac{\mathrm{d}x}{1+\mathrm{e}^x}$, $\int x\sin x^2 \mathrm{d}x$, $\int \sec^3 x \mathrm{d}x$.

2. 求下列积分的数值解.

(1) $\int_0^1 x^{-x}\,\mathrm{d}x$；　(2) $\int_0^{2\pi} \mathrm{e}^{2x}\cos^3 x\,\mathrm{d}x$；　(3) $\int_0^1 \frac{1}{\sqrt{2\pi}}\mathrm{e}^{-\frac{x^2}{2}}\,\mathrm{d}x$；

(4) $\int_1^3 x\ln x^4 \arcsin\frac{1}{x^2}\,\mathrm{d}x$；　(5) $\int_{-\infty}^{\infty} \frac{1}{\sqrt{2\pi}}\mathrm{e}^{-\frac{x^2}{2}}\,\mathrm{d}x$；　(6) $\int_0^{\infty} \frac{\sin x}{x}\,\mathrm{d}x$；

(7) $\int_0^1 \frac{\tan x}{\sqrt{x}}\,\mathrm{d}x$；　(8) $\int_{-\infty}^{\infty} \frac{\mathrm{e}^{-\frac{x^2}{2}}}{1+x^4}\,\mathrm{d}x$；　(9) $\int_0^1 \frac{\sin x}{\sqrt{1-x^2}}\,\mathrm{d}x$.

3. 用定积分计算椭圆 $\frac{x^2}{4}+\frac{y^2}{9}=1$ 的周长.

4. 考虑积分 $I(k)=\int_0^{k\pi} |\sin x|\,\mathrm{d}x=2k$，分别用 trapz(取步长 $h=0.1$ 或 π)和 quadl 求 $I(4)$，$I(6)$，$I(8)$，$I(32)$，会发现什么问题?

5. 编制一个定步长 Simpson 法数值积分程序. 计算公式为

$$I \approx S_n = \frac{h}{3}(f_1+4f_2+2f_3+4f_4+\cdots+2f_{n-1}+4f_n+f_{n+1}).$$

其中，n 为偶数 $h=(b-a)/n$，$f_i=f(a+(i-1)h)$，并取 $n=5$，应用于本节习题 2 的(3).

6. 一位数学家即将要迎来他的 90 岁生日，有很多的学生要来为他祝寿，所以要定做一个特大的蛋糕. 为了纪念他提出的一项重要成果——口腔医学的悬链线模型，他的学生要求蛋糕店的老板将蛋糕边缘圆盘半径 r 做成高度 h 的下列悬链线函数 $r=2-\frac{1}{5}(\mathrm{e}^{2h}+\mathrm{e}^{-2h})$，$0\leqslant h\leqslant 1$($h$，$r$ 的单位为 m). 由于蛋糕店从来没有做过这么大的蛋糕，蛋糕店的老板必须要计算成本. 这主要涉及两个问题的计算：一个是蛋糕的质量，由此可以确定需要多少鸡蛋和面粉，不妨设蛋糕密度为 k；另一个是蛋糕表面积(底面除外)，由此确定需要多少奶油.

7. 已知曲线 $y=\exp(x)\sin x$，$x\in[0,\pi]$ 与 x 轴围成的图形为 D，分别求一条曲线 (1)$x=a$，(2)$y=b$，它们都能平分图形 D(精确到 0.000 1).

*8. 某洁具生产厂家打算开发一种男性用的全自动洁具，它的单位时间内流水量为常数 v，为达到节能的目的，现有以下两个控制放水时间的设计方案供采用. 方案一：使用者开始使用洁具时，受感应洁具以均匀水流开始放水，持续时间为 T，然后自动停止放水. 若使用时间不超过$(T-5)$s，则只放水一次，否则，为保持清洁，在使用者离开后再放水一次，持续时间为 10 s. 方案二：使用者开始使用洁具时，受感应洁具以均匀水流开始放水，持续时间为 T，然后自动停止放水. 若使用时间不超过$(T-5)$s，则只放水一次，否则，为保持清洁，到 $2T$ 时刻再开始第二次放水，持续时间也为 T. 但若使用时间超过$(2T-5)$s，则到 $4T$ 时刻再开始第三次放水，持续时间也是 T……在设计时，为了使洁具的寿命尽可能延长，一般希望对每个使用者放水次数不超过 2 次. 该厂家随机调查了 100 人次男性从开始使用到离开洁具为止的时间(单位：s)如下：

时间/s	12	13	14	15	16	17	18
人次	1	5	12	60	13	6	3

请根据以上数据，比较这两种设计方案从节约能源的角度来看，哪一种更好? 并为该厂家提供设计参数 T(s)的最优值，使这种洁具在相应设计方案下达到最大限度节约水、电的目

的(提示:结合第 5 章求出所用水的数学期望,再利用本节知识对导函数求根得最优解).

2.5 级　　数

2.5.1 数项级数部分和与级数和

MATLAB 中对于级数部分和或级数和可以调用 symsum 函数,它既可以用于求出级数 $\sum_{n=1}^{n} u_n$ 的部分和,也可以用于判断级数 $\sum_{n=1}^{n} u_n$ 的收敛性. 它既可以用于符号求和,也可以用于数值求和. 其调用格式为

```
symsum(S, v, a, b)
```

S 是级数的通项表达式,v 是求和变量,a, b 是求和的上、下限,b 既可以是有限数,也可以取无穷.

实验目的　学习和掌握用 MATLAB 工具求解有关数项级数部分和与级数和问题.

例 2.5.1　求下列级数的部分和.

(1) $\sum_{n=1}^{30} \frac{(-1)^{n+1}x}{n(n+2)}$;　　(2) $\sum_{k=0}^{n-1} (-1)^k a\sin(k)$,　$a>0$;　　(3) $\sum_{n=1}^{10} \frac{1}{n^2}$.

解　(1) 输入命令

```
syms n x
s1=symsum((-1)^(n+1)*x/(n*(n+2)),n,1,30)
```

运行结果为

```
s1=495/1984*x
```

(2) 输入命令

```
syms n a k
s2=symsum((-1)^k*a*sin(k),k,0,n-1)
```

运行结果为

```
s2=-1/2*(-1)^n*a*sin(n)+1/2*a*sin(1)/(cos(1)+1)*(-1)^n*cos(n)-
1/2*a*sin(1)/(cos(1)+1)
```

(3) 输入命令

```
syms n
s3=symsum(1/n^2,n,1,10)
```

运行结果为

```
s3=1968329/1270080
```

例 2.5.2 讨论下列级数的敛散性.

(1) $\sum_{n=1}^{\infty}\frac{1}{n^2}$； (2) $\sum_{n=1}^{\infty}\frac{1}{n}$； (3) $\sum_{n=1}^{\infty}\frac{a^n}{n}$.

解 (1) 输入命令

```
syms n
s1=symsum(1/n^2,n,1,inf)
```

运行结果为

```
s1=1/6*pi^2
```

(2) 输入命令

```
syms n
s2=symsum(1/n,n,1,inf)
```

运行结果为

```
s2=inf
```

(3) 输入命令

```
syms n a
s3=symsum(a^n/n,n,1,inf)
```

运行结果为

```
s3=-log(1-a)
```

显然,第一个级数和第三个级数（当 $0<a<1$ 时）收敛,分别等于 $\frac{\pi^2}{6}$ 和 $-\log(1-a)$,即 $-\ln(1-a)$ 第二个级数发散.

例 2.5.3 讨论下列级数的敛散性,如果收敛,是绝对收敛还是条件收敛?

(1) $\sum_{n=1}^{\infty}\frac{(-1)^n\cdot n}{3^{n-1}}$； (2) $\sum_{n=1}^{\infty}\frac{(-1)^n}{n}$.

解 (1) 输入命令

```
syms n
s1=symsum((-1)^n*n/3^(n-1),n,1,inf)
s2=symsum(n/3^(n-1),n,1,inf)
```

运行结果为

```
s1=-9/16
s2=9/4
```

(2) 输入命令

```
syms n
s3=symsum((-1)^n/n,n,1,inf)
s4=symsum(1/n,n,1,inf)
```

运行结果为

```
s3=-log(2)
s4=inf
```

显然,第一个式子是绝对收敛,分别收敛于 $-\frac{9}{16}$ 和 $\frac{9}{4}$,第二个式子是条件收敛于 $-\ln 2$.

注意 MATLAB 不提供阶乘算子或函数,所以,像 $\sum_{n=1}^{\infty}\frac{1}{n!}$ 这样的级数和在 MATLAB 中是无法直接求出的. 还有某些像三角函数或对数函数的级数和在 MATLAB 中有时也是无法算出的,而不是发散,但是部分和还是可以算出的.

例 2.5.4(调和级数实验——欧拉常数) 在例 2.5.2 中,自然数的倒数的和 $\sum_{n=1}^{\infty}\frac{1}{n}$ 称为调和级数,从例 2.5.2 知道该级数发散. 令级数前 n 项和为 $H(n)$,我们可以画出它的图形,仔细观察,认真思考,发现它的图象和我们已知的哪种函数图象很近似? 是否与对数函数 $y=\ln x$ 的图象很相似? 将它们画在一起比较一下.

解 输入命令

```
syms k
for n=1:100
x(n)=n;y(n)=log(n);
h(n)=double(symsum(1/k,k,1,n));
end
plot(x,h,'o',x,y,'*')
```

运行结果如图 2-13 所示.

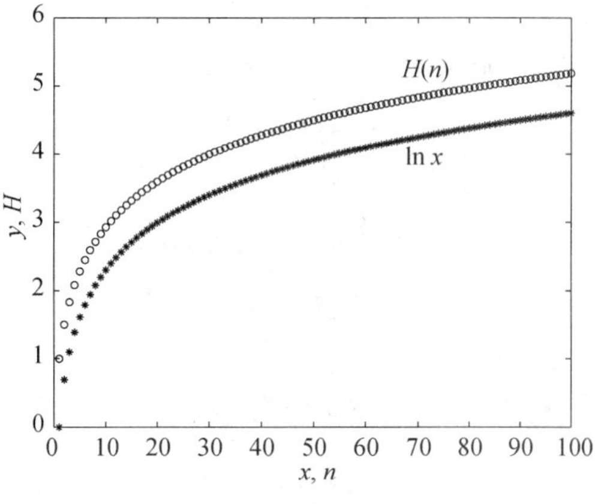

图 2-13 $\sum_{n=1}^{\infty}\frac{1}{n}$ 和 $y=\ln x$ 的图象比较

根据图象比较的结果,可以看出,当 n 很大时,$H(n)$ 的图象与

$\ln x$ 的图象非常相似，是否可以这样认为：只要将 $\ln x$ 的图象向上平移C 个单位即可以了？那么，这个 C 存在吗？如果存在，是多少？

为了研究这个C，试着计算$C(n)=H(n)-\ln n=1+\frac{1}{2}+\frac{1}{3}+\cdots+\frac{1}{n}-\ln n$.

不妨取 $n=100^i$，$i=1, 2, 3, 4, 5$，以下计算 $C(n)$.

输入命令

```
syms k
for i=1:5
h(i)=double(symsum(1/k,k,1,100^i));
c(i)=h(i)-log(100^i);
end
format long;c
```

运行结果为

```
c=
   0.58220733165153   0.57726566406820   0.57721616490145   0.57721566990153
   0.57721566495153
```

看完这些数据，你会发现单调递减趋向一个常数 0.577 215 66 …，求极限

$$\lim_{n\to\infty}\left(1+\frac{1}{2}+\frac{1}{3}+\cdots+\frac{1}{n}-\ln n\right).$$

输入命令

```
syms k n limit(symsum(1/k,k,1,n)-log(n),n,inf)
```

运行结果为

```
eulergamma
```

eulergamma 是什么意思？求出它的 32 位精度数值：输入 vpa(ans)，得到

```
ans=
    .57721566490153286554942724251305
```

由上面的结果可以得到 $C(n)$ 确实有极限，并且极限是一个常数，显然是个无理数，还有一个名字为欧拉(Euler)常数. 但是实验还没有结束. 请理论证明你的实验结论：$C(n)$ 极限存在，而且极限是个无理常数.

提示：利用 $\frac{1}{n}>\ln\left(1+\frac{1}{n}\right)=\ln(n+1)-\ln(n)$ 直接得到 $C(n)$ 单调递减，再通过累加得到 $C(n)$ 有下界. 请你接着证明它的极限是无理数. 整理一下就可

以完成一份漂亮的数学实验报告.

2.5.2 泰勒级数展开

对于表达式较复杂的函数,要研究它在某点的增减性、单调性、凹凸性等,如果直接用 $f(x)$ 去讨论,也许会遇上很大困难. 在数学中,常常将 $f(x)$ 在某点作泰勒展开,即在该点附近用简单的多项式的和来代替复杂函数 $f(x)$,使得问题变得简单. 如果函数 $f(x)$ 在点 $x=a$ 的领域内具有各阶导数,则这种展开总是可行的,称

$$\sum_{n=0}^{\infty}\frac{f^{(n)}(a)}{n!}(x-a)^n=f(a)+f'(a)(x-a)+\frac{f^{(2)}(a)}{2!}(x-a)^2+\cdots+\frac{f^{(n)}(a)}{n!}(x-a)^n+\cdots$$

为函数 $f(x)$ 在点 $x=a$ 处的泰勒级数,当 $a=0$ 时,称为麦克劳林级数.

在 MATLAB 中将一个函数展开成幂级数,要用到泰勒函数,具体调用格式如下:

taylor(f,n,a,x) 表示自变量为 x 的函数 f 在 a 点展开为 $n-1$ 阶的幂级数.

注意 a 不写默认为零点,x 常常省略,如果将 n 写成零,则 a 就表示阶数.

实验目的 学习和掌握用 MATLAB 工具求解有关泰勒级数展开问题.

例 2.5.5 研究 $f=x\cos x$ 的麦克劳林级数的前几项.

解 限于篇幅只研究前六项.

输入命令

```
clear;syms x;f=x*cos(x);
t1=taylor(f,1)
t2=taylor(f,2)
t3=taylor(f,3)
t4=taylor(f,4)
t5=taylor(f,5)
t6=taylor(f,6)
```

运行结果为

```
t1=0
t2=x
t3=x
t4=x-1/2*x^3
```

```
t5=x-1/2*x^3
t6=x-1/2*x^3+1/24*x^5
```

然后在同一个坐标系中作出 $f=x\cos x$ 和其泰勒展开式的前几项构成的多项式函数

$$t_2=x,\quad t_4=x-\frac{x^3}{2},\quad t_6=x-\frac{x^3}{2}+\frac{x^5}{24},$$

观察这些多项式函数图形向 $f=x\cos x$ 图形逼近情况.

输入命令

```
clear;x=-4:0.1:4;f=x.*cos(x);t2=x;t4=x-1/2*x.^3;t6=x-1/2*x.^3+
    1/24*x.^5;
plot(x,f,x,t2,':',x,t4,'*',x,t6,'o')
```

运行结果如图 2-14 所示,实线是 $f=x\cos x$ 的图形.

我们还可以通过计算得到它们的逼近程度.例如,在 $x=1$ 点处分别计算 f, t_2, t_4, t_6 的值,运行结果为

```
clear;x=1;f=x*cos(x),t2=x,t4=
x-1/2*x^3,t6=x-1/2*x^3+1/24
*x^5,
f=0.5403    t2=1    t4=0.5000    t6
=0.5417
```

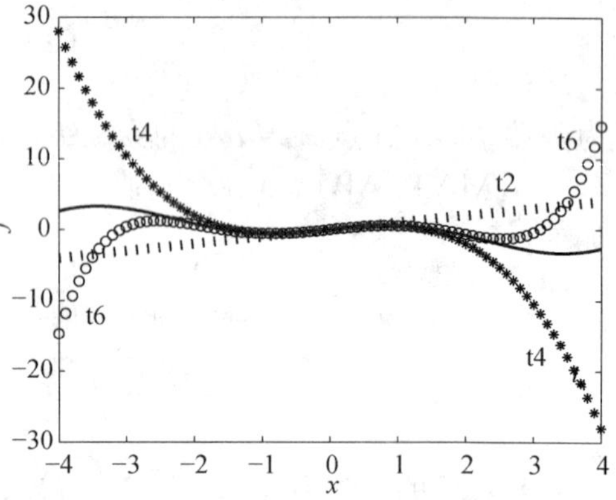

图 2-14 函数 $f=x\cos x$ 的前五阶泰勒逼近

可以看出,阶数越高,逼近程度越好.

2.5.3 泰勒级数逼近分析界面

实验目的 学习和掌握用 MATLAB 工具求解有关泰勒级数逼近分析界面问题.

在 MATLAB 指令窗中运行 taylortool,将引出如图 2-15 所示的泰勒级数逼近分析界面,相当人性化,易于操作.

说明 (1) 该界面用于观察函数 $f(x)$ 在给定区间上被 N 阶泰勒多项式 $T_N(x)$ 逼近的情况;

(2) 可以在界面的白框中直接输入表达式、阶数、展开点和观察区间,输入后一定要按一次回车键;

(3) 缺省状态下,阶数为 7,展开点为 0,观察区间为$(-2\pi,\ 2\pi)$.

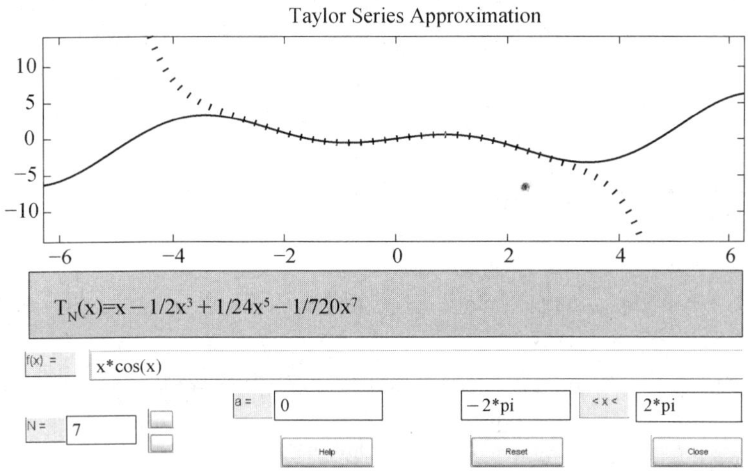

图 2－15　泰勒级数逼近分析界面

2.5.4　傅里叶级数

实验目的　学习和掌握用 MATLAB 工具求解有关傅里叶级数问题.

例 2.5.6　设周期为 2π 的周期函数 $f(x)$ 在一个周期内的表达式为

$$f(x)=\begin{cases}0, & -\pi\leqslant x<0,\\ 1, & 0\leqslant x<\pi,\end{cases}$$

试生成 $f(x)$ 的傅里叶级数，并从图上观察级数的部分和在 $[-\pi,\ \pi)$ 上逼近 $f(x)$ 的情况.

解　根据傅里叶系数公式可得

$$\frac{a_0}{2}=\frac{1}{2\pi}\int_{-\pi}^{\pi}f(x)\mathrm{d}x=\frac{1}{2},$$

$$a_n=\frac{1}{\pi}\int_{-\pi}^{\pi}f(x)\cos nx\mathrm{d}x=\frac{1}{\pi}\int_{0}^{\pi}\cos nx\mathrm{d}x=0,$$

$$b_n=\frac{1}{\pi}\int_{-\pi}^{\pi}f(x)\sin nx\mathrm{d}x=\frac{1}{\pi}\int_{0}^{\pi}\sin nx\mathrm{d}x=\frac{1}{n\pi}[1-(-1)^n],$$

$$f_n(x)=\frac{1}{2}+\frac{2}{\pi}\sin x+\frac{2}{3\pi}\sin 3x+\frac{2}{5\pi}\sin 5x+\cdots+\frac{1}{n\pi}[1-(-1)^n]\sin nx.$$

先写出分段函数的 M 文件：

```
function y=fenduan(x)
y=(x>=2*pi&x<3*pi)+(x>=0&x<pi);
```

为了对比更加明显以及显示变化情况，我们将区间扩展到 $[-\pi,\ 3\pi)$，并选

取了 $f_1(x)$，$f_7(x)$，$f_{13}(x)$，$f_{19}(x)$ 四个函数，分别将这四个函数和原函数 $f(x)$ 的图象放在一起加以比较. 以 $f_{19}(x)$ 为例，函数和程序如下：

$$f_{19}(x)=\frac{1}{2}+\frac{2}{\pi}\sin x+\frac{2}{3\pi}\sin 3x+\frac{2}{5\pi}\sin 5x+\frac{2}{7\pi}\sin 7x+\frac{2}{9\pi}\sin 9x+\frac{2}{11\pi}\sin 11x+\frac{2}{13\pi}\sin 13x+\frac{2}{15\pi}\sin 15x+\frac{2}{17\pi}\sin 17x+\frac{2}{19\pi}\sin 19x.$$

```
clear;x=-pi:0.1:3*pi;y=fenduan(x);
f19=1/2+2*sin(x)/pi+2*sin(3*x)/(3*pi)+2*sin(5*x)/(5*pi)+2*sin(7*
x)/(7*pi)+2*sin(9*x)/(9*pi)+...
2*sin(11*x)/(11*pi)+2*sin(13*x)/(13*pi)+2*sin(15*x)/(15*pi)+2*sin
(17*x)/(17*pi)+2*sin(19*x)/(19*pi);
plot(x,f19,x,y)
```

运行结果如图 2-16(a)—(d)所示.

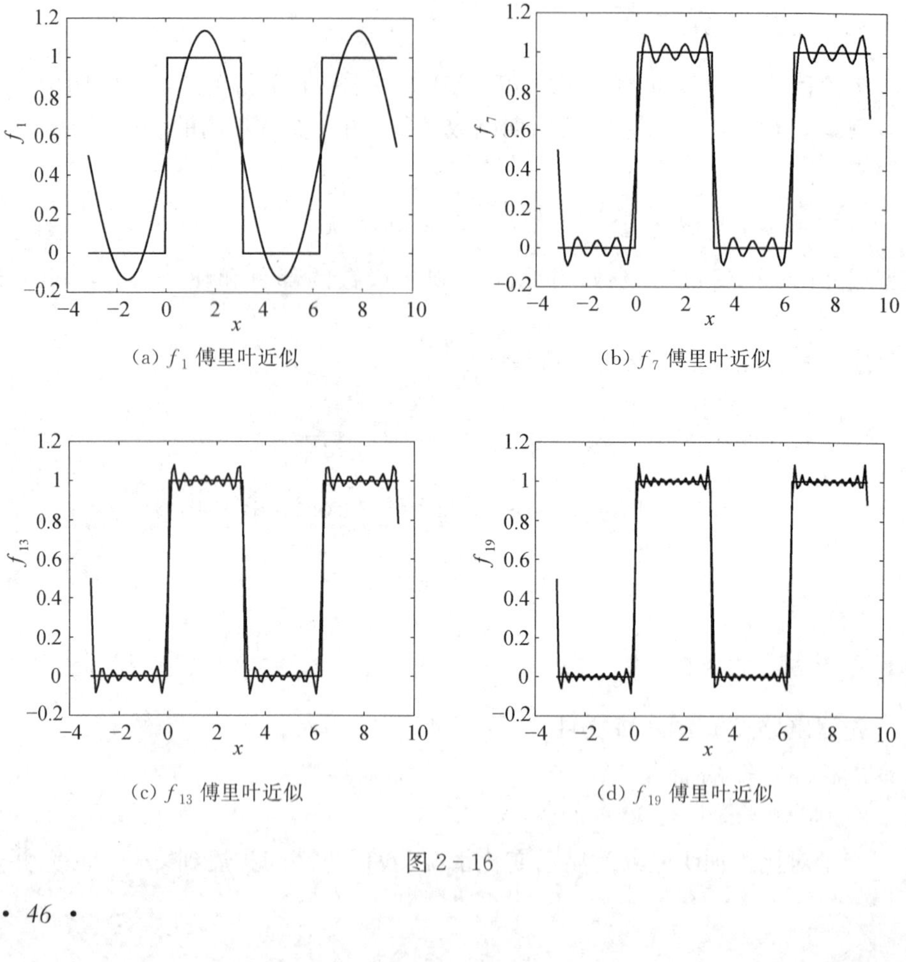

(a) f_1 傅里叶近似

(b) f_7 傅里叶近似

(c) f_{13} 傅里叶近似

(d) f_{19} 傅里叶近似

图 2-16

这四个图分别是傅里叶级数的前 $n(n=1, 7, 13, 19)$ 项部分和函数的图形. 可以看出,当 n 越大时,逼近函数的效果越好. 从图中可以看出,傅里叶多项式的逼近是整体性逼近的,这与泰勒多项式逼近函数的情况是不相同的,请加以体会.

练习 2.5

1. 判断下列级数的敛散性,若收敛,求出其收敛值.

$$\sum_{n=1}^{\infty}\frac{1}{n^{2^n}},\ \sum_{n=1}^{\infty}\sin\frac{1}{n},\ \sum_{n=1}^{\infty}\frac{\ln n}{n^3},\ \sum_{n=3}^{\infty}\frac{1}{(\ln n)^n},\ \sum_{n=2}^{\infty}\frac{1}{n\ln n},\ \sum_{n=1}^{\infty}\frac{(-1)^n n}{n^2+1},\ \sum_{n=1}^{\infty}\frac{n!}{n^n}.$$

2. 求当 $k=4, 5, 6, 7, 8$ 时公式 $\sum_{n=1}^{\infty}\frac{1}{n^{2k}}=\frac{\pi^{2k}}{t}$ 中 t 的值.

3. 用泰勒命令观测函数 $y=f(x)$ 的麦克劳林展开式的前几项,然后在同一坐标系里作出函数 $y=f(x)$ 和它的泰勒展开式的前几项构成的多项式函数的图形,观测这些多项式函数的图形向 $y=f(x)$ 的图形逼近的情况.

(1) $f(x)=\arcsin x$; (2) $f(x)=\arctan x$; (3) $f(x)=\mathrm{e}^{x^2}$;

(4) $f(x)=\sin^2 x$; (5) $f(x)=\frac{\mathrm{e}^x}{1-x}$; (6) $f(x)=\ln(x+\sqrt{1+x^2})$.

4. 试在同一屏幕上显示 $y=|x|\ (-\pi\leqslant x\leqslant\pi)$ 及它的 k 阶傅里叶多项式 $F_n(x)$, $k=1, 2, 3, 4, 5, 6$ 的图形,观察 $y=F_n(x)$ 逼近 $y=|x|$ 的情况.

3　多元微积分实验

本章主要介绍使用 MATLAB 软件进行曲面绘图以及多元函数微分、多元函数积分和常微分方程求解等.

3.1　曲面绘图

3.1.1　曲面绘制

曲面的一般方程是 $F(x, y, z)=0$，例如马鞍面 $z=xy$. 在 MATLAB 中要绘制曲面无法直接使用方程的形式，常常要将曲面的点 (x, y, z) 的坐标先表示出来，再使用对应的曲面绘图函数. 在 MATLAB 里绘制曲面常用的函数：

plot3(x,y,z)	用 E^3 中一组平行平面上的截线(曲线族)方式来表示曲面.
mesh(x,y,z)	用 E^3 中两组相交的平行平面上的网状线方式来表示曲面.
surf(x,y,z)	用 E^3 中两组网状线和补片填充色彩的方式来表示曲面.
meshc(x,y,z)	用(2)的方式表示曲面，并附带有等高线.
surfc(x,y,z)	用(3)的方式表示曲面，并附带有等高线.
surfl(x,y,z)	用(3)的方式表示曲面，并附带有阴影.
[x,y]=meshgrid(a,b)	将向量 $\boldsymbol{a}$，$\boldsymbol{b}$ 生成 $\boldsymbol{a}\times\boldsymbol{b}$ 的网格矩阵 $\boldsymbol{X}$，$\boldsymbol{Y}$.

实验目的　学习和掌握空间曲面的 MATLAB 作图方法.

例 3.1.1　绘制曲面 $z=\dfrac{1}{2\sqrt{2\pi}}\mathrm{e}^{\frac{-x^2-y^2}{8}}$ 在矩形区域 D：$-4\leqslant x\leqslant 4$，$-5\leqslant y\leqslant 5$ 内的图形.

解　输入命令

```
clear;
a=-4:0.2:4;                              %将横标剖分为41维步长为0.2的向量
b=-5:0.2:5;                              %将纵标剖分为51维步长为0.2的向量
[x,y]=meshgrid(a,b);                     %将区域D网格剖分为41×51个各点坐标
z=1/2/sqrt(2*pi)*exp(-(x.^2+y.^2)/8);    %计算网格上的点对应的z值
plot3(x,y,z)                             %用平行截线绘出图形
```

运行结果如图 3－1 所示.

将上述命令最后一行改为 mesh(x,y,z),则可以得到网状线表示的曲面,如图 3-2 所示.

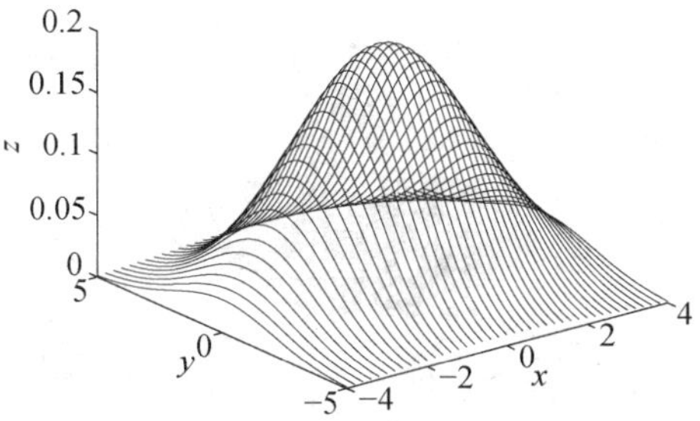

图 3-1　plot3 成图

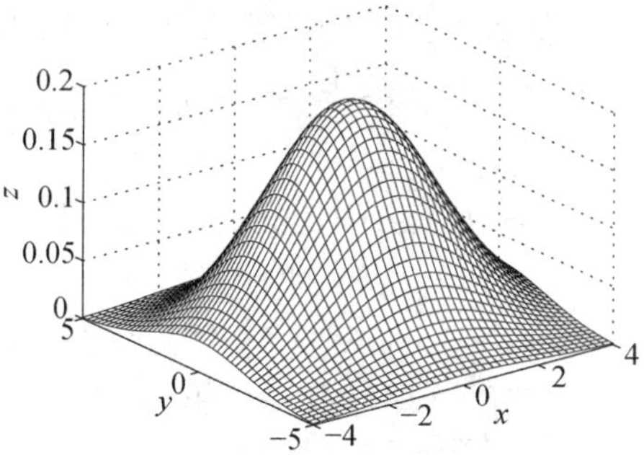

图 3-2　mesh 成图

将上述命令最后一行改为 surf(x,y,z),则可以得到网状线表示的曲面,如图 3-3 所示.

例 3.1.2　绘制曲面 $z=\sin\sqrt{x^2+y^2}/\sqrt{x^2+y^2}$ 在矩形区域 D: $-9\leqslant x\leqslant 9$, $-9\leqslant y\leqslant 9$ 内的图形.

解　输入命令

```
[x,y]=meshgrid(-9:0.3:9);
z=sin(sqrt(x.^2+y.^2))./(sqrt(x.^2+y.^2)+eps);
meshc(x,y,z)
```

运行结果如图 3-4 所示.

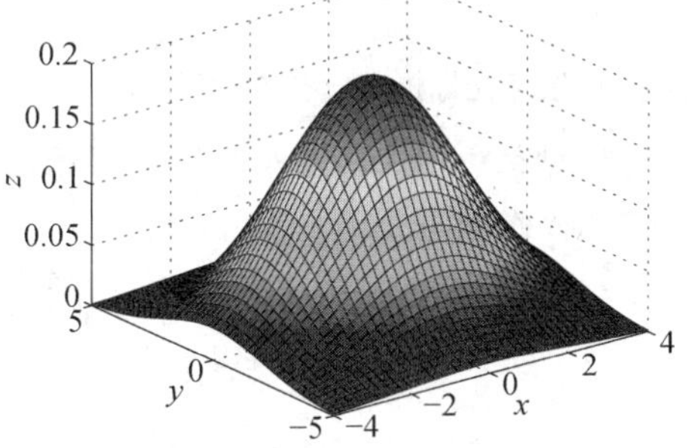

图 3-3　surf 成图

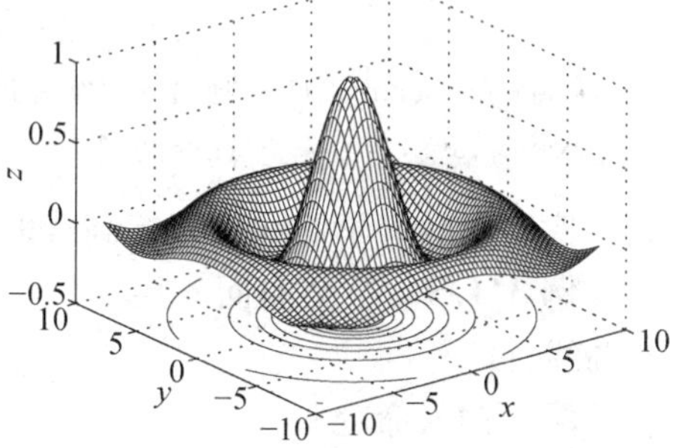

图 3-4　曲面 $z=\sin\sqrt{x^2+y^2}/\sqrt{x^2+y^2}$

说明　请体会 meshgrid 不同的表达方式. eps 是 MATLAB 本身提供的一个很小的数,等于 2.2204e-016. 分母加一个 eps 是为了避免分母取到零值. 这里如果不加 eps，在 MATLAB 7.0 里虽然会警告，但是仍然可以得到正确的图形，该图形底面投影有等高线. 读者可以自行将 meshc 换为 surfc 或 surfl 函数体会图形的不同.

如果上例中的区域 D 改为圆形区域 $D: x^2+y^2 \leqslant 9$，输入命令

```
clear;
r=0:0.1:9;t=0:pi/50:2*pi;
[R,T]=meshgrid(r,t);
x=R.*cos(T);y=R.*sin(T);
z=sin(sqrt(x.^2+y.^2))./(sqrt
    (x.^2+y.^2)+eps);
mesh(x,y,z)
```

运行结果如图 3-5 所示.

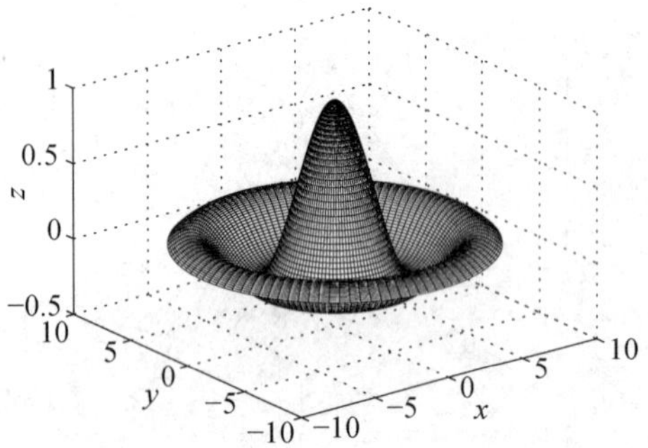

图 3-5　圆形区域内的曲面 $z=\sin\sqrt{x^2+y^2}/\sqrt{x^2+y^2}$

3.1.2　等高线的绘制

在 MATLAB 里绘制等高线常用的函数：

contour(x,y,z,n)	画出投影在 xOy 平面上的曲面的 n 条等高线.
contour(x,y,z,h)	按照向量 $\boldsymbol{h}$ 中的值画出投影在 xOy 平面上的对应的等高线.
contour(x,y,z,str)	按照字符串 str 所指定的颜色与线形画出投影在 xOy 平面上的等高线.
contourf(x,y,z)	画出投影在 xOy 平面上经过填充颜色后的曲面等高线.
[c,h]=contour(z)	z 为曲面上的点，c 为 xOy 平面上的等高线阵，$\boldsymbol{h}$ 为高度列向量，c，$\boldsymbol{h}$ 为 clabel 输入参数.
clabel(c,h)	按照 $\boldsymbol{h}$ 中的分量作为高度画出等高线并进行标注，如果直接承接上式 $\boldsymbol{h}$ 可以省略.
clabel(c,'manual')	画出等高线并进行标注，用鼠标光标指定位置进行标注.
contour3(x,y,z,n)	在空间中画出曲面的 n 条等高线.

实验目的　学习和掌握等高线的 MATLAB 作图方法.

例 3.1.3　绘制曲面 $z=x^3+y^3-12x-12y$，$-4 \leqslant x, y \leqslant 4$ 的各种等高线.

解　输入命令

```
clear;clf
[x,y]=meshgrid(-4:0.2:4);
z=x.^3+y.^3-12*x-12*y;
figure(1)
```

```
mesh(x,y,z)
figure(2)
[c,h]=contour(x,y,z);
clabel(c,h)
figure(3)
h1=[-28 -16 -8 0 6 18 26];
c1=contour(z,h1);
clabel(c1)
figure(4)
contourf(z)
figure(5)
contour3(z,10)
```

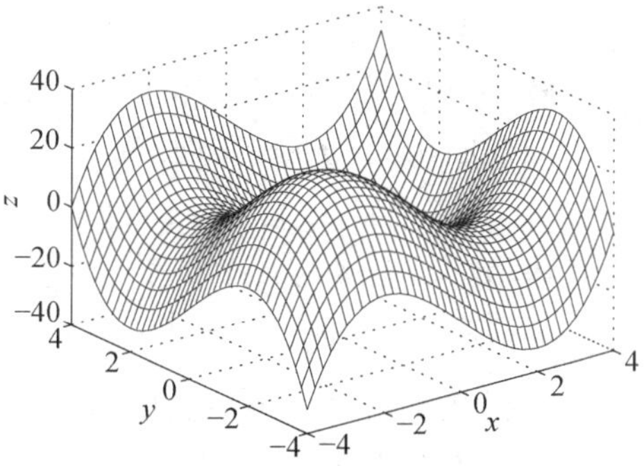

图 3-6　曲面图

运行结果如图 3-6—图 3-10 所示.

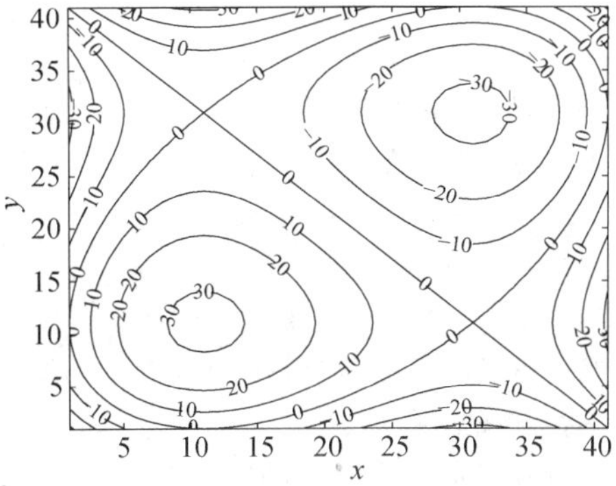

图 3-7　自动生成标度的二维等高线图

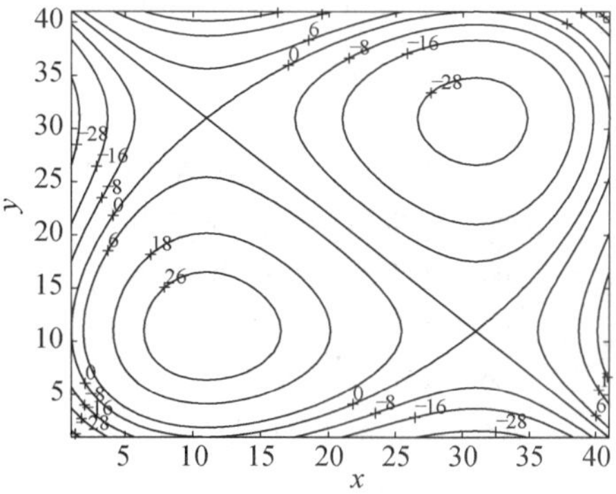

图 3-8　按要求生成标度的二维等高线图

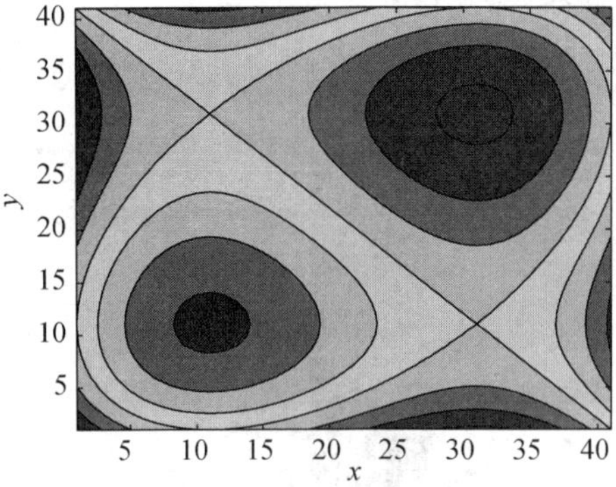

图 3-9　填充颜色的二维等高线图

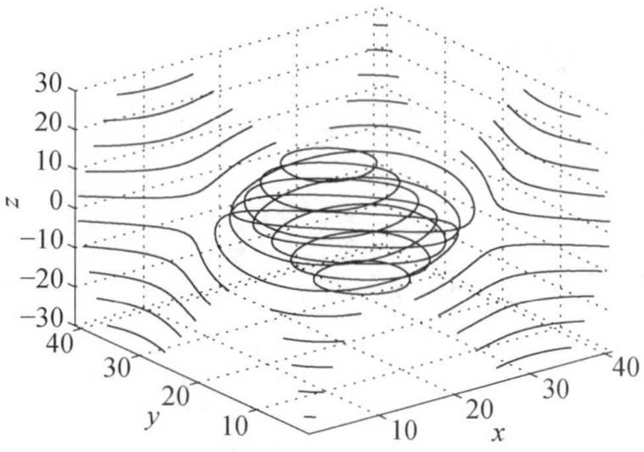

图 3-10　三维等高线图

例 3.1.4 画出两圆柱面 $x^2+y^2=1$，$-2\leqslant z\leqslant 2$，$x^2+z^2=1$，$-2\leqslant y\leqslant 2$ 的相交图形.

解 MATLAB 中有专门绘制圆柱的命令 cylinder，但使用不够灵活，若画两个圆柱面相交就不能实现. 输入命令

```
t=0:0.03:2*pi;s=[-2:0.03:2]';
x=(0*s+1)*cos(t);y=(0*s+1)*sin(t);z=s*(0*t+1);
mesh(x,y,z),hold on,mesh(x,z,y),axis equal
```

运行结果如图 3－11(a)所示.

如果稍加修饰，输入命令

```
t=[0:0.01:pi+0.01]';s=[0:0.01:2];                        %t 为列数组，s 为行数组
x=cos(t)*(0*s+1);y=sin(t)*(0*s+1);z=(0*t+1)*s;           %x，y，z 为对应的二维数组
figure('color',[1,1,1]);                                 %设置背景色为白色
h=surf(x,y,z);                          %绘制曲面
hold on                                 %在同一坐标系继续画图
h1=surf(x,-y,-z);h2=surf(x,-y,z);       %画对称的曲面
h3=surf(x,y,-z);h4=surf(z,y,x);
h5=surf(z,-y,x);h6=surf(-z,y,x);
h7=surf(-z,-y,x);
hold off;                               %不再添加图形，关闭同一坐标作图功能
view(-128,23);                          %控制观察视点
light('position',[2 1 2]);              %设置灯光光源位置或射向
lighting phong;                         %照明设置形式
shading interp;axis off;                %使用光照插值，不显示坐标
camlight(-220,-170);                    %设置光照位置
axis equal                              %等坐标刻度显示
```

运行结果如图 3－11(b)所示.

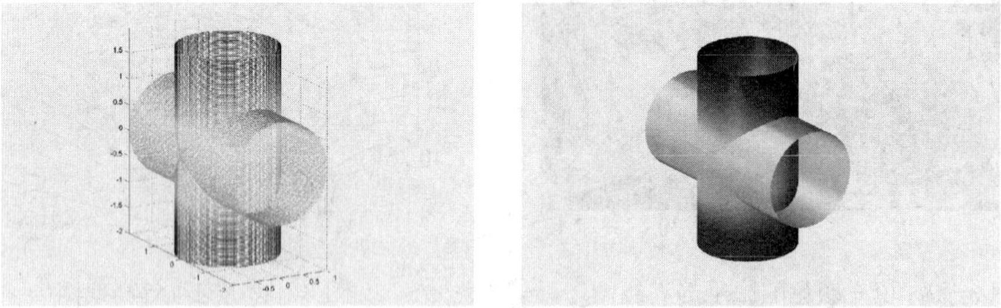

(a)　　　　　　　　(b)

图 3－11　圆柱相交示意图

例 3.1.5 绘制圆柱面 $(x-1)^2+y^2=1$，$-2\leqslant z\leqslant 2$ 和球面 $x^2+y^2+z^2=4$ 的相交图形.

解 MATLAB 中有专门绘制圆柱的命令 sphere，但使用不够灵活，若画球面与圆柱面相交就不能实现. 输入命令

```
t=[0:0.01:2*pi+0.01]';s=t';
x=2*sin(t)*cos(s);y=2*sin(t)*sin(s);z=2*cos(t)*(0*s+1);
t1=[0:0.01:2*pi+0.01]';s1=[-2:0.01:2];
x1=1 + cos(t1)*(0*s1+1);y1=sin(t1)*(0*s1+1);
z1=(0*t1+1)*s1;
figure('color',[1,1,1]);
h=surf(x,y,z);
hold on
h1=surf(x1,y1,z1);
hold off;view(140,9)
light('position',[2 1 2]);axis equal;
shading interp;axis off;camlight(-220,-170)
set(h,'facecolor',[0,0.8,0]);
set(h1,'facecolor',[1,0,1]);
```

运行结果如图 3-12(a)所示.

如果稍加修饰，如图 3-12(b)所示.

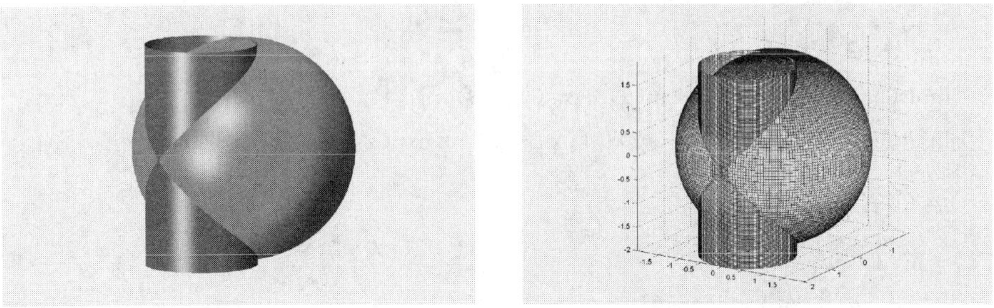

(a) (b)

图 3-12 球与圆柱相交示意图

练习 3.1

1. 绘制空间曲面 $z=\dfrac{10\sin\sqrt{x^2+y^2}}{\sqrt{1+x^2+y^2}}$ 在 $-30<x$，$y<30$ 范围内的图形，并画出相应的等高线.

2. 取适当的参数绘制下列曲面的图形.

(1) 椭球面 $\frac{x^2}{4}+\frac{y^2}{9}+z^2=1$;

(2) 椭圆抛物面 $9z=4x^2+9y^2$;

(3) 单叶双曲面 $\frac{x^2}{4}+\frac{y^2}{9}-1=\frac{z^2}{16}$;

(4) 双曲抛物面 $3z=x^2-y^2$;

(5) 马鞍面 $z=xy$;

(6) 旋转面 $\ln z=x^2+y^2$;

(7) 圆锥面 $z^2=x^2+y^2$;

(8) 环面 $(1-\sqrt{x^2+y^2})^2+z^2=1$;

(9) 正螺面 $\tan z=\frac{x}{y}$.

3.2 多元函数微分

3.2.1 多元函数极限

一般来说,多元函数沿不同路径趋于某一个点时,其极限可能会出现不同的结果.反过来,如果极限存在,则沿任何函数路径的极限均存在.基于这一点,这里是对极限存在的函数,求沿坐标轴方向的极限,即将求多元函数极限问题,化成求多次单极限的问题.

实验目的 学习和掌握用 MATLAB 工具求解多元函数极限问题.

例 3.2.1 求 $\lim\limits_{\substack{x\to 0\\ y\to\pi}}\frac{x^2+y^2}{\sin x+\cos y}$, $\lim\limits_{\substack{x\to 0\\ y\to 0}}\frac{1-\cos(x^2+y^2)}{(x^2+y^2)e^{x^2y^2}}$.

解 输入命令

```
syms x y
limit(limit((x^2+y^2)/(sin(x)+cos(y)),0),pi),
limit(limit((1-cos(x^2+y^2))/((x^2+y^2)*exp(x^2*y^2)),0),0),
```

运行结果为

```
-pi^2,0
```

注意 在 MATLAB 中,不能求出 $\lim\limits_{\substack{x\to 0\\ y\to 0}}\frac{2-\sqrt{xy+4}}{xy}$ 类型的极限,原因是第一次让 x 趋于零时同时消掉了 y,分母出现了零.

3.2.2 多元函数偏导数及全微分

求多元函数对某一变量的偏导数可以利用一元函数导数的命令.

实验目的 学习和掌握用 MATLAB 工具求解多元函数的偏导数和全微分问题.

例 3.2.2 设 $z=\arctan(x^2y)$，求 z 对 x，y 的一阶偏导数和全微分以及 $\frac{\partial^2 z}{\partial x^2}$，$\frac{\partial^2 z}{\partial x\partial y}$.

解 输入命令

```
clear;syms x y z dx dy dz zx zy zxx zxy
z=atan(x^2*y)
zx=diff(z,x),zy=diff(z,y),
dz=zx*dx+zy*dy,
zxx=diff(zx,x),zxy=diff(zx,y)
```

运行结果为

```
zx=2*x*y/(1+x^4*y^2)
zy=x^2/(1+x^4*y^2)
dz=2*x*y/(1+x^4*y^2)*dx+x^2/(1+x^4*y^2)*dy
zxx=2*y/(1+x^4*y^2)-8*x^4*y^3/(1+x^4*y^2)^2
zxy=2*x/(1+x^4*y^2)-4*^5*y^2/(1+x^4*y^2)^2
```

说明 (1) zxx=diff(z,x,2)也是可以的.

(2) 如果想对复杂的结果表达式看得和平时书写一样，可以用 pretty 命令，比如上例中的 pretty(zxx)；还可以用 latex 命令，比如上例中的 latex(zxx)，得到 $2\times\frac{y}{1+x^4y^2}-8\times\frac{x^4y^3}{(1+x^4y^2)^2}$.

3.2.3 微分法在几何上的应用

关于微分法在几何上的应用，以下主要讨论微分法在法线、切线与法平面、切平面与法线、数值梯度上的应用.

实验目的 学习和掌握用 MATLAB 工具来解决微分法在几何上的应用.

3.2.3.1 法 线

在 MATLAB 中计算和绘制曲面法线的指令：

surfnorm(X,Y,Z)	绘制(X, Y, Z)所表示的曲面的法线.
[Nx,Ny,Nz]=surfnorm(X,Y,Z)	给出(X, Y, Z)所表示的曲面的法线数据.

例 3.2.3 绘制半个椭圆 $x^2+4y^2=4$ 绕 x 轴旋转一周得到的曲面的法线.

解 输入命令

```
y=-1:0.1:1;x=2*cos(asin(y))          %旋转曲面的"母线"
[X,Y,Z]=cylinder(x,20);              %形成旋转曲面
```

```
surfnorm(X(:,11:21),Y(:,11:21),Z(:,11:21));    %在曲面上画法线
view([120,18])                                  %控制观察角
```

运行结果如图 3-13 所示.

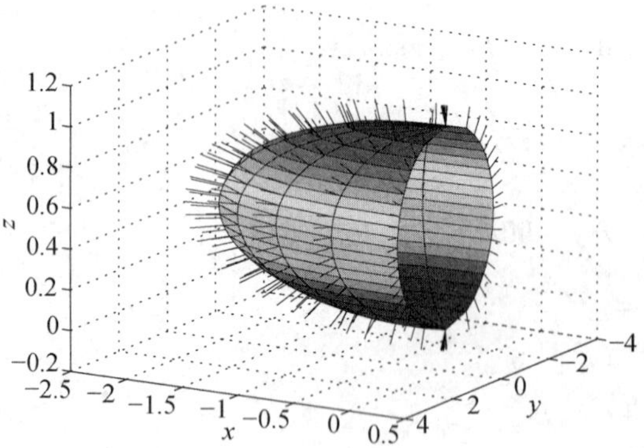

图 3-13 法线示意图

3.2.3.2 切线与法平面

空间曲线 $L: x=x(t),\ y=(t),\ z=z(t),\ a\leqslant t\leqslant b$,在点 $M(x, y, z)$ 处的切线的方向向量为

$$\boldsymbol{s}=\{x'(t),\ y'(t),\ z'(t)\}.$$

在 MATLAB 中用 jacobian 命令可以得到切向量(列向量)

$$\text{jacobian}([x,\ y,\ z],\ t)=\boldsymbol{s}=\{x'(t),\ y'(t),\ z'(t)\}.$$

过点 $M_0(x_0, y_0, z_0)(t=t_0)$ 的切线方程 F 为

$$x=x_0+x_0'(t_0),\quad y=y_0+y_0'(t_0),\quad z=z_0+z_0'(t_0),$$

即

$$F: [x,\ y,\ z]^{\mathrm{T}}=[x_0,\ y_0,\ z_0]^{\mathrm{T}}+\boldsymbol{s}_0^{\mathrm{T}}\cdot t.$$

转为 MATLAB 语句为

```
F=-[x; y; z]+[x0; y0; z0]+s0 * t   %等式右边=0 省略
```

过点 $M(x_0, y_0, z_0)(t=t_0)$ 的法平面方程 G 为

$$(x-x_0)x'(t_0)+(y-y_0)y'(t_0)+(z-z_0)z'(t_0)=0,$$

即

$$G: [x-x_0,\ y-y_0,\ z-z_0]\cdot\boldsymbol{s}_0=0.$$

转为 MATLAB 语句为

```
G=[x-x0, y-y0, z-z0] * s0   %等式右边=0 省略
```

例 3.2.4 空间曲线 $L: x=3\sin t$, $y=3\cos t$, $z=5t$, 求 L 在点 $t=\frac{\pi}{4}$ 处的切线方程和法平面方程,并画图显示.

解 输入命令

```
syms t x y z
x1=3 * sin(t);y1=3 * cos(t);z1=5 * t;
S1=jacobian ([x1,y1,z1],t);
t=pi/4;
x0=3 * sin(t);y0=3 * cos(t);z0=5 * t;
s0=subs(S1);
syms t
F=-[x;y;z]+[x0;y0;z0]+s0 * t,
G=[x-x0,y-y0,z-z0] * s0
```

运行结果为

```
F=
[-x+3/2 * 2^(1/2)+3/2 * t * 2^(1/2)]
[-y+3/2 * 2^(1/2)-3/2 * t * 2^(1/2)]
[-z+5/4 * pi+5 * t]
G=
3/2 * (x-3/2 * 2^(1/2)) * 2^(1/2)-3/2 * (y-3/2 * 2^(1/2)) * 2^(1/2)+5 * z-25/4 * pi
```

可以使用命令 pretty(F), pretty(G)求切线方程和法平面方程. 得到切线方程

$$\begin{cases} x=\dfrac{3\sqrt{2}}{2}+\dfrac{3\sqrt{2}}{2}t, \\ y=\dfrac{3\sqrt{2}}{2}-\dfrac{3\sqrt{2}}{2}t, \\ z=\dfrac{5}{4}\pi+5t \end{cases}$$

和法平面方程

$$\frac{3}{2}\left(x-\frac{3\sqrt{2}}{2}\right)\sqrt{2}-\frac{3}{2}\left(y-\frac{3\sqrt{2}}{2}\right)\sqrt{2}+5z-\frac{25\pi}{4}=0.$$

输入命令

```
t=-pi:0.1:2 * pi;[x,y]=meshgrid(-3:0.2:3);tt=-3:0.1:3;
```

```
x1=3*sin(t);y1=3*cos(t);z1=5*t;x2=3/2*2^(1/2)+3/2*tt*2^(1/2);
y2=3/2*2^(1/2)-3/2*tt*2^(1/2);z2=5/4*pi+5*tt;
z=(3/2*(x-3/2*2^(1/2))*2^(1/2)-3/2*(y-3/2*2^(1/2))*2^(1/2)-25/4*pi)/(-5);
plot3(x1,y1,z1),hold on
plot3(x2,y2,z2),hold on
mesh(x,y,z),
axis equal,view(-45,15)
```

运行结果如图 3-14 所示.

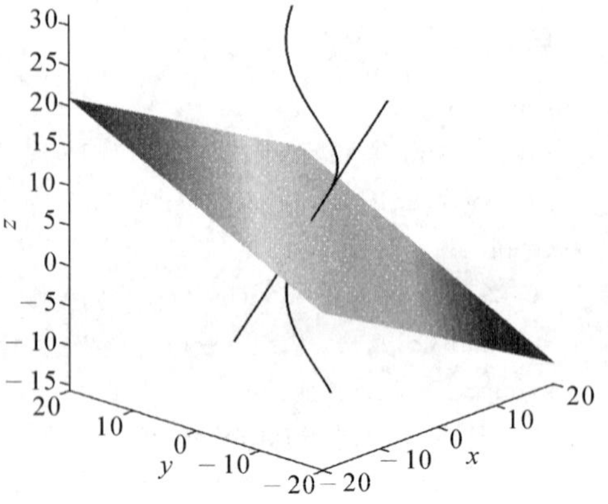

图 3-14 切线与法平面示意图

3.2.3.3 切平面与法线

空间曲面 $\Sigma: F(x, y, z)=0$, $z=z(x, y)$, $(x, y) \in D$ 在点 $M_0(x_0, y_0, z_0)$ 处的切平面法向量为

$$\boldsymbol{n}=\{F'_x(x_0, y_0, z_0), F'_y(x_0, y_0, z_0), F'_z(x_0, y_0, z_0)\}.$$

仍然用 MATLAB 中的 jacobian 命令得到法向量(行向量)

$$\text{jacobian}(\text{F},[\text{x, y, z}])=\boldsymbol{n}=\{F'_x(x_0, y_0, z_0), F'_y(x_0, y_0, z_0), F'_z(x_0, y_0, z_0)\}.$$

过点 $M_0(x_0, y_0, z_0)$ 的切平面方程 F 为

$$F'_x(x_0, y_0, z_0)(x-x_0)+F'_y(x_0, y_0, z_0)(y-y_0)+F'_z(x_0, y_0, z_0(z-z_0)=0,$$

即

$$F: [x-x_0, y-y_0, z-z_0]\cdot \boldsymbol{n}^{\mathrm{T}}=0.$$

在 MATLAB 中得到切平面方程 F 为

```
F=[x-x0, y-y0, z-z0]*n'  %等式右边=0 省略
```

过点 $M(x_0, y_0, z_0)$ 的法线方程 G 为

$$G: [x; y; z]=[x_0; y_0; z_0]+\boldsymbol{n}^{\mathrm{T}}\cdot t.$$

在 MATLAB 中得到法线方程 G 为

```
G=-[x; y; z]+[x0; y0; z0]+n'*t  %等式右边=0 省略
```

例 3.2.5 设曲面方程 $S: z=3x^2+y^2$, 求 S 在点 (1, 1, 4) 处的切平面方

程和法线方程.

解 输入命令

```
syms t x y z
F=3*x^2+y^2-z;x0=1;y0=1;z0=4;w=[x,y,z];s1=jacobian(F,w);
v1=subs(s1,x,x0);z2=subs(v1,y,y0);n=subs(z2,z,z0);
F=[x-x0,y-y0,z-z0]*n',G=-[x;y;z]+[x0;y0;z0]+n'.*t
```

运行结果为

```
F=6*x-4+2*y-z
G=
[-x+1+6*t]
[-y+1+2*t]
[-z+4-t]
```

得到所求切平面方程为 $6x+2y-z-4=0$，法线方程为 $x=1+6t$，$y=1+2t$，$z=4-t$.

输入命令

```
u=[0:0.1:1.5]';v=0:0.1:2*pi;t=-1:0.1:0.5;
[x3,y3]=meshgrid(0:0.2:2,-2:0.2:2);
x1=u*cos(v);y1=sqrt(3)*u*sin(v);z1=3*u.^2*(0*v+1);
x2=1+6*t;y2=1+2*t;z2=4-t;z3=6*x3+2*y3-4;
mesh(x1,y1,z1),hold on,
plot3(x2,y2,z2),hold on,
mesh(x3,y3,z3),
view(156,68),axis equal
```

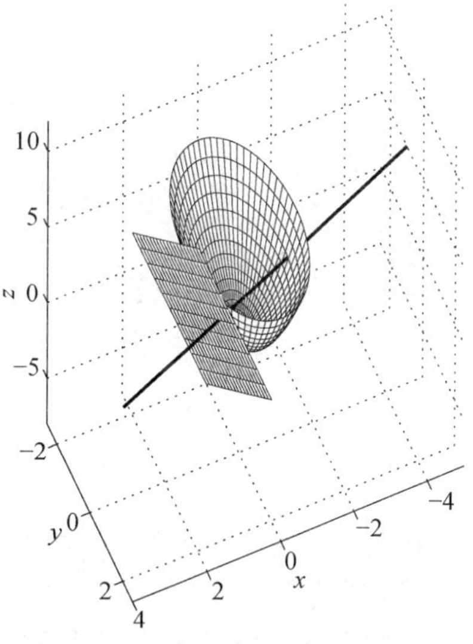

图 3-15 切平面与法线示意图

得到切平面与法线示意图,如图 3-15 所示.

3.2.3.4 数值梯度

[FX,FY]=gradient(F,h) 求二元函数的梯度,FX,FY 分别为 F 沿 x，y 方向的数值导数.

例 3.2.6 已知二元函数 $z=xe^{-x^2-y^2}$ 与区域 $-2\leqslant x$，$y\leqslant 2$，步长为 0.2，试求梯度向量并画图.

解 输入命令

```
v=-2:0.2:2;
[x,y]=meshgrid(v);
z=x. * exp(-x.^2-y.^2);
[px,py]=gradient(z,0.2,0.2);
contour(v,v,z),hold on,                  %曲面的等高线在 xOy 上的投影
quiver(v,v,px,py),hold off               %quiver 为二维向量场的可视化函数
```

运行结果如图 3-16 所示.

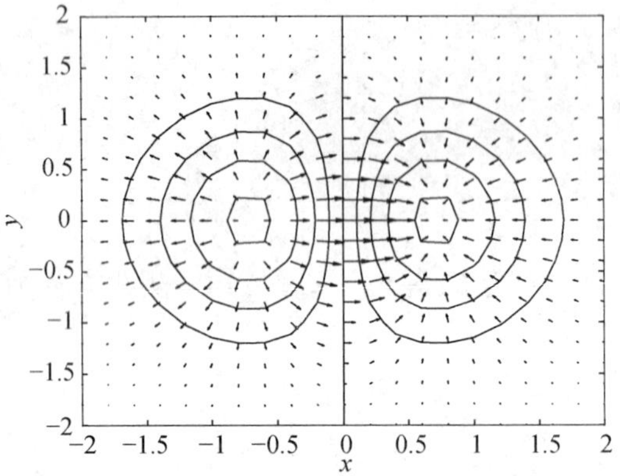

图 3-16　梯度向量示意图

3.2.4　多元函数的极值

在求多元函数极小值点的数值方法中,最常见的两种方法:

```
x=fminsearch(ff,x0)            %单纯形法求多元函数的极小值点最简格式.
x=fminunc(ff,x0)               %拟牛顿法求多元函数的极小值点最简格式.
```

说明　ff 是被解函数,要写成向量变量形式. x0 是一个点向量,表示极值点位置的初始猜测.

实验目的　学习和掌握用 MATLAB 工具求解多元函数的极值问题.

例 3.2.7　求二元函数 $f(x, y)=5-x^4-y^4+4xy$ 在原点附近的极大值.

解　问题等价于求 $-f(x, y)$ 的极小值. 输入命令

```
fun=inline('x(1)^(4)+x(2)^4-4 * x(1) * x(2)-5');
[x,g]=fminsearch(fun,[0,0]),
```

运行结果为

```
x=1.0000 1.0000                %极大值点 x = 1, y = 1
g=-7.0000                      %极大值 f = 7
```

也可以用[y,h]=fminunc(fun,[0.1,0.1])得到同样的结论.

如果本题没有给出迭代初值点,也可以参照一元函数求极值的方法,先画出二元函数的简图,通过观察简图得到一个比较粗糙的迭代初值.

练习 3.2

1. 作图表示函数 $z = xe^{-x^2-y^2}$ $(-1<x<1,\ 0<y<2)$ 沿 x 轴方向的梯度.

2. 作出函数 $f(x,\ y) = y^3/9 + 3x^2y + 9x^2 + y^2 + xy + 9$, $-2<x<1$, $-7<y<1$ 的图, 观察极值点的位置并求出.

3. 求函数 $f(x,\ y) = x^2 + 2y^2$ 在圆周 $x^2 + y^2 = 1$ 上的最值.

4. 求函数 $f(x,\ y,\ z) = x + 2y + 3z$ 在平面 $x - y + z = 1$ 与柱面 $x^2 + y^2 = 1$ 的交线上的最大值.

5. 有一座小山,取它的底部所在平面为 xOy 平面,底部的区域为 $D: x^2 + y^2 - xy \leqslant 75$,小山高度函数为 $h(x,\ y) = 75 - x^2 - y^2 + xy$.

(1) 设 $M(x_0,\ y_0) \in D$, 问 $h(x,\ y)$ 在 M 点沿什么方向的方向导数最大?

(2) 在山脚下寻找山坡度最大的点作为攀登起点.

6. 有一座小山,表面为 $z = 1 - x^2 - 2y^2$,它的底部所在平面为 xOy 平面.山脚下有一个起点 $P(1,\ 0,\ 0)$,现在从这个起点出发开始登山,要求登山线路和方向是沿着梯度最大的方向前进.试着研究从起点到顶点的登山曲线(方程与图形).

3.3 多元函数积分

3.3.1 二重积分

由于二重积分可以转化为二次积分运算,即

$$\iint\limits_{D_{xy}} f(x,\ y)\mathrm{d}\sigma = \int_a^b \mathrm{d}x \int_{y_1(x)}^{y_2(x)} f(x,\ y)\mathrm{d}y$$

或

$$\iint\limits_{D_{xy}} f(x,\ y)\mathrm{d}\sigma = \int_c^d \mathrm{d}y \int_{x_1(y)}^{x_2(y)} f(x,\ y)\mathrm{d}x,$$

所以可以用 MATLAB 函数 int 计算两个定积分来计算,还可以使用 dblquad 进行数值计算.与一元积分类似的,用 int 计算出来的结果都是精确值,而数值计算出来的结果都是近似值(对于三重积分,也有同样的情况).

实验目的 学习和掌握用 MATLAB 工具求解二重积分问题.

3.3.1.1 积分限为常数

例 3.3.1 计算 $s=\int_1^2 \mathrm{d}y\int_0^1 x^y \mathrm{d}x$.

解　方法 1 符号法. 输入命令

```
syms x y
s=vpa(int(int(x^y,x,0,1),y,1,2))
```

运行结果为

```
s=0.40546510810816438197801311546435
```

方法 2 数值法. 输入命令

```
zz=inline('x.^y','x','y');
s=dblquad(zz,0,1,1,2)
```

运行结果为

```
s=0.4055
```

3.3.1.2 内积分限为函数

这种情况比“积分限为常数”情况要复杂些.

例 3.3.2 计算 $\iint\limits_{D_{xy}} \mathrm{e}^{-x^2-y^2}\mathrm{d}\sigma$，其中 D_{xy} 是由曲线 $2xy=1$，$y=\sqrt{2x}$，$x=2.5$ 围成的平面区域.

解 ⅰ. 画出积分区域草图.

输入命令

```
x=0.001:0.001:3;y1=1./(2*x);
y2=sqrt(2*x);
plot(x,y1,x,y2,2.5,-0.5:0.01:3);
axis([-0.5 3 -0.5 3])
```

运行结果如图 3-17 所示.

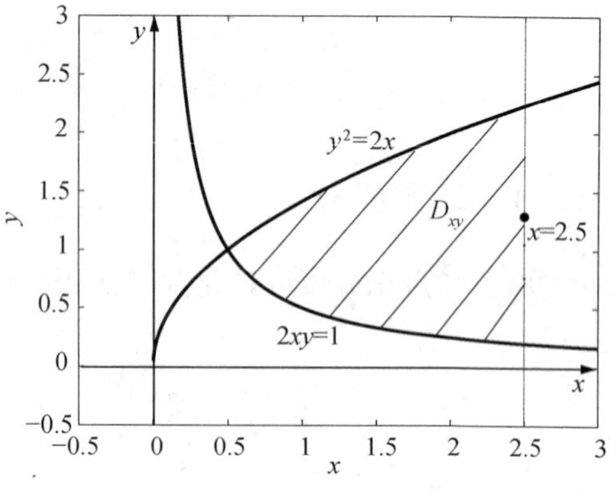

图 3-17　积分区域示意图

ⅱ. 确定积分限. 输入命令

```
syms x y
y1='2*x*y=1';y2='y-sqrt(2*x)=0';
[x,y]=solve(y1,y2)
```

运行结果为

```
x=1/2,y=1.
```

ⅲ. 输入命令

```
syms x y
```

```
f=exp(-x^2-y^2);y1=1/(2*x);y2=sqrt(2*x);
jfy=int(f,y,y1,y2);jfx=int(jfy,x,0.5,2.5);
jf2=vpa(jfx)
```

运行结果为

```
jf2=0.12412798808725833867150108282287
```

因此，$\iint\limits_{D_{xy}} e^{-x^2-y^2}\,d\sigma = 0.124\,127\,988\,087\,258\,338\,671\,501\,082\,822\,87$.

3.3.2 三重积分

与二重积分类似，三重积分可以转化为三次积分计算，即

$$\iiint\limits_V f(x,\ y,\ z)\,dx\,dy\,dz = \int_a^b dx\int_{y_1(x)}^{y_2(x)} dy\int_{z_1(x,\ y)}^{z_2(x,\ y)} f(x,\ y,\ z)\,dz,$$

然后用 MATLAB 函数 int 依次计算三个定积分，还可以使用 triplequad 进行数值计算.

实验目的 学习和掌握用 MATLAB 工具求解三重积分问题.

3.3.2.1 积分限为常数

例 3.3.3 计算 $s=\int_2^3 dz\int_1^2 dy\int_0^1 xyz\,dx$.

解 方法 1 符号法. 输入命令

```
syms x y z
s=vpa(int(int(int(x*y*z,x,0,1),y,1,2),z,2,3))
```

运行结果为

```
s=1.8750000000000000000000000000000
```

方法 2 数值法. 输入命令

```
w=inline('x*y*z','x','y','z');
s=triplequad(w,0,1,1,2,2,3)
```

运行结果为

```
s=1.8750
```

3.3.2.2 内积分限为函数

例 3.3.4 计算 $\iiint\limits_V (x+e^y+\sin z)\,dx\,dy\,dz$，其中积分区域 V 是由旋转抛物

面 $z=8-x^2-y^2$，圆柱 $x^2+y^2=4$ 和 $z=0$ 围成的空间闭区域.

解 ⅰ. 画出积分区域草图. 输入命令

```
[t,r]=meshgrid(0:0.05:2*pi,0:0.05:2);
x=r.*cos(t);y=r.*sin(t);z=8-x.^2-y.^2;
mesh(x, y, z),hold on
[x1, y1, z1]=cylinder(2, 30);
z2=4*z1;mesh(x1,y1,z2)
```

运行结果如图 3-18 所示.

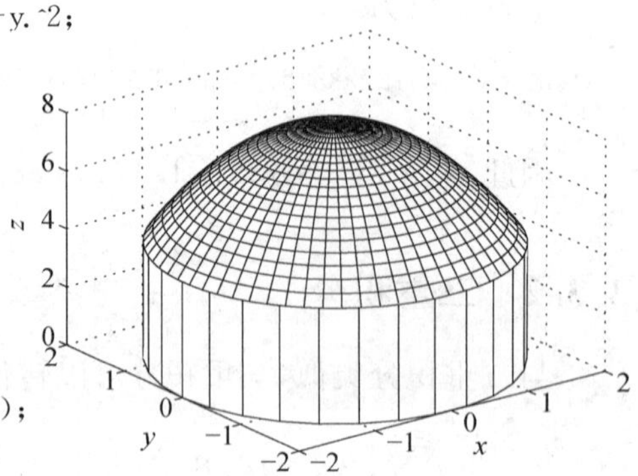

图 3-18 积分区域示意图

ⅱ. 确定积分限. 输入命令

```
syms x y z
f1=('z=8-x^2-y^2');f2=('x^2+y^2=4');
[x, y, z]= solve(f1, f2, 'x', 'y', 'z' )
```

运行结果为

```
x=                      y=          z=
[(4-y^2)^(1/2)]         [y]         [4]
[-(4-y^2)^(1/2)]        [y]         [4]
```

ⅲ. 输入命令

```
clear;syms x y z
f=x+exp(y)+sin(z);z1=0;z2=8-x^2-y^2;x1=-sqrt(4-y^2);x2=sqrt(4-y^2);
jfz=int(f,z,z1,z2);jfx=int(jfz,x,x1,x2);jfy=int(jfx,y,-2,2);
vpa(jfy)
```

运行结果为

```
121.66509988032497313042932633484
```

因此，$\iiint\limits_V (x+e^y+\sin z)\mathrm{d}x\mathrm{d}y\mathrm{d}z = 121.665\,099\,880\,324\,973\,130\,429\,326\,334\,84$.

练习 3.3

1. 计算数值积分 $\iint\limits_{x^2+y^2\leqslant 2x}(x+y+1)\mathrm{d}x\mathrm{d}y$.

2. 计算数值积分 $\int_0^{2\pi}\mathrm{d}\theta\int_0^1\sqrt{1+r^2\sin\theta}\,\mathrm{d}r$.

3. 计算数值积分 $\iiint\limits_{\Omega}\frac{\mathrm{d}x\mathrm{d}y\mathrm{d}z}{(1+x+y+z)^3}$，其中 Ω 是平面 $x=0$，$y=0$，$z=0$，$x+y+z=1$ 所围成的四面体.

4. 求函数 $z=xe^{-x^2-y^2}$ $(-1\leqslant x\leqslant 1,\ 0\leqslant y\leqslant 2)$ 构成曲面的面积.

5. 某个阿拉伯国家有一座著名的伊斯兰清真寺，它以中央大厅的金色巨大拱形圆顶名震遐迩. 因年久失修，国王下令将清真寺顶部重新贴金箔装饰. 据档案记载，大厅的顶部形状为半球面，其半径为 30 m. 考虑到可能的损耗和其他技术因素，实际用量将会比清真寺顶部面积多 1.5%. 据此，国王的财政大臣拨出了可制造 5 800 m^2 有规定厚度金箔的黄金. 建筑商人哈桑略通数学，他计算了后，觉得黄金会有盈余. 于是，他以较低的承包价得到了这项装饰工程. 但在施工前的测量中，工程师发现清真寺顶部实际上并非是一个精确的半球面，而是一个半椭球面，其半立轴恰是 30 m，而半长轴和半短轴分别是 30.6 m 和 29.6 m. 这一来，哈桑犯了愁，他担心黄金是否还有盈余甚至可能短缺，最后的结果究竟如何呢?

3.4 常微分方程求解

微分方程是自然科学和社会科学研究中非常重要且十分实用的一种数学工具. 常微分方程有解析解法和数值解法两种. 解析解法是通过表达式能让我们更清楚地理解解的性态，但其求解过程各式各样，没有规范可言，而且十分复杂，因而只能对某些特殊类型的方程求解，对于多数方程，则不易或不能求解；而数值解法的求解已有一些常用解法，如 Eular 法、Runge-Kutta 法等，它们能求出一般常微分方程在某一指定区间满足一定精度的数值解.

3.4.1 常微分方程(组)符号求解

实验目的 学习和掌握用 MATLAB 工具解决常微分方程(组)符号求解问题.

3.4.1.1 常微分方程(组)的通解

在 MATLAB 中，可用函数 dsolve 求常微分方程 $F(x, y', y'', \cdots, y^{(n)})=0$ 的通解，包括可分离变量，齐次方程，一阶、二阶、n 阶线性齐次和非齐次微分方程，可降阶的高阶微分方程等. 其主要调用格式如下：

dsolve('eqn','var')	eqn 是常微分方程，var 是变量，默认是 t.
dsolve('eqn1','eqn2',...,'eqnm','var')	有 m 个方程，var 是变量，默认是 t.

例 3.4.1 求下列常微分方程的通解.

(1) $xy'\ln x+y=ax(\ln x+1)$；　(2) $y''+2y'+5y=\sin 2x$；

(3) $(y^4-3x^2)dy+xydx=0$；　(4) $y'''+y''-2y'=x(e^x+4)$.

解 输入命令

```
y1=dsolve('x*Dy*log(x)+y=a*x*(log(x)+1)','x')
y2=dsolve('D2y+2*Dy+5*y=sin(2*x)','x')
y3=dsolve('x*y*Dy+x^4-3*y^2=0,'x')          %将 x,y 对换
```

```
y4=dsolve('D3y+D2y-2*Dy=x*(exp(x)+4)','x')
```

运行结果为

```
y1=a*x+1/log(x)*C1
y2=exp(-x)*sin(2*x)*C2+exp(-x)*cos(2*x)*C1+1/17*sin(2*x)-4/17
*cos(2*x)
y3=(1+C1*x^2)^(1/2)*x^2-(1+C1*x^2)^(1/2)*x^2          %再对换 x,y 整理得
                                                       x^2 = y^4 + Cy^6
y4=exp(x)*C2-1/2*exp(-2*x)*C1+1/6*exp(x)*x^2-4/9*x*exp(x)+
13/27*exp(x)-x^2-x+C3
```

常微分方程要变换形式输入,同时由于它的显式解没有被找到,所以返回隐式解.

在上述的第二个例子中,我们给个初值 $y(0)=1$, $y'(0)=0$, 输入命令 y=dsolve('D2y+2*Dy+5*y-sin(2*x)','y(0)=1','Dy(0)=0','x'),得到的是符号表达式,可以用 ezplot(y)或 fplot(char(y),[0,6])显示图形,但不能用 fplot(y,[0,6])显示图形,因为后者接受字符串,不接受符号表达式.

例 3.4.2 求下列常微分方程组的通解.

$$\begin{cases} \dfrac{\mathrm{d}x}{\mathrm{d}t}=y, \\ \dfrac{\mathrm{d}y}{\mathrm{d}t}=-x. \end{cases}$$

解 输入命令

```
s=dsolve('Dx=y', 'Dy=-x'),              %s 只给出解的结构
y=s.y,x=s.x                             %给出 x, y 具体的形式
```

运行结果为

```
s=
   x:[1x1 sym]
   y:[1x1 sym]
y=-sin(t)*C1+cos(t)*C2
x=cos(t)*C1+sin(t)*C2
```

3.4.1.2 常微分方程的特解

如果给定微分方程

$$F(x, y', y'', \cdots, y^{(n)})=0,$$

满足初始条件

$$y(x_0)=a_0,\quad y'(x_0)=a_1,\quad \cdots,\quad y^{(n)}(x_0)=a_n,$$

则求方程的特解的调用格式为

```
dsolve('eqn','condition1',…,'condition n','var')
```

说明 eqn 是常微分方程,condition 是初始条件,var 是变量.

例 3.4.3 求下列常微分方程在给定初始条件下的特解.

$$y''=\cos 2x-y,\quad y(0)=1,\quad y'(0)=0.$$

解 输入命令

```
y=dsolve('D2y=cos(2*x)-y','y(0)=1','Dy(0)=0','x'),
simplify(y)
```

运行结果为

```
y=(1/2*sin(x)+1/6*sin(3*x))*sin(x)+(1/6*cos(3*x)-1/2*cos(x))*cos(x)+4/3*cos(x)
ans=-2/3*cos(x)^2+4/3*cos(x)+1/3
```

3.4.2 常微分方程的数值求解

常微分方程的解析解只能对某些特殊类型的方程求解,对于多数方程,则不易或不能求解. 当对于某些常微分方程得不到符号解时,转而去求它的数值解. 也就是在给出某一个指定区间一系列的自变量的数值,可以得到对应的满足方程的一系列函数值. 数值解法的求解已有一些常用解法,如 Eular 法、Runge-Kutta 法等,它们能求出一般常微分方程在某一指定区间满足一定精度的数值解. 初值问题数值求解的 MATLAB 常用格式为

```
[t,y]=ode45(odefun,tspan,y0)
```

ode45:运用组合的 4/5 阶 Runge-Kutta-Fehlberg 算法.

类似的算法还有 ode113, ode23, ode15s, ode23s, ode23t, ode23tb,但 ode45 最常用;

odefun:表示 $f(t, y)$的函数句柄或 Inline 函数,t 是标量,y 是标量或向量;

tspan:若为$[t_0, t_f]$,表示自变量初值 t_0 和终值 t_f,若为$[t_0, t_1, \cdots, t_n]$,表示输出节点列向量;

y0:表示初值向量 $\boldsymbol{y}_0$;

t:输出表示节点列向量 $(t_0, t_1, \cdots, t_n)^{\mathrm{T}}$;

y:输出数值解矩阵,每一列对应 **y** 的一个分量.

常用输出的参数 t 和 **y** 作出图形.

实验目的 学习和掌握用 MATLAB 工具解决常微分方程数值求解问题.

例 3.4.4 求微分方程 $y'=y-2x/y$, $y(0)=1$, $0<x<4$ 的解析解和数值解,并画出对应的图进行比较.

解 先求解析解.输入命令

```
dsolve('Dy=y-2*x/y','y(0)=1','x')
```

运行结果为

```
(2*x+1)^(1/2)
```

得到原方程的解析解 $y=\sqrt{1+2x}$,现在求原方程的数值解加以比较.输入命令

```
clear;x=0:0.1:4;y=sqrt(1+2*x);
odefun=inline('s-2*t/s','t','s');
[t,s]=ode45(odefun,[0,4],1);
plot(x,y,'o-',t,s,'*-')
```

运行结果如图 3-19(a)所示.

从图 3-19(a)中可以看到它们几乎重合.事实上,点击图上方的放大键,将它们放大,就可以发现它们还是有差别的,如图 3-19(b)所示.

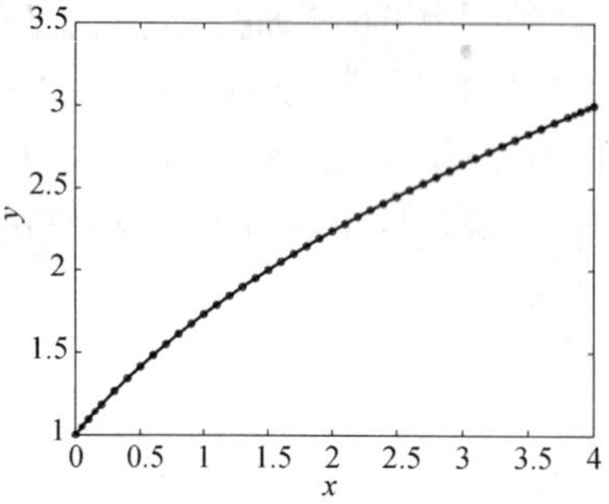

(a) 两曲线几乎重合

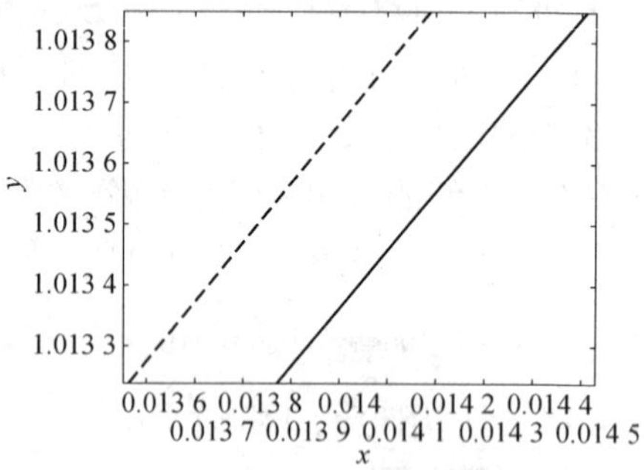

(b) 放大后还是有差别

图 3-19

还可以从数值上直接看出,输入[t,s],运行结果为

```
ans=
        0    1.0000
   0.0502    1.0490
   0.1005    1.0959
```

…
3.9005　2.9672
3.9502　2.9839
4.0000　3.0006

很明显,当 $t=4$ 时, $s=3.006$ 和准确值 3 存在着误差.

例 3.4.5　求解微分方程 $\frac{d^2x}{dt^2}-1\,000(1-x^2)\frac{dx}{dt}+x=0$, $x(0)=0$, $x'(0)=1$.

解　与所有的微分方程数值解解法一样,高阶微分方程式必须等价变化为一阶微分方程组. 于是,对于上述方程,要重新定义两个新变量来实现这种变换.

令 $y_1=x$, $y_2=y_1'$,则原微分方程变为方程组:

$$\begin{cases} y_1'=y_2, \\ y_2'=1\,000(1-y_1^2)y_2-y_1, \\ y_1(0)=0,\ y_2(0)=1. \end{cases}$$

建立 M 文件 weifen1. m:

```
function dy=weifen1(t,y)
dy=zeros(2,1);
dy(1)=y(2);
dy(2)=1000*(1-y(1)^2)*y(2)-y(1);
```

取 t 在[0, 3 000]范围内,由上可得初值为[0 1],输入命令

```
[T,Y]=ode15s('weifen1',[0 3000],[0 1]);
plot(T,Y(:,1),'-')
```

运行结果如图 3-20 所示.

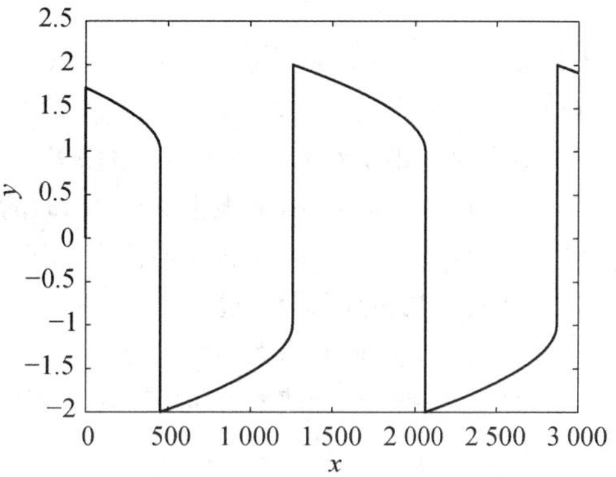

图 3-20　数值解示意图

例 3.4.6　求刚性微分方程的解:

$$\begin{cases} y_1'=-0.01y_1-99.99y_2, \\ y_2'=-100y_2, \\ y_1(0)=2,\ y_2(0)=1. \end{cases}$$

解　建立 M 文件 weifen2. m:

```
function f=weifen2(t,y)
f=[-0.01*y(1)-99.99*y(2),
-100*y(2)]';
```

注意，这里建立 M 文件和上例形式不同但是效果一样，稍简便. 取 t 在 [0, 400]范围内，初值为[2, 1]. 输入命令

```
[t,y]=ode15s('weifen2',[0, 400],[2 1]);plot(t,y)
```

运行结果如图 3-21 所示.

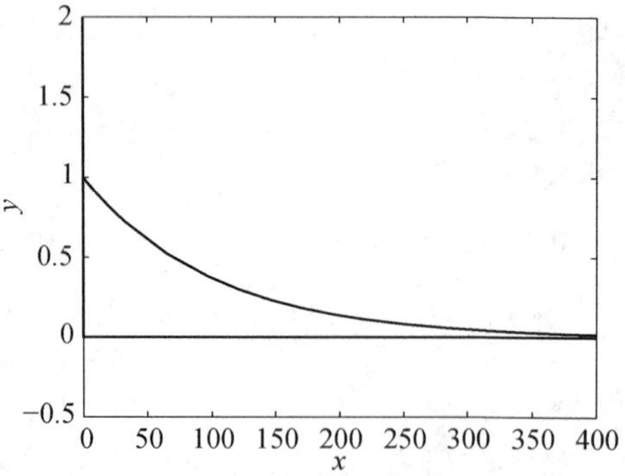

图 3-21　数值解示意图

注意到虽然在解微分方程数值解时最常用到的是 ode45，但是上述两例都是用到 ode15s，在这两例中，显然用 ode15s 比 ode45 快得多. 特别是例 3.4.6 对于刚性方程或者病态方程，ode45 不大适用.

练习 3.4

1. 解下列微分方程.

(1) $y' = x + y$, $y(0) = 1$, $0 < x < 1$(要求输出 $x = 1, 2, 3$ 点的 y 值)；

(2) $x' = 2x + 3y$, $y' = 2x + y$, $x(0) = -2$, $y(0) = 2.8$, $0 < t < 10$,作相平面图；

(3) $y'' - 0.01(y')^2 + 2y = \sin t$, $y(0) = 0$, $y'(0) = 1$, $0 < t < 5$,作 y 的图.

2. 求一通过原点的曲线，它在 (x, y) 处的切线斜率等于 $2x + y^2$, $0 < x < 1.57$. 若 x 的上界增为 1.58，1.60，情况会怎样？

3. 已知阿波罗飞船的运动轨迹 (x, y) 满足下面的方程：

$$\begin{cases} \dfrac{\mathrm{d}^2 x}{\mathrm{d}t^2} = 2\dfrac{\mathrm{d}y}{\mathrm{d}t} + x - \dfrac{\lambda(x+\mu)}{r_1^3} - \dfrac{\mu(x-\lambda)}{r_2^3}, \\ \dfrac{\mathrm{d}^2 y}{\mathrm{d}t^2} = -2\dfrac{\mathrm{d}x}{\mathrm{d}t} + y - \dfrac{\lambda y}{r_1^3} - \dfrac{\mu y}{r_2^3}. \end{cases}$$

其中，$\mu = 1/82.45$, $\lambda = 1 - \mu$, $r_1 = \sqrt{(x+\mu)^2 + y^2}$, $r_2 = \sqrt{(x+\lambda)^2 + y^2}$,试在初值 $x(0) = 1.2$, $x'(0) = 0$, $y(0) = 0$, $y'(0) = -1.04935371$ 下求解，并绘制飞船轨迹图.

4. 肿瘤大小 V 生长的速率与 V 的 a 次方成正比，其中，a 为形状参数，$0 \leqslant a \leqslant 1$；而其比例系数 K 随时间减小，减小速率又与当时的 K 值成正比，比例系数为环境参数 b. 设某肿瘤参数 $a = 1$, $b = 0.1$, K 的初始值为 2,V 的初始值为 1. 问：

(1) 此肿瘤生长不会超过多大？

(2) 过多长时间肿瘤大小翻一倍？

(3) 何时肿瘤生长速率由递增转为递减？

(4) 若参数 $a = 2/3$ 呢？

5. 第一次世界大战中，因为战争，很少捕鱼，按理战后应能捕到最多的鱼才是. 可是大战后，在地中海却捕不到鲨鱼，因而渔民大惑不解. 令 x_1 为鱼饵的数量，x_2 为鲨鱼的数量，t 为

时间.微分方程为

$$\begin{cases} \dfrac{\mathrm{d}x_1}{\mathrm{d}t} = x_1(a_1 - b_1 x_2), \\ \dfrac{\mathrm{d}x_2}{\mathrm{d}t} = -x_2(a_2 - b_2 x_1). \end{cases}$$

式中,a_1, a_2, b_1, b_2 都是正常数.第一式鱼饵 x_1 的增长速率大体上与 x_1 成正比,即按 $a_1 x_1$ 比率增加,而被鲨鱼吃掉的部分按 $b_1 x_1 x_2$ 的比率减少;第二式中鲨鱼的增长速度由于生存竞争的自然死亡或互相咬食,按 $a_2 x_2$ 的比率减少,但又根据鱼饵的量的变化按 $b_2 x_1 x_2$ 的比率增加.对 $a_1 = 3$, $b_1 = 2$, $a_2 = 2.5$, $b_2 = 1$, $x_1(0) = x_2(0) = 1$ 求解.绘制解曲线图和相轨线图,可以观察到鱼饵和鲨鱼数量的周期振荡现象.

4 线性代数实验

本章主要介绍使用MATLAB软件计算多项式、行列式，解决矩阵的生成、取块和基本运算问题以及求解线性方程组、特征值和特征多项式等.

4.1 多 项 式

4.1.1 多项式表达式与根

有关多项式函数表达式与根的MATLAB命令：

poly2sym(p)　　返回由多项式系数转为多项式函数 $p(x)$ 表达式.

polyval(p,2)　　返回多项式函数 $p(x)$ 当 $x=a$ 时的值.

roots(p)　　返回多项式函数 $p(x)$ 的所有复数根.

poly(r)　　返回由根组成的向量 $\boldsymbol{r}$ 创建的多项式函数篇 $p(x)$ 的系数.

实验目的　学习和掌握用MATLAB工具求解有关多项式表达式与根问题.

例 4.1.1　在MATLAB中表示多项式函数 $p(x)=x^3-2x+3$.

解　在MATLAB中将多项式采用降幂排列，并表示为向量的形式. 输入命令

```
p=[1 0 -2 3]
px=poly2sym(p)
```

运行结果为

```
px=x^3-2*x+3
```

例 4.1.2　求多项式函数 $p(x)=x^3-2x+3$ 在 $x=2$ 时的值，$y=p(2)$.

解　输入命令

```
p=[1 0 -2 3];
y=polyval(p,2)
```

运行结果为

```
y=7
```

例 4.1.3　求方程 $p(x)=x^3-2x+1=0$，$q(x)=x^3+2x+3=0$ 的根.

解 输入命令

```
p=[1 0 -2 1];
q=[1 0 2 3];
x1=roots(p),
x2=roots(q)
```

运行结果为

```
x1=
    -1.6180
    1.0000
    0.6180
x2=
    0.5000+1.6583i
    0.5000-1.6583i
    1.0000
```

4.1.2 多项式四则运算

有关多项式函数四则运算的 MATLAB 命令：

conv(p1,p2)	返回多项式函数 $p_1(x)$和 $p_2(x)$的乘积.
[q r]=deconv(p1,p2)	返回多项式函数 $p_1(x)$除以 $p_2(x)$的商式 $q(x)$和余式 $r(x)$.

实验目的 学习和掌握用 MATLAB 工具求解有关多项式四则运算问题.

例 4.1.4 求两个多项式 $p_1(x)=x^3-2x+1$，$p_2(x)=3-2x+x^3-x^5$ 的和.

解 在 MATLAB 中多项式用行矩阵表示，多项式相加就是将对应的行矩阵相加. 但是，由于多项式的次数可能不同，得到的行矩阵不同型可能导致无法相加. 因此，多项式相加首先要将对应的行矩阵化为同型矩阵. 输入命令

```
clear
p1=[1 0 -2 1];
p2=[-1 0 1 0 -2 3];
m=length(p1);n=length(p2);
t=max(m,n);
p1=[zeros(1,t-m),p1]
p2=[zeros(1,t-n),p2]
p=p1+p2
```

运行结果为

```
p=      -1   0    2    0     -4    4
```

以上两个多项式的和为 $p(x)=-x^5+2x^3-4x+4$.

例 4.1.5 求两个多项式 $p_1(x)=x^3-2x+1$，$p_2(x)=3-2x+x^3-x^5$ 的积.

解 输入命令

```
p1=[1 0 -2 1];
p2=[-1 0 1 0 -2 3];
p3=conv(p1,p2)
p=poly2sym(p3)
```

运行结果为

```
p3=    -1    0    3    -1    -4    4    4    -8    3
p=     -x^8+3*x^6-x^5-4*x^4+4*x^3+4*x^2-8*x+3
```

两个多项式的积是 $p_3(x)=-x^8+3x^6-x^5-4x^4+4x^3+4x^2-8x+3$.

例 4.1.6 求多项式 $p(x)=-x^8+3x^6-x^5-4x^4+4x^3+4x^2-8x+3$ 分别被多项式 $p_1(x)=x^3-2x+1$，$p_2(x)=x^3-2x+3$ 相除后的结果.

解 输入命令

```
clear
p=[ -1 0 3 -1 -4 4 4 -8 3];
p1=[1 0 -2 1];
p2=[1 0 -2 3];
[q1,r1]=deconv(p,p1)
[q2,r2]=deconv(p,p2)
```

运行结果为

```
q1=  -1   0   1   0   -2   3
r1=    0   0   0   0    0   0   0  0    0
q2=    1   0   1   2   -2   5
r2=    0   0   0   0    0   0  -6  8  -12
```

由上可以知道 $r_1=0$,即余项为零,表明多项式 $p(x)$ 被 $p_1(x)$ 整除.

输入命令

```
poly2sym(q1)
```

运行结果为

```
-x^5+x^3-2*x+3
```

而 $r_2\neq 0$,即余项不为零,表明多项式 $p(x)$ 不能被 $p_2(x)$ 整除.

输入命令

```
q2=poly2sym(q2)
r2=poly2sym(r2)
```

运行结果为

```
q2=-x^5+x^3+2*x^2-2*x+5
r2=-6*x^2+8*x-12
```

4.1.3 多项式的分解与合并

有关多项式的分解与合并的 MATLAB 命令：

syms x

collect(f)　　对符号多项式 f 进行合并同类项.

expand(f)　　对符号多项式 f 进行展开.

horner(f)　　对符号多项式 f 进行嵌套分解.

factor(f)　　对符号多项式 f 进行因式分解.

例 4.1.7 合并同类项 $f_1=(x-1)(x-2)(x-3)$，$f_2=(1+x)t+tx$.

解 输入命令

```
syms x t
f1=(x-1)*(x-2)*(x-3);f2=(1+x)*t+t*x;
p1=collect(f1)
p2=collect(f2)
```

运行结果为

```
p1=-6+x^3-6*x^2+11*x
p2=2*t*x+t
```

例 4.1.8 展开多项式 $f_1=(x-1)(x-2)(x-3)$，$f_2=\cos(3\arccos x)$.

解 输入命令

```
clear
syms x
f1=(x-1)*(x-2)*(x-3);f2=cos(3*acos(x));
p1=expand(f1)
p2=expand(f2)
```

运行结果为

```
p1=-6+x^3-6*x^2+11*x
```

```
p2=4*x^3-3*x
```

例 4.1.9 对多项式 $f_1=-6+x^3-6x^2+11x$，$f_2=x^5-2x^2+1$ 进行嵌套分解.

解 输入命令

```
clear
syms x
f1=-6+x^3-6*x^2+11*x;f2=x^5-2*x^2+1;
p1=horner(f1)
p2=horner(f2)
```

运行结果为

```
p1=-6+(11+(-6+x)*x)*x
p2=1+(-2+x^3)*x^2
```

例 4.1.10 对多项式 $f_1=-6+x^3-6x^2+11x$，$f_2=x^5-2x^2+1$ 进行因式分解.

解 输入命令

```
clear
syms x
f1=-6+x^3-6*x^2+11*x;f2=x^5-2*x^2+1;
p1=factor(f1)
p2=factor(f2)
```

运行结果为

```
p1=(x-1)*(x-2)*(x-3)
p2=(x-1)*(x^4+x^3+x^2-x-1)
```

4.1.4 有理分式的分解与合并

有关有理分式的分解与合并的 MATLAB 命令：

[a,b,r]=residue(p,q)	返回将 $p(x)/q(x)$ 分解为最简分式之和.
[p,q]=residue(a,b,r)	返回将简单分式之和合并为有理分式.

实验目的 学习和掌握用 MATLAB 工具求解有关有理分式的分解与合并问题.

例 4.1.11 将有理分式 $\dfrac{x^5}{x^2-x-2}$ 分解为最简分式之和.

解 输入命令

```
clear
p=[1 0 0 0 0 0];
q=[1 -1 -2];
[a,b,r]=residue(p,q)
```

运行结果为

```
a=      10.6667      0.3333
b=      2      -1
r=      1      1      3      5
```

注意,a 表示分子,b 表示和 a 对应分式的分母的根,r 表示整式.所以求得运行结果为

$$\frac{x^5}{x^2-x-2}=\frac{10.6667}{x-2}+\frac{0.3333}{x+1}+x^3+x^2+3x+5.$$

考虑到可以用有理数来精确表示分子常数,所以加上命令:

```
format rat
a
```

运行结果为

```
32/3
1/3
```

即

$$\frac{x^5}{x^2-x-2}=\frac{32}{3(x-2)}+\frac{1}{3(x+1)}+x^3+x^2+3x+5.$$

例 4.1.12 将有理分式 $\dfrac{x^2+1}{x^3-6x^2+11x-6}$ 分解为最简分式之和.

解 输入命令

```
clear
p=[1 0 1];
q=[1 -6 11 -6];
[a,b,r]=residue(p,q)
```

运行结果为

```
a=      5      -5      1
b=      3      2      1
r=      []
```

即

$$\frac{x^2+1}{x^3-6x^2+11x-6}=\frac{5}{x-3}+\frac{-5}{x-2}+\frac{1}{x-1}.$$

例 4.1.13 将有理分式 $\frac{1}{x^4-1}$ 分解为最简分式之和.

解 输入命令

```
p=[1];
q=[1 0 0 0 -1];
[a,b,r]=residue(p,q)
```

运行结果为

```
a=     -0.2500     0.2500     -0.0000+0.2500i     -0.0000-0.2500i
b=     -1.0000     1.0000      0.0000+1.0000i      0.0000-1.0000i
r=     []
```

即

$$\frac{x^2+1}{x^3-6x^2+11x-6}=\frac{-0.25}{x+1}+\frac{0.25}{x-1}+\frac{0.25\mathrm{i}}{x-\mathrm{i}}+\frac{-0.25\mathrm{i}}{x+\mathrm{i}}$$
$$=\frac{1}{4}\left(\frac{-1}{x+1}+\frac{1}{x-1}+\frac{-2}{x^2+1}\right).$$

例 4.1.14 将简单分式 $\frac{32}{3(x-2)}+\frac{1}{3(x+1)}+x^3+x^2+3x+5$ 合并为一个有理式.

解 输入命令

```
clear
a=[32/3 1/3];
b=[2,-1];
r=[1 1 3 5];
[p,q]=residue(a,b,r)
```

运行结果为

```
p=     1     0     0     0     0     0
q=     1    -1    -2
```

即

$$\frac{32}{3(x-2)}+\frac{1}{3(x+1)}+x^3+x^2+3x+5=\frac{x^5}{x^2-x-2}.$$

如果本题 a 的系数用近似值代替，就是 a＝(10.6667，0.3333)，输入后得到的结果 p＝(1.0000　0　0　0　0　0.0001)，最后一个分量有误差 0.0001 是因为向量 $\boldsymbol{a}$ 取近似值所引起的.

练习 4.1

1. 求下列多项式的根.

(1) $5x^{23}-6x^7+8x^6-5x^2$；(2) $(2x+3)^3-4$.

2. 求 $f(x)/g(x)$ 的商和余式：$f(x)=x^4-3x^2-2x-1$，$g(x)=x^2-2x+5$.

3. 求 $f(x)$，$g(x)$ 最大公因式和最小公倍式，其中，$f(x)=x^4+3x^3-x^2-4x-3$，$g(x)=3x^3+10x^2+2x-3$.

4. 分别在实数域上分解因式.

(1) $x^{12}-1$；(2) x^4+4；(3) $x^{18}+x^{15}+x^{12}+x^9+x^6+x^3+1$.

5. 将 $f(x)/g(x)$ 分解为最简分式之和.

(1) $f(x)=x^2+1$，$g(x)=x^4+1$；(2) $f(x)=1$，$g(x)=x^4+1$；

(3) $f(x)=x^2+1$，$g(x)=(x+1)^2(x-1)$；(4) $f(x)=x^5+x^4-8$，$g(x)=x^3-x$.

4.2 行列式

求解行列式的 MATLAB 命令：

det(A)　　计算 A 的行列式值，A 为数值或符号方阵.

实验目的　学习和掌握用 MATLAB 工具求解有关行列式问题.

例 4.2.1　计算行列式

$$D=\begin{vmatrix} 2 & -3 & -1 & 2 \\ 1 & -5 & 3 & -4 \\ 0 & 2 & 1 & -1 \\ -5 & 1 & 3 & -3 \end{vmatrix}.$$

解　输入命令

```
D=[2 -3 -1 2;1 -5 3 -4;0 2 1 -1;-5 1 3 -3];
det(D)
```

运行结果为

```
-75
```

例 4.2.2　计算行列式

$$A=\begin{vmatrix} a^2 & ab & b^2 \\ 2a & a+b & 2b \\ 1 & 1 & 1 \end{vmatrix}.$$

解　输入命令

```
syms a b
A=[a^2 a*b b^2;2*a a+b 2*b;1 1 1];
det(A)
```

运行结果为

```
a^3-3*a^2*b+3*a*b^2-b^3
```

再输入命令

```
B=simple(ans)        %化简结果
```

运行结果为

```
B=(a-b)^3
```

需要说明的是，符号运算一定要在前面用 syms a b 语句来说明 a，b 是符号.

例 4.2.3　用克拉默法则来解线性方程组：

$$\begin{cases} x_1+x_2+x_3=2, \\ 2x_1+x_2-x_3=-1, \\ x_1-x_2-x_3=0. \end{cases}$$

解　输入命令

```
D=[1 1 1;2 1 -1;1 -1 -1];
D1=[2 1 1;-1 1 -1;0 -1 -1];
D2=[1 2 1;2 -1 -1;1 0 -1];
D3=[1 1 2;2 1 -1;1 -1 0];
x1=det(D1)/det(D);
x2=det(D2)/det(D);
x3=det(D3)/det(D);
x1,x2,x3
```

运行结果为

```
x1=    1
x2=    -1
x3=    2
```

练习 4.2

1. 计算下列行列式.

(1) $D=\begin{vmatrix} 2 & 1 & 3 & 1 \\ 3 & -1 & 2 & 1 \\ 1 & 2 & 3 & 2 \\ 5 & 0 & 6 & 2 \end{vmatrix}$；(2) $D=\begin{vmatrix} a & 1 & 0 & 0 \\ -1 & b & 1 & 0 \\ 0 & -1 & c & 1 \\ 0 & 0 & -1 & d \end{vmatrix}$.

2. 证明：

(1) $D=\begin{vmatrix} 1 & 1 & 1 & 1 \\ a & b & c & d \\ a^2 & b^2 & c^2 & d^2 \\ a^3 & b^3 & c^3 & d^3 \end{vmatrix}=(a-b)(a-c)(a-d)(b-c)(b-d)(c-d)(a+b+c+d)$；

(2) $D=\begin{vmatrix} ax+by & ay+bz & az+bx \\ ay+bz & az+bx & ax+by \\ az+bx & ax+by & ay+bz \end{vmatrix}=(a^2+b^2)\begin{vmatrix} x & y & z \\ y & z & x \\ z & x & y \end{vmatrix}$.

3. 用克拉默法则求解下列方程组.

(1) $\begin{cases} x_1+x_2+x_3+x_4=5, \\ x_1+2x_2-x_3+4x_4=-2, \\ 2x_1-3x_2-x_3-5x_4=-2, \\ 3x_1+x_2+2x_3+11x_4=0; \end{cases}$ (2) $\begin{cases} 5x_1+6x_2=1, \\ x_1+5x_2+6x_3=0, \\ x_2+5x_3+6x_4=0, \\ x_3+5x_4+6x_5=0, \\ x_4+5x_5=1. \end{cases}$

4.3 矩　　阵

4.3.1 矩阵的生成

矩阵除了直接在命令窗口键入，也可以从外部数据文件（*.mat）和自编 M 文件导入，还可以利用 MATLAB 系统内部提供的一些函数生成. 常见的函数如下：

zeros(m,n)函数　生成 m 行 n 列全部元素为 0 的矩阵.
ones(m,n)函数　生成 m 行 n 列全部元素为 1 的矩阵.
rand(m,n)函数　生成 m 行 n 列全部在 0 到 1 的均匀分布随机元素的矩阵.
randn(m,n)函数　生成 m 行 n 列全部为标准正态分布随机元素的矩阵.
magic(n)函数　生成 n 阶幻方方阵（魔阵），即每行每列和对角线上元素之和相等.
diag(M)函数　从矩阵 $\boldsymbol{M}$ 对角线元素生成一列数组或将一列数组 $\boldsymbol{M}$ 生成一个对角阵.
triu(M)函数　取矩阵 $\boldsymbol{M}$ 的对应元素生成上三角矩阵.
tril(M)函数　取矩阵 $\boldsymbol{M}$ 的对应元素生成下三角矩阵.
length(M)函数　返回向量 $\boldsymbol{M}$ 的长度.
size(M)函数　返回矩阵 $\boldsymbol{M}$ 的行数和列数.
eye(n)函数　生成 n 阶单位阵.

hilb(n)函数　　　生成 n 阶希尔伯特(Hilbert)病态矩阵.
pascal(n)　　　生成 n 阶的帕斯卡(Pascal)矩阵.

实验目的　学习和掌握用 MATLAB 工具求解有关矩阵的生成问题.

例如,输入 A1＝zeros(3,4),得到一个 3 行 4 列全部元素为 0 的矩阵如下:

```
A1=
    0    0    0    0
    0    0    0    0
    0    0    0    0
```

例如,输入 A2＝ones(2,3),得到一个 2 行 3 列全部元素为 1 的矩阵如下:

```
A2=
    1    1    1
    1    1    1
```

例如,输入 A3＝rand(2,3),得到一个 2 行 3 列全部在 0 到 1 的均匀分布随机元素的矩阵如下:

```
A3=
   0.4565    0.8214    0.6154
   0.0185    0.4447    0.7919
```

例如,输入 A4＝randn(2,3),得到一个 2 行 3 列全部为标准正态分布随机元素的矩阵如下:

```
A4=
    1.1892    0.3273   -0.1867
   -0.0376    0.1746    0.7258
```

例如,输入 A5＝magic(3),得到一个 3 阶幻方方阵如下:

```
A5=
    8    1    6
    3    5    7
    4    9    2
```

例如,输入 A6＝diag(A5),得到一个由矩阵 $\boldsymbol{A}_5$ 对角线元素生成的一列数组如下:

```
A6=
    8
    5
    2
```

例如，输入 A7＝diag(A6)，得到一个取数组 $\boldsymbol{A}_6$ 生成的一个对角阵如下：

```
A7=
    8    0    0
    0    5    0
    0    0    2
```

例如，输入 A8＝triu(A5)，得到一个取矩阵 $\boldsymbol{A}_5$ 的对应元素生成的上三角矩阵如下：

```
A8=
    8    1    6
    0    5    7
    0    0    2
```

对于命令 triu 和 tril，经常会出现 triu(M,k). $\boldsymbol{M}$ 就是所要取值的矩阵. $k=0$ 表示主对角线，$k=1$ 表示和对角线平行的右上方的斜行，$k=-1$ 表示和对角线平行的左下方的斜行，$k=-2$，2，以此类推. 例如，输入 A9＝triu(A5，－1)，得到一个取矩阵 $\boldsymbol{A}_5$ 的从主对角线左下方的－1 斜行开始的对应元素生成推广的上三角矩阵如下：

```
A9=
    8    1    6
    3    5    7
    0    9    2
```

例如，输入 A10＝tril(A5)，得到一个取矩阵 $\boldsymbol{A}_5$ 的对应元素生成的下三角矩阵如下：

```
A10=
    8    0    0
    3    5    0
    4    9    2
```

例如，输入 A11＝tril(A5,1)，得到一个取矩阵 $\boldsymbol{A}_5$ 的从主对角线右上方的 1 斜行开始的对应元素生成推广的下三角矩阵如下：

```
A11=
    8    1    0
    3    5    7
    4    9    2
```

例如，输入 t＝length(A6)，得到数组 $\boldsymbol{A}_6$ 的长度如下：

t=3

例如,输入[m,n]=size(A5),得到矩阵 $\boldsymbol{A}_5$ 的函数和列数如下:

```
m=3
n=3
```

例如,输入 A12=eye(m),得到一个 3 阶的单位矩阵如下:

```
A12=
    1    0    0
    0    1    0
    0    0    1
```

例如,输入 A13=hilb(4),得到一个 4 阶的希尔伯特矩阵如下:

```
A13=
    1.0000    0.5000    0.3333    0.2500
    0.5000    0.3333    0.2500    0.2000
    0.3333    0.2500    0.2000    0.1667
    0.2500    0.2000    0.1667    0.1429
```

例如,输入 A14=pascal(4),得到一个 4 阶的帕斯卡矩阵(由帕斯卡三角而来)如下:

```
A14=
    1    1    1    1
    1    2    3    4
    1    3    6   10
    1    4   10   20
```

4.3.2 矩阵的取块和变换

在矩阵运算中,有时需要提取其中的一部分元素参与运算,比如提取某个元素,某行,某列甚至某一个子阵. 还有将原来的矩阵改变形式,常见的命令如下:

A(i,:)	提取矩阵 $\boldsymbol{A}$ 的第 i 行.
A(:,j)	提取矩阵 $\boldsymbol{A}$ 的第 j 列.
A(:)	将矩阵 $\boldsymbol{A}$ 的各列元素依次排成一列向量.
A(i:j)	将矩阵 $\boldsymbol{A}$(:)中的第 i 个到第 j 个的元素依次排成一行向量.
A(i:j,:)	提取矩阵 $\boldsymbol{A}$ 的第 i 行到第 j 行的所有元素组成的矩阵.
A(:,i:j)	提取矩阵 $\boldsymbol{A}$ 的第 i 列到第 j 列的所有元素组成的矩阵.

A(i:j,k:l)	提取矩阵 $\boldsymbol{A}$ 的第 i 行到第 j 行以及第 k 列到第 l 列的所有元素组成的子阵.
B=reshape(A,m,n)	将矩阵 $\boldsymbol{A}$ 中的元素按次序组成一个 m 行 n 列的矩阵 $\boldsymbol{B}$.
B=rot90(A)	将矩阵 $\boldsymbol{A}$ 逆时针旋转 90°得到新矩阵 $\boldsymbol{B}$.
B=fliplr(A)	将矩阵 $\boldsymbol{A}$ 中的元素左右对称得到新矩阵 $\boldsymbol{B}$.
B=flipud(A)	将矩阵 $\boldsymbol{A}$ 中的元素上下对称得到新矩阵 $\boldsymbol{B}$.
flipdim(A,1)=flipud(A)	flipdim(A,2)=fliplr(A).
A(2,:)=[ ]	将矩阵 $\boldsymbol{A}$ 的第 2 行删除.
A(A>5)=1	将矩阵中的所有大于 6 的元素赋值为 1.

实验目的 学习和掌握用 MATLAB 工具求解有关矩阵取块和变换问题.

例如,已知 $\boldsymbol{A}=\begin{pmatrix}1&2&3\\4&5&6\\7&8&9\end{pmatrix}$,输入 A1=A(3,:),得到矩阵 $\boldsymbol{A}$ 的第 3 行如下:

```
A1=
  7    8    9
```

输入 A2=A(:,2),得到矩阵 $\boldsymbol{A}$ 的第 2 列如下:

```
A2=
  2
  5
  8
```

输入 A3=A(:),将矩阵 $\boldsymbol{A}$ 的各列元素依次排成一列向量如下:

```
A3=
  1
  4
  7
  2
  5
  8
  3
  6
  9
```

输入 A4=A(2:5),将矩阵 $\boldsymbol{A}$(:)中的第 2 个到第 5 个的元素依次排成一行向量如下:

```
A4=
  4    7    2    5
```

输入 A5＝A(1:2,:)，提取矩阵 $\boldsymbol{A}$ 的第 1 行到第 2 行的所有元素组成的矩阵如下：

```
A5=
  1    2    3
  4    5    6
```

输入 A6＝A(:,2:3)，提取矩阵 $\boldsymbol{A}$ 的第 2 列到第 3 列的所有元素组成的矩阵如下：

```
A6=
  2    3
  5    6
  8    9
```

输入 A7＝A(1:2,2:3)，提取矩阵 $\boldsymbol{A}$ 的第 1 行到第 2 行以及第 2 列到第 3 列的所有元素组成的子阵如下：

```
A7=
  2    3
  5    6
```

输入 A8＝[A7＋10,A7＋20;A7＋30,A7＋40]，将小矩阵扩展为大矩阵如下：

```
A8=
  12    13    22    23
  15    16    25    26
  32    33    42    43
  35    36    45    46
```

输入 A9＝reshape(A8,2,8)，将 $\boldsymbol{A}_8$ 矩阵按 2 行 8 列排列成新矩阵如下：

```
A9=
  12    32    13    33    22    42    23    43
  15    35    16    36    25    45    26    46
```

输入 A10＝rot90(A8)，将 $\boldsymbol{A}_8$ 矩阵逆时针旋转 90°排列成新矩阵如下：

```
A10=
  23    26    43    46
  22    25    42    45
  13    16    33    36
  12    15    32    35
```

输入 A11＝flipud(A8)，将 $\boldsymbol{A}_8$ 矩阵上下对称得到新矩阵如下：

```
A11=
  35    36    45    46
  32    33    42    43
  15    16    25    26
  12    13    22    23
```

输入 A12=fliplr(A8),将 $\boldsymbol{A}_8$ 矩阵左右对称得到新矩阵如下:

```
A12=
  23    22    13    12
  26    25    16    15
  43    42    33    32
  46    45    36    35
```

输入 A8(2,:)=[ ],将 $\boldsymbol{A}_8$ 矩阵中的第 2 行删除得到新矩阵 $\boldsymbol{A}_8$ 如下:

```
A8=
  12    13    22    23
  32    33    42    43
  35    36    45    46
```

输入 A8(A8>35)=100,将 $\boldsymbol{A}_8$ 矩阵中的所有大于 35 的元素赋值为 100 得到新矩阵 $\boldsymbol{A}_8$ 如下:

```
A8=
  12     13     22     23
  32     33    100    100
  35    100    100    100
```

输入 A13=sort(A12),将 $\boldsymbol{A}_{12}$ 矩阵中的元素在每一列中按大小依次从高到低排列得到新矩阵如下:

```
A13=
  23    22    13    12
  26    25    16    15
  43    42    33    32
  46    45    36    35
```

4.3.3 矩阵的基本运算

在矩阵运算中常见的命令如下:

A±B	矩阵 **A** 加减矩阵 ***B***.
A+k	矩阵 **A** 的所有元素加上数 k.

A * B	矩阵 **A** 乘以矩阵 **B**.
k * A,A * k	矩阵 **A** 的所有元素乘以数 k.
A. * B	将矩阵 **A** 的各个元素对应和矩阵 **B** 中的元素相乘.
A. /B	将矩阵 **A** 的各个元素对应和矩阵 **B** 中的元素相除.
A/B	右除.
A\B	左除.
A. '	得到矩阵 **A** 的转置.
A'	得到矩阵 **A** 共轭转置,在实数域内就是转置.
inv(A)或 A^(-1)	得到矩阵 **A** 的逆矩阵,**A** 应该为可逆阵.
A^k	矩阵 **A** 的 k 次幂.
sqrtm(A)或 A^(1/2)	矩阵 **A** 的开方,其平方为 **A**.
sqrt(A)	矩阵 **A** 的对应元素开方.

实验目的 学习和掌握用 MATLAB 工具求解有关矩阵的基本运算问题.

例 4.3.1 已知 $\boldsymbol{A}=\begin{pmatrix}1 & 2\\3 & 4\end{pmatrix}$, $\boldsymbol{B}=\begin{pmatrix}1 & 2\\-1 & 0\end{pmatrix}$,计算 $\boldsymbol{A}'$, $2+\boldsymbol{A}$, $2\boldsymbol{A}-\boldsymbol{B}$, $\boldsymbol{AB}$.

解 输入命令

```
A=[1 2;3 4];B=[1 2;-1 0];
A',2*A-B,A*B
```

A',2 * A-B,A * B 分别可以得到对应的转置,差和积.

```
ans=
1     3
2     4
ans=
1     2
7     8
ans=
-1     2
-1     6
```

值得注意的是,如果输入命令 2+A, B. * A, B. /A,运行结果为

```
ans=
3     4
5     6
ans=
  1     4
-3     0
ans=
```

```
  1.0000      1.0000
-0.3333           0
```

前者是将矩阵 $\boldsymbol{A}$ 中所有元素加上 2,虽然该表达式在代数教科书上是错误的,但是在这里是有意义的.后者是将 $\boldsymbol{B}$ 的元素和 $\boldsymbol{A}$ 中的元素对应乘积和求商,注意 A.*B 和 A*B, A/B 和 A./B 的区别.

例 4.3.2 已知 $\boldsymbol{A}=\begin{pmatrix}1 & 2\\3 & 4\end{pmatrix}$,求 $\boldsymbol{A}^3$, $\boldsymbol{A}^{-1}$.

解 输入命令

```
A=[1 2;3 4];
A1=A^3,A2=inv(A)
```

运行结果为

```
A1=
37      54
81      118
A2=
-2.0000        1.0000
  1.5000      -0.5000
```

注意 如果输入 A^(-1),也可以得到 $\boldsymbol{A}$ 的逆矩阵.求逆矩阵的前提是矩阵应该是可逆的,否则得不到逆矩阵. $\boldsymbol{A}$ 的乘方中的指数还可以推广到有理数.

例如,输入命令

```
C=A^(1/2)
```

运行结果为

```
C=
   0.5537+0.4644i     0.8070-0.2124i
   1.2104-0.3186i     1.7641+0.1458i
```

输入命令

```
C*C
```

就可以验证

```
ans=
   1.0000+0.0000i     2.0000-0.0000i
   3.0000+0.0000i     4.0000
```

即 C*C=A.还可以试试将指数变为 0.1, -1.5,等等.

例 4.3.3 已知 $\boldsymbol{A}=\begin{pmatrix}1 & 2\\3 & 4\end{pmatrix}$, $\boldsymbol{B}=\begin{pmatrix}1 & 2\\-1 & 0\end{pmatrix}$,求解矩阵方程 $\boldsymbol{XA}=\boldsymbol{B}$, $\boldsymbol{AY}=\boldsymbol{B}$.

解 在矩阵 $\boldsymbol{A}$ 可逆的情况下，要求出未知矩阵 $\boldsymbol{X}$，$\boldsymbol{Y}$，显然，只要在方程两边分别左、右乘以矩阵 $\boldsymbol{A}$ 的逆矩阵. 即 $\boldsymbol{X}=\boldsymbol{B}\boldsymbol{A}^{-1}$，$\boldsymbol{Y}=\boldsymbol{A}^{-1}\boldsymbol{B}$. 在 MATLAB 环境下提供了另外一种方法，可以形象地将方程 $\boldsymbol{XA}=\boldsymbol{B}$ 两端左除以 $\boldsymbol{A}$，将方程 $\boldsymbol{AY}=\boldsymbol{B}$ 两端右除以 $\boldsymbol{A}$，即可以分别求出未知矩阵 $\boldsymbol{X}$ 和 $\boldsymbol{Y}$，即 $\boldsymbol{XA}/\boldsymbol{A}=\boldsymbol{B}/\boldsymbol{A}$，$\boldsymbol{X}=\boldsymbol{B}/\boldsymbol{A}$；$\boldsymbol{A}\backslash\boldsymbol{AY}=\boldsymbol{A}\backslash\boldsymbol{B}$，$\boldsymbol{Y}=\boldsymbol{A}\backslash\boldsymbol{B}$.

输入命令

```
A=[1 2;3 4];B=[1 2;-1 0];
X=B*inv(A),X1=B/A,
Y=inv(A)*B,Y1=A\B
```

运行结果为

```
X=
  1.0000      0
  2.0000     -1.0000
X1=
  1           0
  2          -1
Y=
  -3.0000   -4.0000
   2.0000    3.0000
Y1=
  -3.0000   -4.0000
   2.0000    3.0000
```

例 4.3.4 已知 $\boldsymbol{A}=\begin{pmatrix}1 & 2\\3 & 4\end{pmatrix}$，求矩阵 $\boldsymbol{A}$ 的 1 范数、2 范数和∞范数.

解 输入命令

```
A=[1 2;3 4];
A1=norm(A,1)
A2=norm(A,2)
A3=norm(A,inf)
```

运行结果为

```
A1=6
A2=5.4650
A3=7
```

例 4.3.5 已知 $\boldsymbol{A}=\begin{pmatrix}1 & 2\\3 & 4\end{pmatrix}$，求矩阵 $\boldsymbol{A}$ 的条件数.

解　输入命令

```
A=[1 2;3 4];
A1=cond(A)
```

运行结果为

```
A1=14.9330
```

练习 4.3

1. 已知 $\boldsymbol{A}=\begin{pmatrix}1&2&0\\3&4&-1\\1&1&-1\end{pmatrix}$, $\boldsymbol{B}=\begin{pmatrix}1&2&3\\-1&0&1\\-2&4&-3\end{pmatrix}$，计算 $\boldsymbol{A}'$, $2+\boldsymbol{A}$, $2\boldsymbol{A}-\boldsymbol{B}$, $\boldsymbol{AB}$, $\boldsymbol{A}^2$, $\boldsymbol{A}^{-1}$.

2. $\boldsymbol{A}=(1,2,3)$, $\boldsymbol{B}=(2,4,3)$，分别用命令 A∗B′, B′∗A, A.∗B, B.∗A, A./B, A.\B, A/B, A\B 得出结果，分析其意义.

3. 利用逆矩阵求解下列矩阵方程.

(1) $\begin{pmatrix}0&1&0\\1&0&0\\0&0&1\end{pmatrix}\boldsymbol{X}\begin{pmatrix}1&0&0\\0&0&1\\0&1&0\end{pmatrix}=\begin{pmatrix}1&-4&3\\2&0&-1\\1&-2&0\end{pmatrix}$；(2) $\begin{cases}x_1+2x_2+3x_3=1,\\2x_1+2x_2+3x_3=2,\\3x_1+5x_2+x_3=3.\end{cases}$

4. 已知矩阵 $\boldsymbol{A}$ 的伴随矩阵 $\boldsymbol{A}^*=\begin{pmatrix}1&0&0&0\\0&1&0&0\\1&0&1&0\\0&-3&0&8\end{pmatrix}$，且 $\boldsymbol{ABA}^{-1}=\boldsymbol{BA}^{-1}+3\boldsymbol{E}$，求 $\boldsymbol{B}$.

5. 设 $\boldsymbol{AP}=\boldsymbol{P\Lambda}$，其中 $\boldsymbol{P}=\begin{pmatrix}1&1&1\\1&0&-2\\1&-1&1\end{pmatrix}$, $\boldsymbol{\Lambda}=\begin{pmatrix}-1&0&0\\0&1&0\\0&0&5\end{pmatrix}$，求 $\varphi(\boldsymbol{A})=\boldsymbol{A}^8(5\boldsymbol{E}-5\boldsymbol{A}+\boldsymbol{A}^2)$.

4.4　求解线性方程组

求解线性方程组常用到的命令：

rank(A)	得到矩阵 **A** 的秩.
rref(A)	得到矩阵 **A** 的行最简形.
null(A)	得到系数矩阵为 **A** 的齐次方程组基础解系.
null(A,'r')	得到系数矩阵为 **A** 的齐次方程组有理数形式的基础解系.

关于线性方程组 $\boldsymbol{AX}=\boldsymbol{b}$，如果系数矩阵 $\boldsymbol{A}$ 是方阵而且可逆，就可以用 4.3 节的知识直接在两边乘以矩阵 $\boldsymbol{A}$ 的逆矩阵来得到答案. 但是一般来说，系数

矩阵 **A** 的情况有多种，更多的系数矩阵不是方阵. 方阵只是其中很少的一部分，即使是方阵，也不见得刚好是可逆矩阵.

实验目的 学习和掌握用 MATLAB 工具求解线性方程组问题.

例 4.4.1 已知 $\boldsymbol{A}=\begin{pmatrix}1 & -2 & 1 & -2 & 1\\ -1 & 1 & 1 & -1 & 1\\ 2 & -2 & -1 & 1 & -1\end{pmatrix}$，求矩阵 **A** 的秩和行最简形.

解 输入命令

```
A=[1 -2 1 -2 1;-1 1 1 -1 1;2 -2 -1 1 -1];
rank(A)
rref(A)
```

运行结果为

```
ans=
   3
ans=
  1  0  0   1  0
  0  1  0   1  0
  0  0  1  -1  1
```

例 4.4.2 求解方程组

$$\begin{cases}0.1x_1+0.1^2x_2=0.045,\\ 0.2x_1+0.2^2x_2=0.12,\\ 0.3x_1+0.3^2x_2=0.2,\\ 0.4x_1+0.4^2x_2=0.33,\\ 0.5x_1+0.5^2x_2=0.52.\end{cases}$$

解 原方程组简写为 $\boldsymbol{AX}=\boldsymbol{b}$，先通过对应矩阵的秩观察解的情况. 输入命令

```
clear;
A=[0.1 0.1^2;0.2 0.2^2;0.3 0.3^2;0.4 0.4^2;0.5 0.5^2];
B=[0.1 0.1^2 0.045;0.2 0.2^2 0.12;0.3 0.3^2 0.2;0.4 0.4^2 0.33;0.5 0.5^2 0.52];
rank(A),rank(B)
```

运行结果为

```
ans=
   2
ans=
   3
```

显然，这里，rank($\boldsymbol{A}$)$\neq$rank($\boldsymbol{B}$)，所以，原方程组无解. 但是，原方程组有一定的实际意义，常常需要在实际应用中求出最小二乘解，就是说，使得向量 $\boldsymbol{AX}-\boldsymbol{b}$ 的长度达到最小的解.

输入命令

```
b=[0.045;0.12;0.2;0.33;0.52];
X=A\b
```

运行结果为

```
X=
    0.2111
    1.6196
```

在方程组 $\boldsymbol{AX}=\boldsymbol{b}$ 无解的情况下，我们仍然可以通过输入 X=A\b 得到一个结果，这个结果就是该方程组的最小二乘解.

该题目可以有这样的背景：有表 4-1 的两组观测数据 t 和 y. 若希望采用 $y=x_1t+x_2t^2$ 的模型来拟合这两组数据，就必须用最小二乘法来拟合求解 t 的系数 x_1 和 x_2. 用线性方程组来表示就是求例 4.4.2 的最小二乘解.

表 4-1　观测数据

t	0.1	0.2	0.3	0.4	0.5
y	0.045	0.12	0.2	0.33	0.52

所以，由上面的解可以得到结果 $y=0.2111t+1.6196t^2$.

输入命令

```
t=0.1:0.1:0.5;
y=[0.045 0.12 0.2 0.33 0.52];
yfit=0.2111*t+1.6196*t.^2;
plot(t,y,'ro',t,yfit)
```

运行结果如图 4-1 所示.

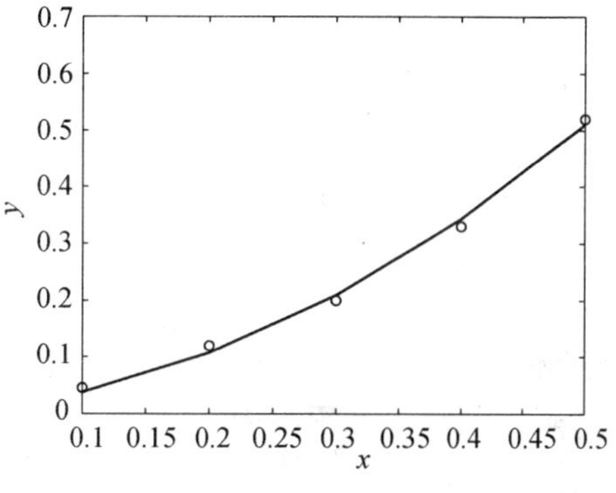

图 4-1　最小二乘解示意图

图 4-1 是拟合结果和原始数据的对比图，虽然拟合以后的结果与原始数据并不严格重合，但其差别比原始数据的测量误差要小.

例 4.4.3　求解方程组

$$\begin{cases} x_1+2x_2+3x_3=2, \\ 2x_1-x_2-x_3=1, \\ x_1-2x_2-2x_3=-1, \\ x_1-x_2-x_3=0. \end{cases}$$

解 仍将原方程组简写为 $\boldsymbol{AX}=\boldsymbol{b}$，先通过对应矩阵的秩观察解的情况. 输入命令

```
clear;
A=[1 2 3;2 -1 -1;1 -2 -2;1 -1 -1];
b=[2;1;-1;0];
B=[A,b];
rank(A),rank(B)
```

运行结果为

```
ans=
   3
ans=
   3
```

显然，这里，rank($\boldsymbol{A}$)=rank($\boldsymbol{B}$)=3，所以，原方程组有唯一解.

输入命令

```
X=A\b
```

运行结果为

```
X=
      1.0000
      2.0000
     -1.0000
```

例 4.4.4 求方程组

$$\begin{cases}x_1-x_2+x_3-x_4=1,\\-x_1+x_2+x_3-x_4=1,\\2x_1-2x_2-x_3+x_4=-1\end{cases}$$

的通解.

解 仍将原方程组简写为 $\boldsymbol{AX}=\boldsymbol{b}$，先通过对应矩阵的秩观察解的情况. 输入命令

```
clear;
A=[1 -1 1 -1;-1 1 1 -1;2 -2 -1 1];
b=[1; 1;-1];
B=[A,b];
rank(A),rank(B)
ans=
```

```
    2
ans=
    2
```

显然,这里,rank($\boldsymbol{A}$)=rank($\boldsymbol{B}$)=2<4,所以,原方程组有无穷解.要求出它的通解,需要知道对应的齐次方程组的一个基础解系和原方程组的一个特解.

输入命令

```
X0=A\b              %得到一个原方程组的特解
X1=null(A)          %得到对应齐次方程组的一个基础解系
```

运行结果为

```
X0=
     0
     0
     1
     0
X1=
   -0.7071         0
   -0.7071         0
   -0.0000    0.7071
   -0.0000    0.7071
```

原方程组的通解为

$$\begin{pmatrix}x_1\\x_2\\x_3\\x_4\end{pmatrix}=\begin{pmatrix}0\\0\\1\\0\end{pmatrix}+k_1\begin{pmatrix}-0.7071\\-0.7071\\0\\0\end{pmatrix}+k_2\begin{pmatrix}0\\0\\0.7071\\0.7071\end{pmatrix},$$

式中,k_1, k_2 为任意实数.

若输入命令

```
X2=null(A,'r')      %得到对应齐次方程组的一个有理数形式的基础解系
```

运行结果为

```
X2=
   1    0
   1    0
   0    1
   0    1
```

因此,原方程组的通解为

$$\begin{pmatrix} x_1 \\ x_2 \\ x_3 \\ x_4 \end{pmatrix} = \begin{pmatrix} 0 \\ 0 \\ 1 \\ 0 \end{pmatrix} + k_1 \begin{pmatrix} 1 \\ 1 \\ 0 \\ 0 \end{pmatrix} + k_2 \begin{pmatrix} 0 \\ 0 \\ 1 \\ 1 \end{pmatrix},$$

式中,k_1, k_2 为任意实数.

显然,这两组解是一样的,而且后者比前者简单明了.

从上面的几个例子可以知道,对于线性方程组 $\boldsymbol{AX}=\boldsymbol{b}$, 无论是方程组无解、唯一解还是无穷解,也无论方程组是超定线性方程组、恰定线性方程组还是欠定线性方程组,都可以用命令 X=A\b 得到一个结果,不过,该结果在不同的解的情况下表示不同的意思.

若方程组 $\boldsymbol{AX}=\boldsymbol{b}$ 无解,则命令 X=A\b 得到的是最小二乘解;

若方程组 $\boldsymbol{AX}=\boldsymbol{b}$ 有唯一解,则命令 X=A\b 得到的就是该唯一解;

若方程组 $\boldsymbol{AX}=\boldsymbol{b}$ 有无穷多解,则命令 X=A\b 得到的是该方程组的一个特解. 再使用 null 命令得到基础解系,这样,就可以得到原方程组的通解.

练习 4.4

1. 求解下列线性方程组,如果无解请写出其最小二乘解,如果无穷解请写出通解.

(1) $\begin{cases} 4x_1+2x_2-x_3=2, \\ 3x_1-x_2+2x_3=10, \\ 11x_1+3x_2=8; \end{cases}$

(2) $\begin{cases} 2x_1+x_2-x_3+x_4=1, \\ 3x_1-2x_2+x_3-3x_4=4, \\ x_1+4x_2-3x_3+5x_4=-2; \end{cases}$

(3) $\begin{cases} x_1+x_2+x_3+x_4=5, \\ x_1+2x_2-x_3+4x_4=-2, \\ 2x_1-3x_2-x_3-5x_4=-2, \\ 3x_1+x_2+2x_3+11x_4=0; \end{cases}$

(4) $\begin{cases} x_1+x_2+2x_3-x_4=0, \\ 2x_1+x_2+x_3-x_4=0, \\ 2x_1+2x_2+x_3+2x_4=0. \end{cases}$

2. 当 λ 为何值时,下面的方程组有解,并写出其所有解.

$$\begin{cases} -2x_1+x_2+x_3=-2, \\ x_1-2x_2+x_3=\lambda, \\ x_1+x_2-2x_3=\lambda^2. \end{cases}$$

3. 当 λ 为何值时,下面的方程组(1)有唯一解;(2)无解;(3)有无穷多解,并写出其所有解.

$$\begin{cases} \lambda x_1+x_2+x_3=1, \\ x_1+\lambda x_2+x_3=\lambda, \\ x_1+x_2+\lambda x_3=\lambda^2. \end{cases}$$

4.5 特征值和特征多项式

常用的命令有：

trace(A)	得到矩阵 **A** 的迹.
poly(A)	得到矩阵 **A** 的特征多项式系数.
[a,b]=eig(A)	得到矩阵 **A** 的特征列向量矩阵 ***a*** 和对应特征值组成的对角阵 ***b***.
B=orth(A)	正交化空间，即矩阵 **B** 的列向量正交且生成的线性空间与矩阵 **A** 的列向量生成的线性空间等价.

实验目的 学习和掌握用 MATLAB 工具求解矩阵的特征值和特征向量问题.

例 4.5.1 已知 $\boldsymbol{A}=\begin{pmatrix}1 & 2\\3 & 4\end{pmatrix}$，求矩阵 **A** 的迹、特征多项式和特征值.

解 输入命令

```
A=[1 2;3 4];
a=trace(A),b=poly(A),c=roots(b)
```

运行结果为

```
a=     5
b=     1     -5     -2
c=
     5.3723
    -0.3723
```

由上可以得到，矩阵 **A** 的迹为 5，特征多项式为 $\lambda^2-5\lambda-2$，特征值为 5.3723 和 −0.3723. 显然两个特征值之和等于迹. 若加上 format rat 命令，结果以有理数的形式出现.

例 4.5.2 已知 $\boldsymbol{A}=\begin{pmatrix}1 & 2\\3 & 4\end{pmatrix}$，$\boldsymbol{B}=\begin{pmatrix}1 & 0 & 0\\0 & 1 & -2\\0 & 1 & -1\end{pmatrix}$，求矩阵 **A**，**B** 的特征值和特征向量.

解 输入命令

```
A=[1 2;3 4];
B=[1 0 0;0 1 -2;0 1 -1];
[a,b]=eig(A)
[c,d]=eig(B)
```

运行结果为

```
a=
-0.8246    -0.4160
 0.5658    -0.9094
b=
-0.3723         0
      0    5.3723
c=
      0                  0              1.0000
 0.8165             0.8165                   0
 0.4082-0.4082i     0.4082+0.4082i           0
d=
 0.0000+1.0000i          0                   0
      0             0.0000-1.0000i           0
      0                  0              1.0000
```

由上可以得到由矩阵 $\boldsymbol{A}$ 的特征值-0.372 3 和 5.372 3 组成的对角阵 $\boldsymbol{b}$，和例 4.5.1 的结果相互验证. 特征值-0.372 3 对应的特征列向量是$(-0.824\,6, 0.565\,8)^{\mathrm{T}}$，特征值 5.372 3 对应的特征列向量是$(-0.416\,0, 0.909\,4)^{\mathrm{T}}$，它们的特征列向量构成矩阵 $\boldsymbol{a}$ 与之对应. 对于矩阵 $\boldsymbol{B}$ 同理可以得到相对应的信息.

例 4.5.3 已知 $\boldsymbol{A}=\begin{pmatrix}0 & -1 & 1\\ -1 & 0 & 1\\ 1 & 1 & 0\end{pmatrix}$，求一个正交矩阵 $\boldsymbol{P}$，使得 $\boldsymbol{P}^{-1}\boldsymbol{A}\boldsymbol{P}=\boldsymbol{B}$ 为对角阵.

解 输入命令

```
A=[0 -1 1;-1 0 1;1 1 0];   %输入矩阵 A
[a,b]=eig(A)               %求解矩阵 A 的特征向量和特征值
P=orth(a)                  %将特征向量空间正交化得到正交矩阵 P
B=P'*A*P                   %对角化后的结果是一个对角阵,结果可以和矩形 b 相互
                            验证
P*P'                       %验证 P 是一个正交矩阵
```

运行结果为

```
a=
  -0.5774    -0.3938     0.7152
  -0.5774     0.8163    -0.0166
```

```
   0.5774      0.4225      0.6987
b=
  -2.0000           0           0
        0      1.0000           0
        0           0      1.0000
P=
   0.7152     -0.5774     -0.3938
  -0.0166     -0.5774      0.8163
   0.6987      0.5774      0.4225
B=
   1.0000      0.0000           0
   0.0000     -2.0000      0.0000
        0      0.0000      1.0000
ans=
   1.0000      0.0000      0.0000
   0.0000      1.0000      0.0000
   0.0000      0.0000      1.0000
```

上面所示的 $\boldsymbol{P}$ 和 $\boldsymbol{B}$ 分别就是本题所要求解的结果. 事实上，本题如果不要求正交变换，只要求相似变换矩阵，则只要判断出特征向量矩阵 $\boldsymbol{a}$ 可逆，则矩阵 $\boldsymbol{a}$ 就为所求. 可以验证 $\boldsymbol{a}^{-1}\boldsymbol{A}\boldsymbol{a}=\boldsymbol{b}$ 就是一个对角阵.

输入命令

```
inv(a)*A*a
```

运行结果为

```
ans=
  -2.0000     -0.0000      0.0000
   0.0000      1.0000     -0.0000
   0.0000      0.0000      1.0000
```

例 4.5.4 求一个正交变换 $\boldsymbol{x}=\boldsymbol{P}\boldsymbol{y}$，把二次型 $f=2x_1x_2+2x_1x_3-2x_1x_4-2x_2x_3+2x_2x_4+2x_3x_4$ 化为标准型.

解 二次型的矩阵为

$$\boldsymbol{A}=\begin{pmatrix}0 & 1 & 1 & -1\\ 1 & 0 & -1 & 1\\ 1 & -1 & 0 & 1\\ -1 & 1 & 1 & 0\end{pmatrix}.$$

输入命令

```
A=[0 1 1 -1;1 0 -1 1;1 -1 0 1;-1 1 1 0]
```

```
[a,b]=eig(A)
P=orth(a)
B=P' * A * P
P * P'
```

运行结果为

```
A=
     0     1     1    -1
     1     0    -1     1
     1    -1     0     1
    -1     1     1     0
a=
   -0.5000    0.2887    0.7887    0.2113
    0.5000   -0.2887    0.2113    0.7887
    0.5000   -0.2887    0.5774   -0.5774
   -0.5000   -0.8660         0         0
b=
   -3.0000         0         0         0
         0    1.0000         0         0
         0         0    1.0000         0
         0         0         0    1.0000
P=
   -0.3782   -0.5000    0.4065   -0.6646
    0.4342    0.5000    0.7279   -0.1781
    0.0052    0.5000   -0.5166   -0.6950
    0.8176   -0.5000   -0.1952   -0.2085
B=
    1.0000    0.0000   -0.0000         0
    0.0000   -3.0000         0   -0.0000
   -0.0000         0    1.0000         0
   -0.0000         0   -0.0000    1.0000
ans=
    1.0000   -0.0000         0   -0.0000
   -0.0000    1.0000    0.0000    0.0000
         0    0.0000    1.0000    0.0000
   -0.0000    0.0000    0.0000    1.0000
```

由上可得所求的正交矩阵

$$
\boldsymbol{P}=\begin{pmatrix}-0.3782 & -0.5000 & 0.4065 & -0.6646\\ 0.4342 & 0.5000 & 0.7279 & -0.1781\\ 0.0052 & 0.5000 & -0.5166 & -0.6950\\ 0.8176 & -0.5000 & -0.1952 & -0.2085\end{pmatrix}.
$$

标准型为 $f=y_1^2-3y_2^2+y_3^2+y_4^2$，适当交换 $\boldsymbol{P}$ 的列向量次序，可以将标准型中 -3 移到后面显得美观一点.

练习 4.5

1. 求下列矩阵的全部特征值和特征向量.

(1) $\boldsymbol{A}=\begin{pmatrix}0 & 1\\ -1 & 0\end{pmatrix}$；　　(2) $\boldsymbol{A}=\begin{pmatrix}0 & 0 & 1\\ 0 & 1 & 0\\ 1 & 0 & 0\end{pmatrix}$；

(3) $\boldsymbol{A}=\begin{pmatrix}4 & 1 & -1\\ 3 & 2 & -6\\ 1 & -5 & 3\end{pmatrix}$；　　(4) $\boldsymbol{A}=\begin{pmatrix}1 & 1 & 1 & 1\\ 1 & 1 & -1 & -1\\ 1 & -1 & 1 & -1\\ 1 & 1 & -1 & 1\end{pmatrix}$；

(5) $\boldsymbol{A}=\begin{pmatrix}5 & 7 & 6 & 5\\ 7 & 10 & 8 & 7\\ 6 & 8 & 10 & 9\\ 5 & 7 & 9 & 10\end{pmatrix}$；

(6) n 阶方阵 $\boldsymbol{A}=\begin{pmatrix}5 & 6 & & & \\ 1 & 5 & 6 & & \\ & 1 & 5 & \ddots & \\ & & \ddots & \ddots & \\ & & & 1 & 5\end{pmatrix}$，$n=5,\ 50,\ 500$.

2. 判断第 1 题中各小题是否可以相似对角化，如果可以，试求出对角矩阵和对应的（正交的）相似变换矩阵.

3. 求一个正交变换将下列二次型化为标准型.

(1) $f=2x_1^2+3x_2^2+3x_3^2+4x_2x_3$；

(2) $f=x_1^2+x_2^2+x_3^2+x_4^2+2x_1x_2-2x_1x_4-2x_2x_3+2x_3x_4$.

4. 求一个正交变换将二次曲面的方程 $3x^2+5y^2+5z^2+4xy-4xz-10yz=1$ 化成标准方程.

5　概率论与数理统计实验

MATLAB 软件提供了一些专用的工具箱(toolbox),如统计工具箱(statistics toolbox),其中包含了大量的函数,可以直接用于求解概率论与数理统计领域的问题.

本章主要介绍 MATLAB 中常用分布的有关函数,大数定律与中心极限定理中的问题,数据的描述与直方图,参数估计中的计算,假设检验中的计算,回归分析中的计算以及随机模拟等.

5.1　MATLAB 中常用分布的有关函数

统计工具箱中有 20 多种概率分布,几种常见分布及其命令字符见表 5-1.

表 5-1　　几种常见分布及其命令字符

常见分布	二项分布	泊松分布	均匀分布	指数分布	正态分布	χ^2 分布	t 分布	F 分布
命令字符	bino	poiss	unif	exp	norm	chi2	t	f

统计工具箱中对每种分布都提供了五类函数,其命令字符见表 5-2.

表 5-2　　每种分布提供的五类函数及其命令字符

函数	概率密度函数(分布律)	分布函数	分位数	均值与方差	随机数生成
命令字符	pdf	cdf	inv	stat	rnd

5.1.1　概率密度函数(分布律)及调用格式

MATLAB 自带了一些常见分布的概率密度函数(分布律),函数名称及调用格式见表 5-3.

表 5-3　　概率密度函数(分布律)及其调用格式

函数名称及调用格式	常见分布	函数名称及调用格式	常见分布
binopdf(x,n,p)	二项分布	normpdf(x,mu,sigma)	正态分布
poisspdf(x,lambda)	泊松分布	chi2pdf(x,n)	χ^2 分布
unifpdf(x,a,b)	均匀分布	tpdf(x,n)	t 分布
exppdf(x,theta)	指数分布	fpdf(x,n,m)	F 分布

为了便于读者使用表 5 - 3,我们把几种常见分布的概率密度函数(或分布律)、均值和方差列在表 5 - 4 中.

表 5 - 4　　常见分布的概率密度函数(或分布律)、均值和方差

分布名称	记号	概率密度函数(或分布律)	均值	方　差
二项分布	$B(n, p)$	$p_k = C_n^k p^k (1-p)^{n-k}$, $k = 0, 1, 2, \cdots, n, 0 < p < 1$	np	$np(1-p)$
泊松分布	$P(\lambda)$	$p_k = \dfrac{\lambda^k e^{-\lambda}}{k!}, k = 0, 1, 2, \cdots, \lambda > 0$	λ	λ
均匀分布	$U(a, b)$	$f(x) = \dfrac{1}{b-a}, a < x < b$	$\dfrac{a+b}{2}$	$\dfrac{(b-a)^2}{12}$
指数分布	$E(\theta)$	$f(x) = \dfrac{1}{\theta} e^{-\frac{x}{\theta}}, \theta > 0, x > 0$	θ	θ^2
正态分布	$N(\mu, \sigma^2)$	$f(x) = \dfrac{1}{\sqrt{2\pi}\sigma} e^{-\frac{(x-\mu)^2}{2\sigma^2}}, x \in \mathbf{R}$	μ	σ^2
χ^2 分布	$\chi^2(n)$	$f(x) = \dfrac{1}{2^{\frac{n}{2}} \Gamma\left(\frac{n}{2}\right)} x^{\frac{n}{2}-1} e^{-\frac{x}{2}}, x > 0$	n	$2n$
t 分布	$t(n)$	$f(x) = \dfrac{\Gamma\left(\frac{n+1}{2}\right)}{\sqrt{n\pi}\Gamma\left(\frac{n}{2}\right)} \left(1+\dfrac{x^2}{n}\right)^{-\frac{n+1}{2}}, x \in \mathbf{R}$	0	$\dfrac{n}{n-2}$ $(n > 2)$
F 分布	$F(n_1, n_2)$	$f(x) = \dfrac{\Gamma\left(\frac{n_1+n_2}{2}\right) \left(\frac{n_1}{n_2}\right)^{\frac{n_1}{2}} x^{\frac{n_1}{2}-1}}{\Gamma\left(\frac{n_1}{2}\right) \Gamma\left(\frac{n_2}{2}\right) \left(1+\frac{n_1}{n_2}x\right)^{\frac{n_1+n_2}{2}}}, x > 0$	$\dfrac{n_2}{n_2-2}$ $(n_2 > 2)$	$\dfrac{2n_2^2(n_1+n_2-2)}{n_1(n_2-2)^2(n_2-4)}$ $(n_2 > 4)$

实验目的　通过将概率密度函数(或分布律)可视化——绘制概率密度函数(或分布律)图形,直观理解随机变量的特点. 通过实验加深对几种常见分布的理解.

根据表 5 - 3 中的函数名称及调用格式,下面我们具体绘制几种常见分布的概率密度函数(分布律)图形.

例 5.1.1　设 $X \sim B(200, 0.025)$,绘制该二项分布的分布律图形.

解　输入命令

```
x=0:1:20;                    %给出数组 x,初值为 0,终值为 20,步长为 1(可省略)
y=binopdf(x,200,0.025);      %计算出各点的概率
plot(x,y,'*')                %用 plot 函数作图
```

运行结果如图 5 - 1 所示.

例 5.1.2 设 $X \sim P(\lambda)$，绘制 $\lambda=5$ 时泊松分布的分布律图形.

解 输入命令

```
x=0:1:20;
y=poisspdf(x,5);
plot(x,y,'r+')
```

运行结果如图 5-2 所示.

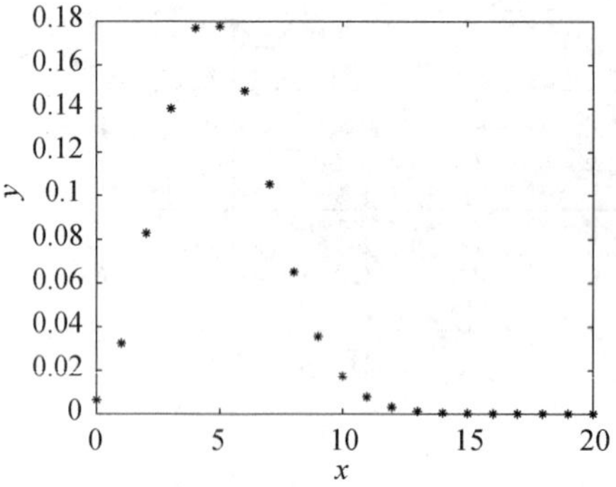

图 5-1 $B(200, 0.025)$的分布律图形

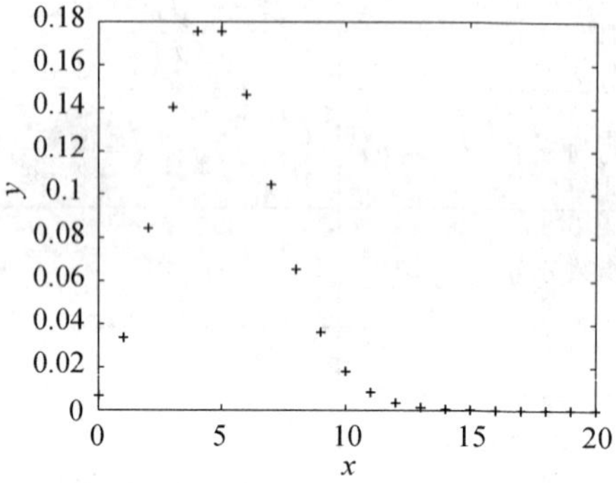

图 5-2 $P(5)$的分布律图形

对二项分布 $B(n, p)$与泊松分布 $P(\lambda)$，当 n 很大而 p 很小时，可用参数为 $\lambda=np$ 的泊松分布来近似地描述与计算二项分布 $B(n, p)$问题(即泊松定理). 对于例 5.1.1 和例 5.1.2，有 $np=5=\lambda$，我们从图 5-1 和图 5-2 发现，二项分布 $B(200, 0.025)$与泊松分布 $P(5)$的分布律图形非常接近，这就直观地验证了泊松定理(泊松分布是二项分布的极限分布).

例 5.1.3 设 $X \sim U(0, 6)$，绘制该均匀分布密度函数的图形.

解 输入命令

```
x=-10:0.01:10;
y=unifpdf(x,0,6);
plot(x,y)
```

运行结果如图 5-3 所示.

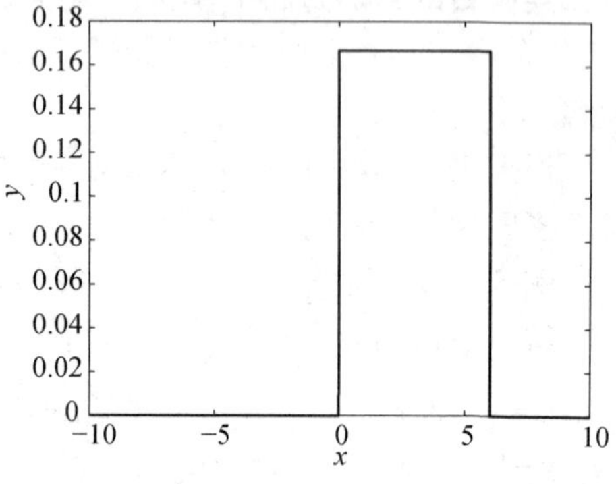

图 5-3 均匀分布密度函数的图形

例 5.1.4 设 $X \sim E(\theta)$，当 $\theta=\frac{1}{3}$, 1, 2 时，绘制这些指数分布的密度函数图形.

解 输入命令

```
x=0:0.1:10;
```

```
y1=exppdf(x,1/3);
y2=exppdf(x,1);
y3=exppdf(x,2);
plot(x,y1,x,y2,x,y3)
```

运行结果如图 5 - 4 所示.

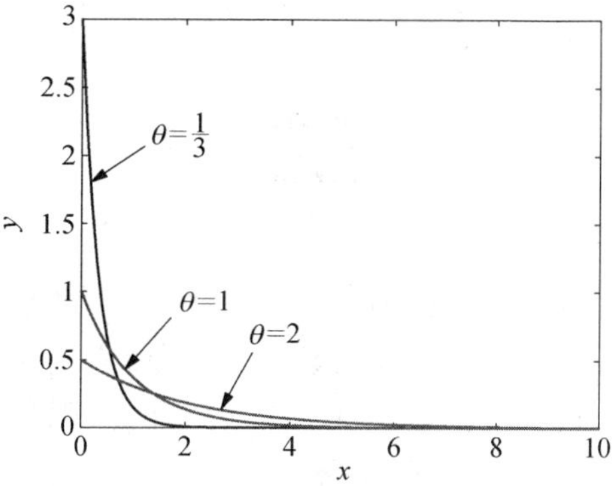

图 5 - 4　$E(\theta)$ 的密度函数图形

$\left(\theta = \frac{1}{3},\ 1,\ 2\right)$

例 5.1.5　绘制正态分布 $N(0,\ 0.5^2)$，$N(0,\ 1)$，$N(0,\ 2^2)$的密度函数图形.

解　输入命令

```
x=-5:0.01:5;
y1=normpdf(x,0,0.5);
y2=normpdf(x,0,1);
y3=normpdf(x,0,2);
plot(x,y1,x,y2,x,y3)
```

运行结果如图 5 - 5 所示.

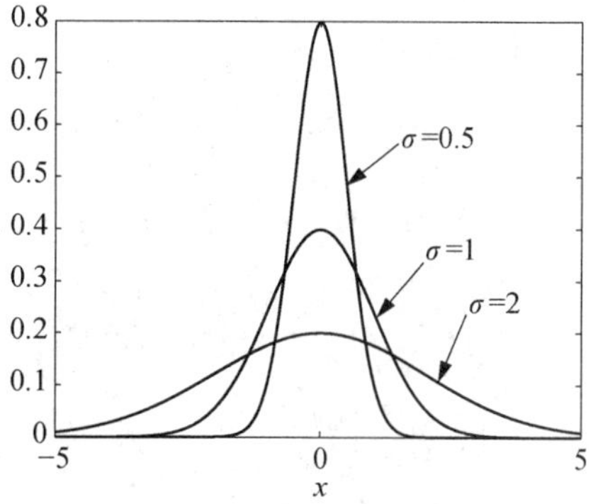

图 5 - 5　$N(0,\ \sigma^2)$ 的密度函数图形

$(\sigma = 0.5,\ 1,\ 2)$

例 5.1.6　设 $X \sim \chi^2(n)$，当 $n = 1,\ 4,\ 10,\ 20$ 时，绘制这些χ^2 分布的密度函数图形.

解　输入命令

```
x=[-eps:-0:-0.8,0:0.8:50];x=
    sort(x');
k1=[1,4,10,20];y1=[];
for i=1:length(k1)
    y1=[y1,chi2pdf(x,k1(i))];
end
plot(x,y1)
```

运行结果如图 5 - 6 所示.

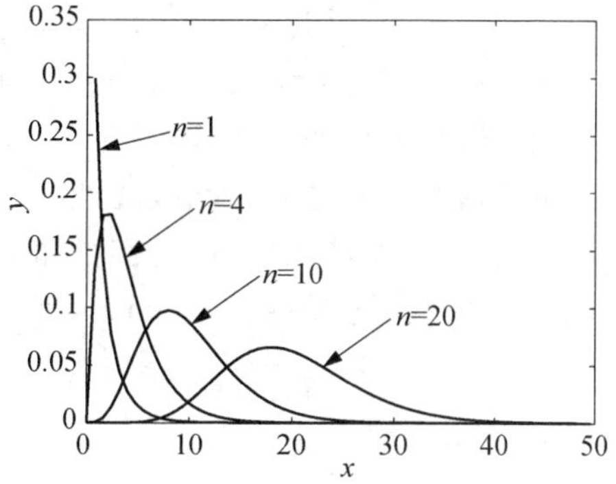

图 5 - 6　$\chi^2(n)$ 的密度函数图形

$(n = 1,\ 4,\ 10,\ 20)$

例 5.1.7　设 $X \sim t(n)$，当 $n = 1,\ 2,\ 10$ 时，绘制这些 t 分布的密度函数图形，并与 $N(0,\ 1)$的密度函数图形进行比较.

解　输入命令

```
x=-5:0.01:5;
y1=tpdf(x,1);
```

```
y2=tpdf(x,2);
y3=tpdf(x,10);
y4=normpdf(x,0,1);
plot(x,y1,x,y2,x,y3,x,y4)
```

运行结果如图 5-7 所示.

从图 5-7 看到，当 n 逐渐增大时，$t(n)$和 $N(0,1)$的密度函数图形逐渐接近. 这也直观地验证了"t 分布的极限分布是标准正态分布".

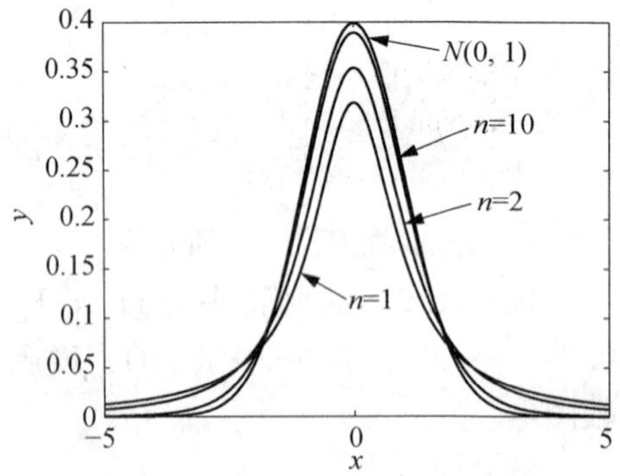

图 5-7 $t(n)$ 和 $N(0,1)$ 密度函数图形 ($n=1,2,10$)

例 5.1.8 设 $X \sim F(n_1, n_2)$，当 $n_1=10$，$n_2=4, 10, 200$ 时，绘制这些 F 分布的密度函数图形.

解 输入命令

```
x=[-eps:-0:-0.02,0:0.02:5];x=
sort(x');
p1=[10,10,10];q1=[4,10,200];y1=[];
for i=1:length(p1)
    y1=[y1,fpdf(x,p1(i),q1(i))];
end
plot(x,y1)
```

运行结果如图 5-8 所示.

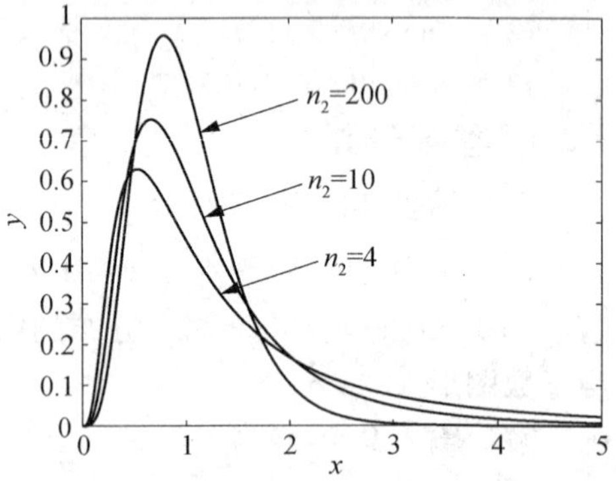

图 5-8 $F(n_1, n_2)$ 的密度函数图形 ($n_1=10$, $n_2=4, 10, 200$)

5.1.2 分布函数的调用格式

分布函数的调用格式，只需在表 5-3 中把 pdf 换成 cdf. 如正态分布的分布函数的调用格式为 normcdf(x,mu,sigma). 特别地，对标准正态分布的分布函数的调用格式为 normcdf(x).

实验目的 通过分布函数的调用，掌握用分布函数计算一些事件概率的方法，并绘制分布函数图形. 通过实验加深对几种常见的分布函数的理解.

例 5.1.9 设 $X \sim N(0,1)$，计算 $P\{-2 < X < 2.3\}$.

解 输入命令

```
normcdf(2.3)-normcdf(-2)
```

运行结果为

```
0.9665
```

因此，$P\{-2 < X < 2.3\}=0.9665$.

例 5.1.10 设 $X \sim N(2, 0.5^2)$,计算 $P\{0 < X < 1\}$ 和 $P\{X < 3\}$.

解 (1) 输入命令

```
normcdf(1,2,0.5)-normcdf(0,2,0.5)
```

运行结果为

```
0.0227
```

因此,$P\{0 < X < 1\} = 0.0227$.

(2) 输入命令

```
normcdf(3,2,0.5)
```

运行结果为

```
0.9772
```

因此,$P\{X < 3\} = 0.9772$.

例 5.1.11 某人向空中抛一枚质地均匀的硬币 100 次,求这 100 次中正面朝上的次数恰好为 40 次与小于 40 次的概率.

解 我们把抛硬币中正面朝上的次数记为 X,则 X 服从二项分布 $B(100, 0.5)$,于是所要求的概率为 $P\{X = 40\}$ 与 $P\{X < 40\}$.

输入命令

```
binopdf(40,100,0.5)
```

运行结果为

```
0.0108
```

因此,100 次中正面朝上的次数恰好为 40 次的概率为 0.0108.

输入命令

```
binocdf(40,100,0.5)-binopdf(40,100,0.5)
```

运行结果为

```
0.0176
```

因此,这 100 次中正面朝上的次数小于 40 次的概率为 0.0176.

例 5.1.12 若随机变量 X 服从泊松 $P(5)$,求(1) $P\{X \leqslant 3\}$;(2) $P\{2 < X \leqslant 4\}$.

解 (1) 输入命令

```
p=poisscdf(3,5)
```

运行结果为

```
0.2650
```

因此，$P\{X \leqslant 3\}=0.2650$.

(2) 输入命令

```
p=poisscdf(4,5)-poisscdf(2,5)
```

运行结果为

```
0.3158
```

因此，$P\{2 < X \leqslant 4\}=0.3158$.

例 5.1.13 设 $X \sim B(20, 0.2)$，绘制该二项分布的分布函数图形.

解 输入命令

```
x=0:0.01:20;
y=binocdf(x,20,0.2);
plot(x,y)
```

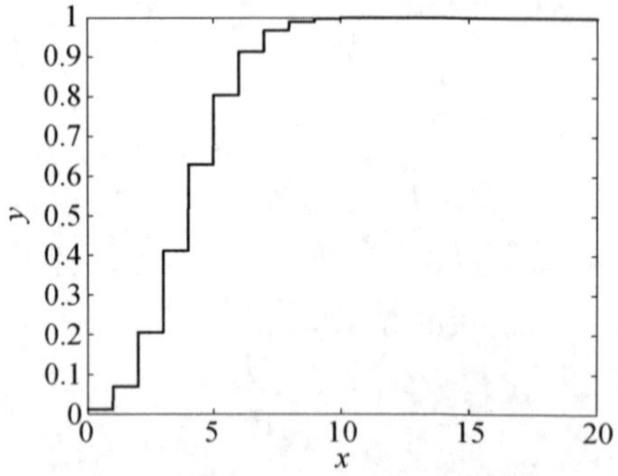

图 5-9 $B(20, 0.2)$的分布函数图形

运行结果如图 5-9 所示.

例 5.1.14 绘制标准正态分布 $N(0, 1)$ 的分布函数图形.

解 输入命令

```
x=-4:0.01:4;
y=normcdf(x,0,1);
plot(x,y)
```

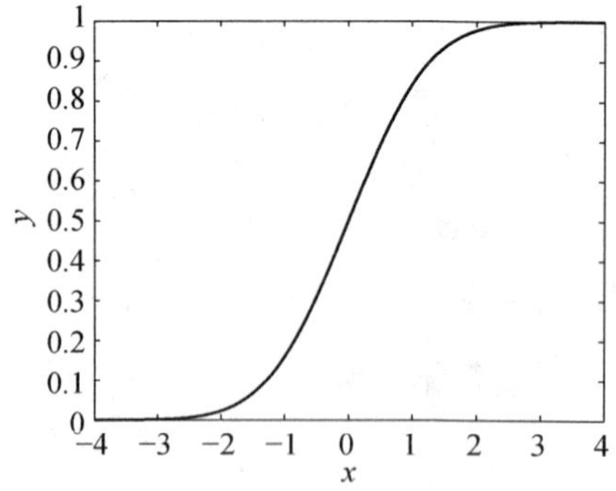

图 5-10 $N(0, 1)$的分布函数图形

运行结果如图 5-10 所示.

例 5.1.15(正态分布的 3σ 法则) 设 $X \sim N(\mu, \sigma^2)$，取 $\mu=2.5$，$\sigma=0.5$，计算并画图表示 X 的取值落在$(\mu-k\sigma, \mu+k\sigma)$ 内的概率($k=1, 2, 3$).

解 (1) 分别输入命令

```
p1=normcdf(3, 2.5, 0.5)-normcdf(2, 2.5, 0.5)
p2=normcdf(3.5, 2.5, 0.5)-normcdf(1.5, 2.5, 0.5)
p3=normcdf(4, 2.5, 0.5)-normcdf(1, 2.5, 0.5)
```

运行结果分别为 0.6827，0.9545，0.9973.

因此 X 的取值落在 $(\mu-k\sigma, \mu+k\sigma)$ 内的概率 ($k=1, 2, 3$) 分别为 0.6827，0.9545，0.9973.

(2) 画图表示 X 的取值落在$(\mu-k\sigma, \mu+k\sigma)$ 内的概率 ($k=1, 2, 3$)，其

MATLAB 程序如下：

```
clear
mu=2.5;
sigma=0.5;
x=mu+sigma*[-3:-1, 1:3];
yc=normpdf(x, mu, sigma);
p=[0.6827, 0.9545, 0.9973];
xp=0:0.1:5;
yp=normpdf(xp, mu, sigma);
for k=1:3
    subplot(1, 3, k)
    plot(xp, yp)
    hold on
    xx=x(4-k):sigma/10:x(3+k);
    yy=normpdf(xx, mu, sigma);
    fill([x(4-k), xx, x(3+k)], [0, yy, 0], 'g')
    text(mu-1.45*sigma, 0.1, num2str(p(k)))
    hold off
end
```

运行结果如图 5-11 所示.

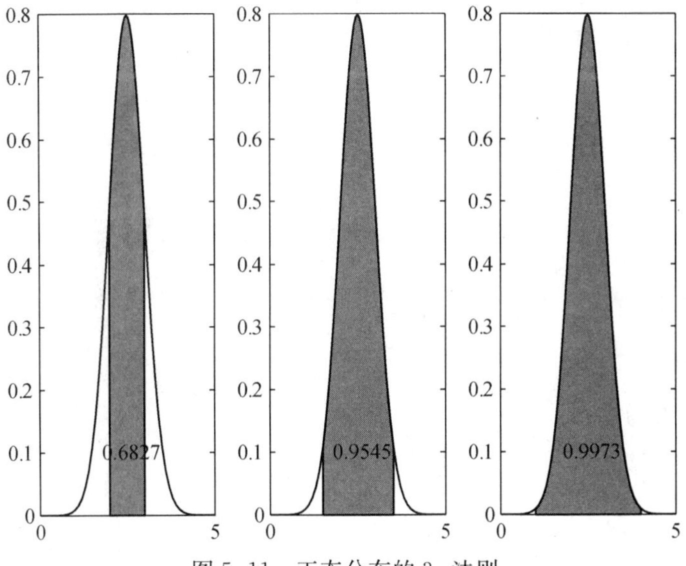

图 5-11　正态分布的 3σ 法则

我们看到，尽管正态随机变量的取值在 $(-\infty, +\infty)$，但它的取值落在 $(\mu-3\sigma, \mu+3\sigma)$ 内几乎是肯定的(概率为 0.9973)，这就是所谓的"正态分布的 3σ 法则".

5.1.3 分位数的调用格式

分位数的调用格式，只需在表 5 - 3 中把 pdf 换成 inv. 几种常见分布的上侧 α 分位数的调用格式，见表 5 - 5.

表 5 - 5　　几种常见分布的上侧 α 分位数的调用格式

分布名称	上侧 α 分位数的调用格式	上侧 α 分位数
正态分布	norminv(1 - alpha)	z_α
χ^2 分布	chi2inv(1 - alpha, n)	$\chi_\alpha^2(n)$
t 分布	tinv(1 - alpha, n)	$t_\alpha(n)$
F 分布	finv(1 - alpha, n, m)	$F_\alpha(n, m)$

实验目的　通过上侧 α 分位数调用格式的使用，会求几种常见分布的上侧 α 分位数. 通过实验，加深对几种常见分布的上侧 α 分位数的理解.

例 5.1.16　(1) 对标准正态分布，当 $\alpha=0.025, 0.05, 0.10$ 时，分别求 z_α；(2) 对 χ^2 分布，求 $\chi_{0.10}^2(6)$，并画出 $\chi_{0.10}^2(6)$ 的具体位置；(3) 对 t 分布，求 $t_{0.05}(5)$；(4) 对 F 分布，求 $F_{0.05}(5, 10)$.

解　(1) 输入命令

```
norminv(0.975)
```

运行结果为

```
1.9600
```

所以 $z_{0.025}=1.9600$.

输入命令

```
norminv(0.95)
```

运行结果为

```
1.6449
```

所以 $z_{0.05}=1.6449$.

输入命令

```
norminv(0.90)
```

运行结果为

```
1.2816
```

所以 $z_{0.10}=1.2816$.

(2) 输入命令

```
chi2inv(0.90,6)
```

运行结果为

```
10.6446
```

所以 $\chi^2_{0.10}(6) = 10.6446$. 图 5-12 画出了 $\chi^2_{0.10}(6) = 10.6446$ 的具体位置.

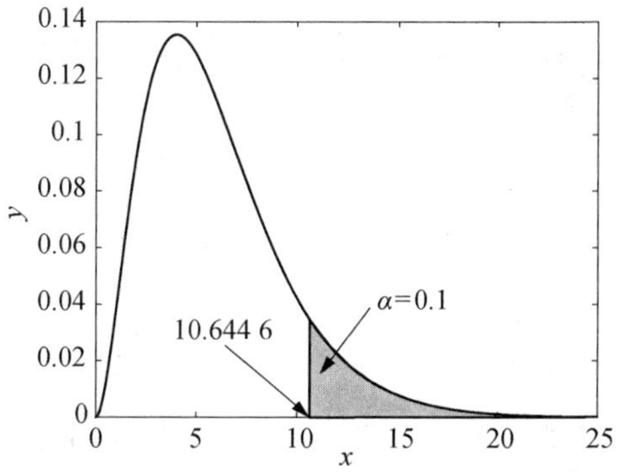

图 5-12　$\chi^2_{0.10}(6) = 10.6446$ 的具体位置

(3) 输入命令

```
tinv(0.95,5)
```

运行结果为

```
2.0150
```

所以 $t_{0.05}(5)=2.0150$.

(4) 输入命令

```
finv(0.95,5,10)
```

运行结果为

```
3.3258
```

所以 $F_{0.05}(5, 10)=3.3258$.

5.1.4　随机数生成函数的调用格式

随机数生成函数的调用格式,只需在表 5-3 中把 pdf 换成 rnd. 如 normrnd 函数生成服从正态分布的随机数,其调用格式为 normrnd(mu,sigma,m,n).

以上调用格式,生成均值为 mu,标准差为 sigma 的 $m \times n$ 阶正态随机矩阵.

在"随机模拟"(见本章的最后部分)中,若对某分布的随机变量进行模拟,需要产生一系列服从该分布的随机数. 其中最基本的模拟是区间(0, 1)上的均匀分布随机数的生成,很多软件均提供了生成随机数命令,如 MATLAB 提供了 rand 函数来生成(0, 1)上的均匀分布随机数.

实验目的　通过随机数生成函数的调用,掌握几种常见分布的随机数生成.

例 5.1.17 生成 2×3 阶正态随机矩阵,第 1 行三个数均值分别为 1, 2, 3 的正态分布,第 2 行三个数均值分别为 4, 5, 6 的正态分布,标准差均为 0.3.

解 输入命令

```
normrnd([1,2,3;4,5,6],0.3,2,3)
```

运行结果为

```
0.8702    2.0376    2.6561
3.5003    5.0863    6.3573
```

例 5.1.18 生成 5×6 个均匀分布 $U(0, 1)$随机数.

解 输入命令

```
unifrnd(0,1,5,6)
```

运行结果为

```
0.6932    0.1988    0.4199    0.3678    0.5692    0.3352
0.6501    0.6252    0.7537    0.6208    0.6318    0.6555
0.9830    0.7334    0.7939    0.7313    0.2344    0.3919
0.5527    0.3759    0.9200    0.1939    0.5488    0.6273
0.4001    0.0099    0.8447    0.9048    0.9316    0.6991
```

注 unifrnd(0,1,5,6)也可以用 rand(5,6)来代替.

例 5.1.19 生成 10×1 个均匀分布 $U(0, 1)$随机数.

解 输入命令

```
rand(10,1)
```

运行结果为

```
0.2651    0.1041    0.5869    0.8154    0.4998
0.0354    0.3753    0.6731    0.5498    0.7425
```

练习 5.1

1. 仿照本节的例子,分别绘制二项分布 $B(20, 0.7)$的分布律和分布函数的图形,通过观察图形,进一步理解二项分布的性质.

2. 仿照本节的例子,分别绘制正态分布 $N(2, 5^2)$的概率密度函数和分布函数的图形,通过观察图形,进一步理解正态分布的性质.

3. 设 $X \sim N(0, 1)$,通过分布函数的调用计算 $P\{-1 < X < 1\}$, $P\{-2 < X < 2\}$, $P\{-3 < X < 3\}$.

4. 设 $X \sim B(20, 0.7)$,通过分布函数的调用计算 $P\{X = 10\}$ 与 $P\{X < 10\}$.

5. 设 $X \sim P(8)$,求(1) $P\{X \leqslant 4\}$; (2) $P\{2 < X \leqslant 5\}$.

6. (1) 设 $X \sim N(0, 1)$,求 $z_{0.01}$;(2) 对 χ^2 分布,求 $\chi^2_{0.05}(8)$;(3) 对 t 分布,求 $t_{0.05}(13)$;(4) 对 F 分布,求 $F_{0.05}(15, 10)$.

7. 分别生成 6×2 个和 6×1 个均匀分布 $U(0, 1)$的随机数.

5.2 大数定律与中心极限定理中的问题

5.2.1 大数定律的理解与应用

伯努利大数定律表明,事件 A 发生的频率 $\frac{n_A}{n}$ 依概率收敛于事件 A 发生的概率(其中 n_A 为事件 A 发生的频数,n 为试验的次数). 它揭示了“事件发生的频率具有稳定性”. 因此,当试验的次数 n 足够大时,可以用事件的频率近似代替它的概率.

实验目的 通过实验,加深对大数定律的理解.

例 5.2.1(抛硬币问题) 假设抛均匀硬币出现正面的概率为 0.5,分三种情况验证硬币正面出现的频率与概率的关系,三种情况下均进行 1 000 组实验,每组实验次数即抛硬币的次数分别为 100, 1 000, 10 000.

解 输入命令

```
R=binornd(100*ones(1,1000),0.5,1,1000);
f1=R./100;
R=binornd(1000*ones(1,1000),0.5,1,1000);
f2=R./1000;
R=binornd(10000*ones(1,1000),0.5,1,1000);
f3=R./10000;
figure(1)
plot(1:1000,f1,'g', [0,1000],[0.5,0.5],'k',[0,1000],[0.515,0.515],'k',[0,1000],
[0.485,0.485],'k')
legend('100')
axis([1,1000,0.3,0.7])
figure(2)
plot(1:1000,f2,'r',[0,1000],[0.5,0.5],'k',[0,1000],[0.515,0.515],'k',[0,1000],
[0.485,0.485],'k')
legend('1000')
axis([1,1000,0.3,0.7])
figure(3)
plot(1:1000,f3,'b',[0,1000],[0.5,0.5],'k',[0,1000],[0.515,0.515],'k',[0,1000],
[0.485,0.485],'k')
```

```
legend('10000')
axis([1,1000,0.3,0.7])
```

运行结果如图 5-13(a)—(c)所示.

输入命令

```
R=binornd(100*ones(1,1000),0.5,1,1000);
f1=R./100;
R=binornd(1000*ones(1,1000),0.5,1,1000);
f2=R./1000;
R=binornd(10000*ones(1,1000),0.5,1,1000);
f3=R./10000;
plot(1:1000,f1,'g',1:1000,f2,'r',1:1000,f3,'b',[0,1000],[0.5,0.5],'k',[0,1000],
[0.515,0.515],'k',[0,1000],[0.485,0.485],'k')
legend('100','1000','10000')
```

运行结果如图 5-13(d)所示.

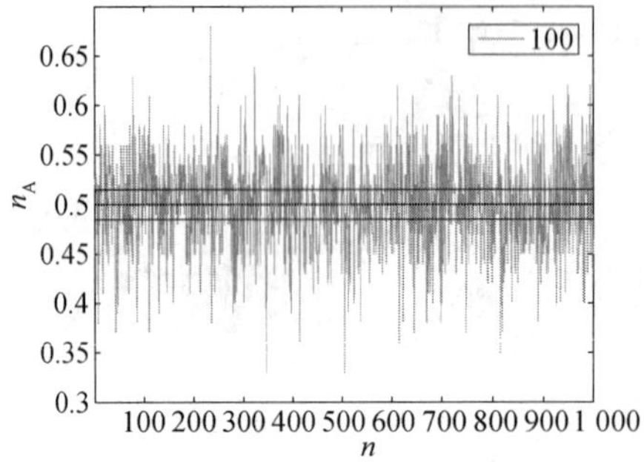

(a) 100 次时频率与概率偏离图

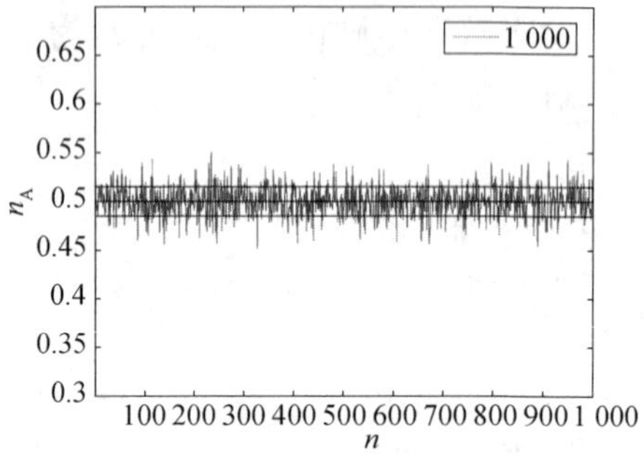

(b) 1 000 次时频率与概率偏离图

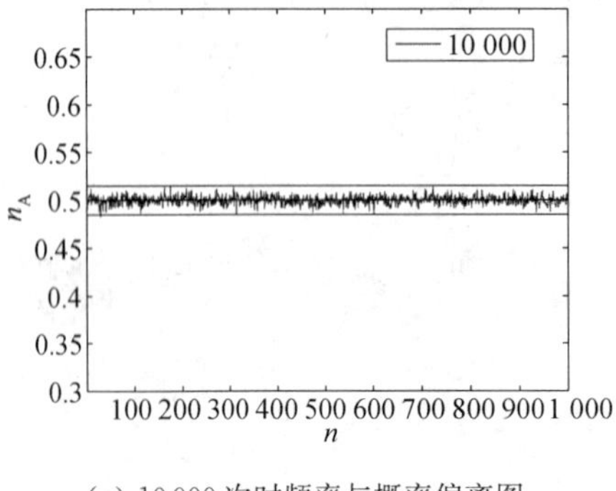

(c) 10 000 次时频率与概率偏离图

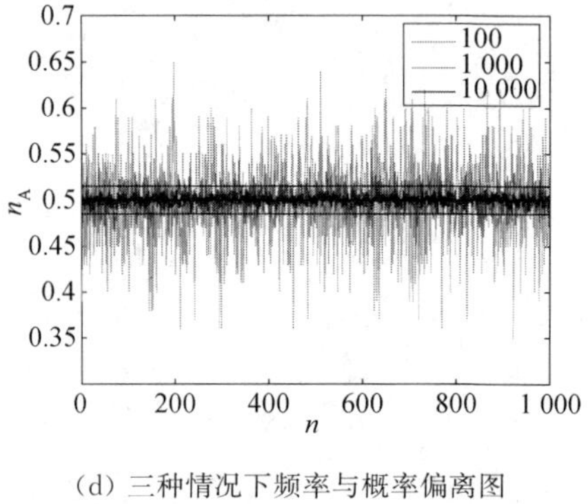

(d) 三种情况下频率与概率偏离图

图 5-13

从图 5-13(a)—(d)可以看出，三种情况下每组实验中频率与概率偏离程度，随着抛硬币的次数的增加(100→1 000→10 000)，频率与概率的偏离程度越来越小.

例 5.2.2 大家知道圆周率 π 的值本身没有解析解(见例 1.2.4)，我们现在设计一种求 π 近似值的方法，并给出 π 的近似计算结果.

解 图 5-14 是边长为 1 的正方形和其内接 1/4 单位圆.

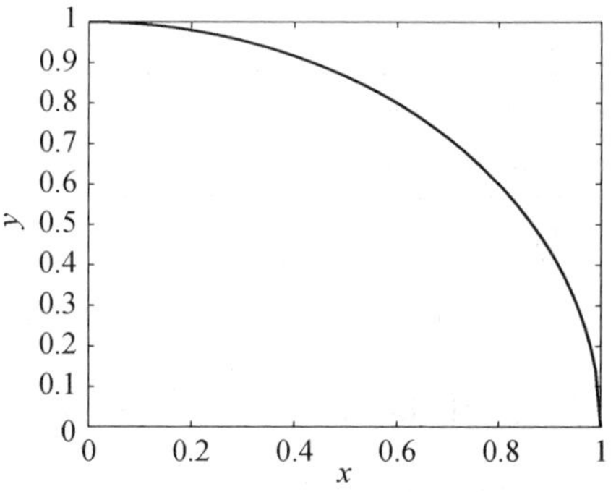

图 5-14 边长为 1 的正方形和其内接 1/4 单位圆

如果向图 5-14 中边长为 1 的正方形里随机投 n 个点，当 n 很大时点会均匀分布在正方形中，数一下落在 1/4 单位圆里点的个数，并记为 k.

用事件 A 表示"点落在 1/4 单位圆里"，根据几何概率的定义，事件 A 发生的概率为$P(A)=\dfrac{m(A)}{m(\Omega)}=\dfrac{\pi/4}{1}=\dfrac{\pi}{4}$，其中 $m(A)$ 和 $m(\Omega)$ 分别表示点落在 1/4 单位圆里的个数和点落在边长为 1 的正方形里的个数.

由于事件 A 发生的频率为$\dfrac{k}{n}$，根据大数定律，那么$\dfrac{k}{n}$ 就可以看作事件 A 发生概率的近似值，即$\dfrac{k}{n}\approx\dfrac{\pi}{4}$，因此 $\pi\approx 4\,\dfrac{k}{n}$.

取一个二维数组 (x, y)，重复 n 次，每次独立地从区间(0，1)中随机地取一对数 x 和 y，并分别观察 $x^2+y^2\leqslant 1$ 是否成立. 设 n 次试验中上述不等式成立的共有 k 次，则有 $\pi\approx 4\,\dfrac{k}{n}$.

输入命令

```
n=10000;
x=rand(2,n);
k=0;
for i=1:n
    if x(1,i)^2+x(2,i)^2<=1
        k=k+1;
    end
end
p=4*k/n
```

运行结果为

```
p=3.1780
```

类似地,可以得到一些结果,见表 5-6.

表 5-6　　π 的近似计算结果

试验次数 n	10000	50000	100000	5000000
π 的近似值	3.1780	3.1377	3.1476	3.1418

大家知道,$3.1415926<\pi<3.1415927$. 表 5-6 的结果表明,随着试验次数 n 的增加,π 的近似计算结果越接近于 π 的精确值.

5.2.2　中心极限定理与高尔顿钉板实验

中心极限定理讨论的是对充分大的 n,随机变量 $X_1, X_2, \cdots, X_n$ 和的分布问题.

实验目的　通过实验,加深对中心极限定理的理解.

例 5.2.3　设 $X_i(i=1, 2, \cdots)$ 是一些独立同分布的随机变量,且它们都服从泊松分布——$P(\lambda)$,则部分和 $\sum_{i=1}^{n} X_i \sim P(n\lambda)$. 当 $\lambda=1$,且随 n 增加时,$P(n\lambda)$ 将如何变化?

解　输入命令

```
x=[0:35]';y1=[];
lam1=[1,2,5,10,15,20];
for i=1:length(lam1)
    y1=[y1,poisspdf(x,lam1(i))];
end
plot(x,y1)
```

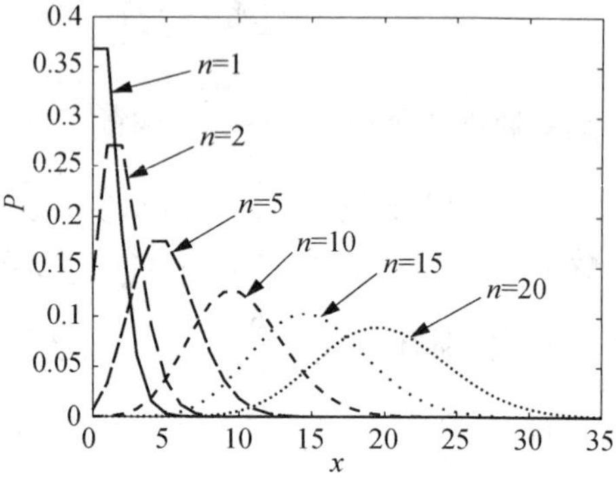

图 5-15　泊松分布 $P(n\lambda)(\lambda=1, n=1, 2, 5, 10, 15, 20)$ 的分布律图形

运行结果如图 5-15 所示.

从图 5-15 可以看出,当 $\lambda=1$ 时,$P(n\lambda)$ 的图形($n=1, 2, 5, 10, 15, 20$)随着 n 的增加越来越接近正态分布的密度函数图形,即当 n 较大时,$\sum_{i=1}^{n} X_i$ 近似服从正态分布.

例 5.2.4　产生服从二项分布 $B(N, p)$ 的 n 个随机数,取 $N=10, p=0.2$,计算 n 个随机数的和 Y_n 以及 $\frac{Y_n-Nnp}{\sqrt{Nnp(1-p)}}$,并把这个过程重复 1000 次,

用这 1 000 个$\frac{Y_n - Nnp}{\sqrt{Nnp(1-p)}}$绘制频率直方图(直方图的绘制，详见 5.3 节)，根据直方图研究$\frac{Y_n - Nnp}{\sqrt{Nnp(1-p)}}$与标准正态分布的关系(即验证 De Moiver-Laplace 中心极限定理).

解　输入命令

```
N=10;p=0.2;n=50;
s=zeros(1,1000);
for m =1:1000
        r=binornd(N,p,1,n);
        y=sum(r);
        z=y-N*n*p;
        z=z/sqrt(N*n*p*(1-p));
        s(m)=z;
end
histfit(s,10)
```

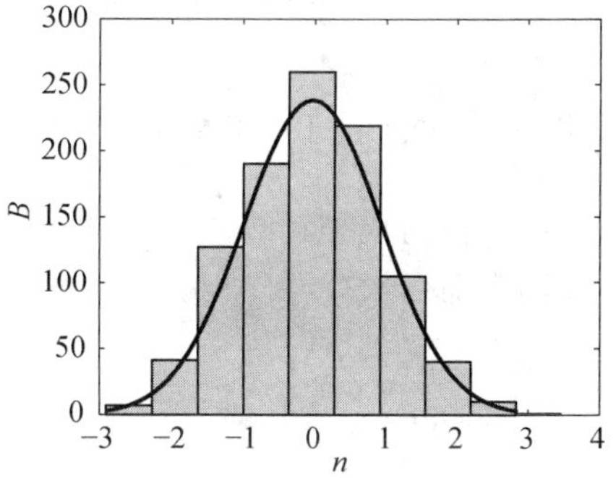

图 5-16　直方图

运行结果如图 5-16 所示.

从图 5-16 可以看出，$\frac{Y_n - Nnp}{\sqrt{Nnp(1-p)}}$与标准正态分布很接近.

例 5.2.5(高尔顿钉板实验)　英国统计学家高尔顿(Galton)设计了一个钉板实验. 图 5-17 中每一个黑点表示钉在板上的一个钉子，它们彼此的距离均相等，上一层的每一个的水平位置恰好位于下一层的两个正中间. 从入口处放进一个直径略小于两个钉子之间距离的小圆球，当小圆球向下降落过程中，碰到钉子后均以$\frac{1}{2}$的概率向左或向右滚下，于是又碰到下一层钉子. 如此进行下去，直到滚到底板的一个格子内为止. 把许许多多同样大小的小球不断从入口处放下，只要球的数目相当大，它们在底板将堆成近似正态分布 $N(0, n)$的密度函数图形，其中 n 为钉子的层数.

图 5-17　高尔顿钉板实验示意图

解　令 X_k 表示某个小球在第$k(k=1, 2, \cdots)$次碰钉子后向左或向右滚下这一随机现象联系的随机变量，$X_k=1$ 表示向右滚下，$X_k=-1$ 表示向左滚下. 根据题意，X_k 的分布律见表 5-7.

表 5-7　X_k 的分布律

X_k	1	−1
p_k	$\frac{1}{2}$	$\frac{1}{2}$

对 $k(k=1,2,\cdots)$，有 $E(X_k)=0$，$D(X_k)=1$. 令 $Y_n=\sum_{i=1}^{n}X_i$，其中 $X_k(k=1,2,\cdots)$ 相互独立. 则 Y_n 表示这个小球第 n 次碰钉子后的位置. 根据独立同分布中心极限定理，有

$$\lim_{n\to+\infty}P\left\{\frac{Y_n}{\sqrt{n}}\leqslant x\right\}=\int_{-\infty}^{x}\frac{1}{\sqrt{2\pi}}\mathrm{e}^{-\frac{t^2}{2}}\mathrm{d}t=\Phi(x),$$

因此 $\frac{Y_n}{\sqrt{n}}\overset{\text{近似}}{\sim}N(0,1)$，于是 $Y_n\overset{\text{近似}}{\sim}N(0,n)$.

以下进行模拟计算.

输入命令

```
m=input('m=');
m=3000;     %小球数
n=input('n=');
n=16;       %钉子的层数
x(n)=0;yy(m+1)=0;
for i=1:n
    for j=1:m
        if rand>0.5
            x(i)=x(i)+1;
        else
            x(i)=x(i)-1;
        end
    end
end
count=0;
for j=-m:2:m
    count=count+1
    for i=1:n
      if x(i)==j
        yy(count)=yy(count)+1;
    end
end
yy
bar(yy)
end
```

运行结果为

yy=　0　0　6　22　75　196　342　518　626　490　385　213　93　29　4　1　0

运行结果的直方图,如图 5-18 所示.

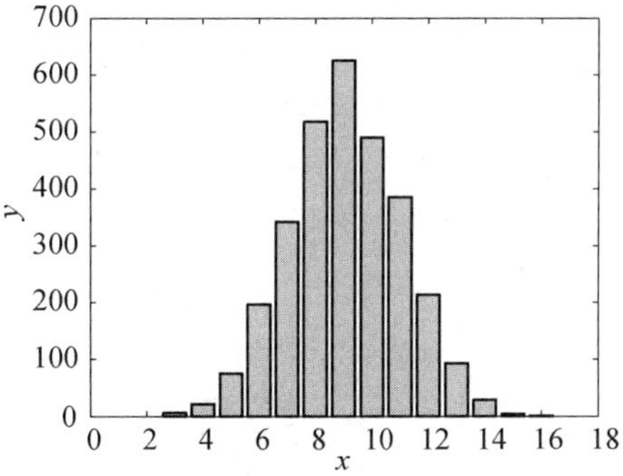

图 5-18　高尔顿钉板实验结果

从图 5-18 可以看出,当球的数目相当大时,$Y_n=\sum_{i=1}^{n}X_i$ 近似服从正态分布.

练习 5.2

1. 在例 5.2.1(抛硬币问题)中,用下面的程序验证硬币出现正面的概率为 0.5 是否成立,并请完成表 5-8.

```
n=10000; m=0;
for i=1:n
   x=randperm(2)-1;y=x(1);
   if y==0;
      m=m+1;
   end
end
m/n
```

表 5-8　　**出现正面频率的计算结果**

试验次数 n	10 000	100 000	1 000 000
出现正面的频率			

2. (掷骰子问题)随机掷均匀骰子,用下面的程序验证各点数出现的概率是否都是$\frac{1}{6}$,并请完成表 5-9.

```
n=10000;
m1=0;m2=0;m3=0;m4=0;m5=0;m6=0;
for i=1:n
```

```
    x=randperm(6);y=x(1);
    switch y
      case 1
        m1=m1+1;
      case 2
        m2=m2+1;
      case 3
        m3=m3+1;
      case 4
        m4=m4+1;
      case 5
        m5=m5+1;
      otherwise m6=m6+1;
    end
end
disp([num2str(m1/n),',',num2str(m2/n),',',num2str(m3/n),',',num2str(m4/n),',',
num2str(m5/n),',',num2str(m6/n)])
```

表 5-9　　　　　　　　　各点数出现频率的计算结果

试验次数 n	10 000	100 000	1 000 000
出现 1 点的频率			
出现 2 点的频率			
出现 3 点的频率			
出现 4 点的频率			
出现 5 点的频率			
出现 6 点的频率			

3. 在例 5.2.2 中给出了求圆周率 π 的一种近似值的方法. 以下把例 5.2.2 中的正方形的边长改一下,并且编程也有所不同. 正方形的边长不一定是 1,可以是任意长度 a,随机点落在此正方形的内切圆中的概率为内切圆与正方形的面积的比值,即 $\frac{\pi\left(\frac{a}{2}\right)^2}{a^2}=\frac{\pi}{4}$. (1) 请用以下程序求圆周率 π 的近似值,并完成后面的表 5-10;(2)请比较例 5.2.2 的程序与下面编程有什么不同?

```
n=10000;a=2;m=0;
for i=1:n
    x=rand(1)*a/2;y=rand(1)*a/2;
    if x^2+y^2<=(a/2)^2;
      m=m+1;
    end
```

```
end
4 * m/n
```

表 5 - 10　　π的近似值计算结果

试验次数 n	10 000	100 000	1 000 000
π的近似值			

4. 仿照例 5.2.4,把中心极限定理验证程序中的原始分布分别改为泊松分布、均匀分布、指数分布等,观察并解释你所得到的实验结果.

5. 仿照例 5.2.5,在高尔顿钉板实验中,当小圆球向下降落过程中,碰到钉子后以概率 p 向左滚下,以概率 $1-p$ 向右滚下,分别讨论当 $p<0.5$(比如 $p=0.15$) 和 $p>0.5$(比如 $p=0.85$) 时,观察小球落下后呈现的曲线峰值的变化情况.

5.3　数据的描述与直方图

5.3.1　数据描述的常用命令

用 MATLAB 计算 $x_1, x_2, \cdots, x_n$ 的样本均值和样本方差等时,先给 x 赋值如下 $x=[x_1, x_2, \cdots, x_n]$,然后调用表 5 - 11 中的命令进行计算.

表 5 - 11　　数据描述的常用命令

命　令	名　称	输　　入	输　　出
[n,y]=hist(x,k)	频数表	x:原始数据行向量,k:等分区间数	n:频数行向量,y:区间中点行向量
hist(x,k)	直方图	x:原始数据行向量,k:等分区间数	直方图
mean(x)	均值	x:原始数据行向量	均值 $\overline{x}$
median(x)	中位数	x:原始数据行向量	中位数
range(x)	极差	x:原始数据行向量	极差
std(x)	标准差	x:原始数据行向量	标准差 s
var(x)	方差	x:原始数据行向量	方差 s^2

设样本数据 $x_1, x_2, \cdots, x_n$ 已从小到大排列:$x_1 \leqslant x_2 \leqslant \cdots \leqslant x_n$. 如果样本容量 n 是奇数,我们称中间数据是**中位数**(median);如果样本容量 n 是偶数,我们称中间两个数据的平均值是中位数. 我们称样本数据中的最大值和最小值之差为**极差**(range).

用 normstat 函数计算正态分布的均值与方差,其调用格式为[m,v]=normstat(mu,sigma).

其结果输出所求正态分布的均值 m 与方差 v.

实验目的 通过数据描述的常用命令,会求均值、方差、标准差、中位数和极差.通过实验加深对均值、方差、标准差、中位数和极差的理解.

例 5.3.1 设 $X \sim U(2, 12)$,求该均匀分布的均值与方差.

解 输入命令

```
[m,v]=unifstat(2,12)
```

运行结果为

```
m=7,v=8.3333
```

用 std(x)函数计算样本标准差,其命令格式为 s=std(x).

计算 x 中数据的标准差.对于向量 x,std(x)为 x 中元素的标准差;对于矩阵 x,std(x)为包含 x 中每一列元素的标准差的行向量.

例 5.3.2 首先生成 5 列服从标准正态分布的随机数,每列 100 个数,每列中,标准差的均值都为 1.

解 输入命令

```
x=normrnd(0,1,100,5);     %生成 100 行 5 列服从标准正态分布的随机数矩阵
s=std(x)                  %计算各列随机数的标准差
```

运行结果为

```
s=0.9646    0.9244    0.9822    0.9924    1.0173
```

类似地,可以进行样本方差和样本极差的计算,这里从略.

用 mean 函数计算向量和矩阵中元素的均值,其命令格式为 m=mean(x).

对于向量,mean(x)为 x 中元素的均值;对于矩阵,mean(x)为包含 x 中每列元素的均值的行向量.

例 5.3.3 下面命令生成 6 个包含 200 个服从标准正态分布的随机数的样本,并计算各列随机数的均值.

解 输入命令

```
x=normrnd(0,1,200,6);     %生成 200 行 6 列服从标准正态分布的随机数矩阵
m=mean(x)                 %计算各列随机数的均值
```

运行结果为

```
m=-0.0483    0.1087    0.0112    0.0972    -0.0017    -0.0560
```

5.3.2 直方图

实验目的 通过直方图的命令调用,会绘制直方图,并进一步理解直方图的

意义.

例 5.3.4 绘制标准正态分布的直方图.

解 输入命令

```
x=normrnd(0,1,200,1);        %生成标准正态分布的容量为 200 的随机数的样本
hist(x,7)                    %绘制标准正态分布的直方图
```

运行结果如图 5－19 所示.

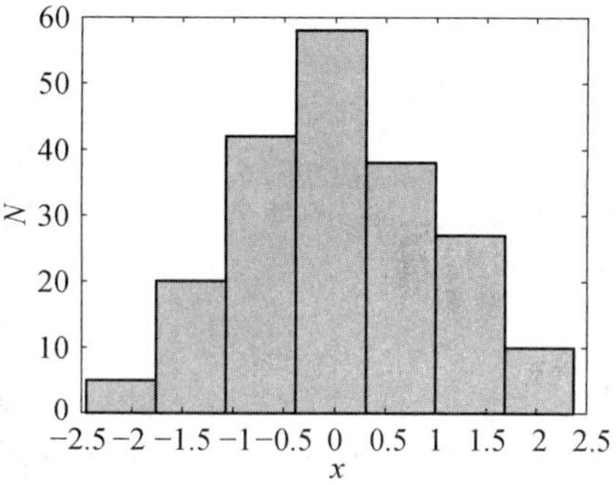

图 5－19 标准正态分布的直方图

注 x=normrnd(0,1,200,1)可以用 x=randn(200,1)来代替.

例 5.3.5 某食品厂为加强质量管理,对一批某种袋装食品进行了抽查,得到 100 袋样品的净重数据(单位:g)见表 5-12,请绘制表 5-12 中 100 个数据的直方图.

表 5-12 **样品的净重数据**

342	340	348	346	343	342	346	341	344	348
346	346	340	344	342	344	345	340	344	344
343	344	342	343	345	339	350	337	345	349
336	348	344	345	332	342	342	340	350	343
347	340	344	353	340	340	356	346	345	346
340	339	342	352	342	350	348	344	350	335
340	338	345	345	349	336	342	338	343	343
341	347	341	347	344	339	347	348	343	347
346	344	345	350	341	338	343	339	343	346
342	339	343	350	341	346	341	345	344	342

解 (1) 根据表 5－12 中的数据,当数据分为 13 组时,绘制直方图的 MATLAB 程序如下:

```
clear
x=[342, 340, 348, 346, 343, 342, 346, 341, 344, 348, 346, 346, 340, 344, 342,
344, 345, 340, 344, 344, 343, 344, 342, 343, 345, 339, 350, 337, 345, 349, 336,
```

```
348, 344, 345, 332, 342, 342, 340, 350, 343, 347, 340, 344, 353, 340, 340, 356,
346, 345, 346, 340, 339, 342, 352, 342, 350, 348, 344, 350, 335, 340, 338, 345,
345, 349, 336, 342, 338, 343, 343, 341, 347, 341, 347, 344, 339, 347, 348, 343,
347, 346, 344, 345, 350, 341, 338, 343, 339, 343, 346, 342, 339, 343, 350, 341,
346, 341, 345, 344, 342];
hist(x,13)
```

运行结果如图 5-20 所示.

(2) 绘制带曲线的直方图,其 MATLAB 程序如下:

```
histfit(x,13)
```

运行结果如图 5-21 所示.

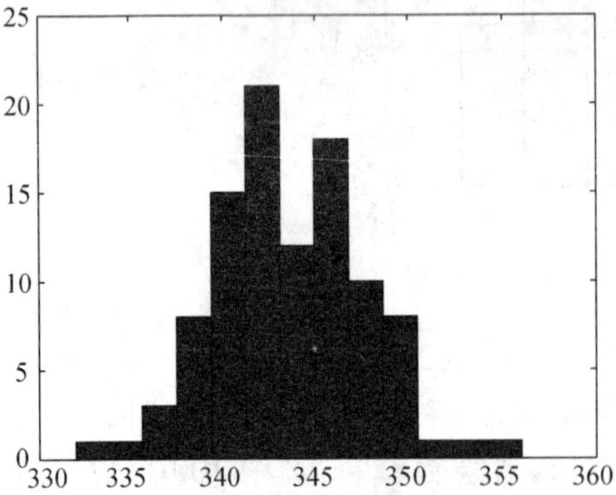

图 5-20　直方图

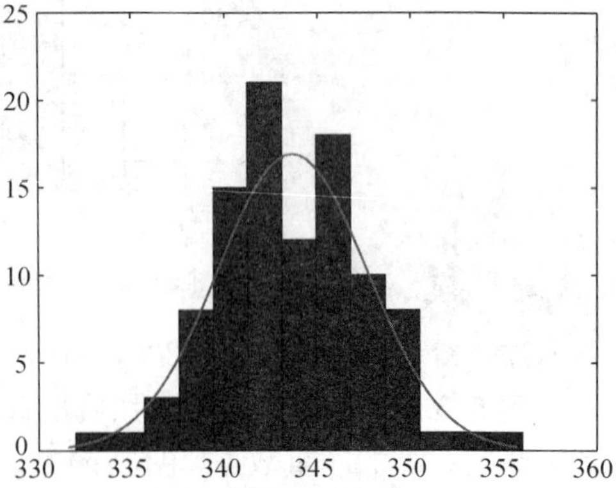

图 5-21　画带曲线的直方图

练习 5.3

1. 设 $X \sim U(1, 11)$,求该均匀分布的均值与方差.
2. 设 $X \sim N(0, 16)$,求该正态分布的均值、标准差与方差.
3. 生成 6 列服从标准正态分布的随机数,每列 200 个数,每列标准差的均值都为 1.
4. 首先生成正态分布 $N(0, 16)$的容量为 300 的随机数的样本,然后绘制正态分布 $N(0, 16)$的直方图.

5.4　参数估计中的计算

5.4.1　点估计和区间估计的调用格式

在 MATLAB 统计工具箱中,有专门计算总体均值、标准差的点估计(极大似然估计)和区间估计的程序. 把表 5-3 中 pdf 换成 fit 即为相应总体参数估计

的函数. 如对于正态总体,其命令格式为

```
[mu sigma muci sigmaci]=normfit(x,alpha)
```

其中,x 是样本观察值,1 - alpha 是置信水平(alpha 的默认值设定为 0.05),输出 mu 和 sigma 是总体均值 μ 和标准差 σ 的点估计,muci 和 sigmaci 是总体均值 μ 和标准差 σ 的区间估计. 当 x 为矩阵(列为变量)时输出行变量.

5.4.2 点估计和区间估计的例子

实验目的 通过点估计和区间估计的命令调用,会求参数的点估计和区间估计,通过实验加深对点估计和区间估计的基本概念和基本思想的理解.

例 5.4.1 设 8.21, 9.95, 10.23, 11.67, 13.56, 7.99, 12.22, 15.89 是取自某正态总体的样本观察值,求其均值 μ 和标准差 σ 的点估计(极大似然估计)和置信水平为 0.95 的区间估计.

解 输入命令

```
x=[8.21,9.95,10.23,11.67,13.56,7.99,12.22,15.89];
[mu sigma muci sigmaci]=normfit(x,0.05)
```

运行结果为

```
mu=11.2150,sigma=2.6879,muci=(8.9679,13.4621),sigmaci=(1.7772,5.4706)
```

例 5.4.2 中国改革开放 40 多年来的经济发展使人民的生活得到了很大的提高,不少家长都觉得这一代孩子的身高比上一代有了明显变化. 表 5 - 13 所列是近期在一个经济比较发达的城市中学收集到的 17 岁的男生身高(单位: cm). 若表 5 - 13 中的数据来自正态分布,请根据表 5 - 13 中的数据,计算学生身高的均值和标准差的点估计和置信水平为 0.95 的区间估计.

表 5 - 13 **学生的身高** 单位:cm

170.1	179.0	171.5	173.1	174.1	177.2	170.3	176.2	163.7	175.4
163.3	179.0	176.5	178.4	165.1	179.4	176.3	179.0	173.9	173.7
173.2	172.3	169.3	172.8	176.4	163.7	177.0	165.9	166.6	167.4
174.0	174.3	184.5	171.9	181.4	164.6	176.4	172.4	180.3	160.5
166.2	173.5	171.7	167.9	168.7	175.6	179.6	171.6	168.1	172.2

解 输入命令

```
x1=[170.1,179.0,171.5,173.1,174.1,177.2,170.3,176.2,163.7,175.4];
x2=[163.3,179.0,176.5,178.4,165.1,179.4,176.3,179.0,173.9,173.7];
```

```
x3=[173.2,172.3,169.3,172.8,176.4,163.7,177.0,165.9,166.6,167.4];
x4=[174.0,174.3,184.5,171.9,181.4,164.6,176.4,172.4,180.3,160.5];
x5=[166.2,173.5,171.7,167.9,168.7,175.6,179.6,171.6,168.1,172.2];
x=[x1,x2,x3,x4,x5];
[mu sigma muci sigmaci]=normfit(x,0.05)
```

运行结果为

mu=172.7040, sigma=5.3707, muci=(171.1777, 174.2303), sigmaci=(4.4863, 6.6926)

例 5.4.3 通过产生容量 $n=50$ 时泊松分布 $P(\lambda)(\lambda=5)$ 的随机样本,求参数 λ 的极大似然估计.

解 输入命令

```
clear
m=1000;
n=50;
q=0;
for i=1:m
    x=poissrnd(5,1,n);
    p(i)=poissfit(x);
    q=q+1;
end
mean(p)
```

运行结果为 5.0137(这就是参数 λ 的极大似然估计).

注 由于样本的随机性,每次运行的结果可能会有差异.

练习 5.4

1. 某车间生产滚珠,从长期实践中知道,滚珠直径可以认为服从正态分布.从某天产品中任取 6 个测得直径如下(单位:mm):

15.6 16.3 15.9 15.8 16.2 16.1.

若已知直径的方差是 0.06,试求总体均值的置信水平为 0.95 的置信区间与置信水平为 0.90 的置信区间.

2. 某旅行社为调查当地旅游者的平均消费额,随机访问了 100 名旅游者,得知平均消费额 $\overline{x}=80$ 元,根据经验,已知旅游者消费服从正态分布,且标准差为 12 元,求该地旅游者平均消费额的置信水平为 0.95 的置信区间.

3. 通过产生容量 $n=30$ 时均值为 10 的指数分布($\theta=10$)的随机样本,求参数 θ 的极大似然估计.

5.5 假设检验中的计算

本节讨论单个正态总体、两个正态总体和总体分布假设检验中的计算问题.

5.5.1 单个正态总体假设检验中的计算

对正态总体 $N(\mu, \sigma^2)$，以下分 σ^2 已知和 σ^2 未知两种情况，分别讨论均值 μ 的假设检验问题.

(1) 当 σ^2 已知时，用 Z 检验法，其命令格式为

```
[h,sig,ci,z]=ztest(x,m,sigma,alpha,tiil)
```

检验数据 x 的关于均值的某一个假设是否成立，其中 sigma 为已知标准差 σ，alpha 为显著性水平 α，究竟检验什么假设取决于 tiil 的取值：

当 tiil=0 时，检验假设"x 的均值等于 m"；

当 tiil=1 时，检验假设"x 的均值大于 m"；

当 tiil=－1 时，检验假设"x 的均值小于 m".

tiil 的默认值为 0，alpha 的默认值为 0.05.

h 为一个布尔值，$h=0$ 表示在显著性水平为 α 下可以接受假设，$h=1$ 表示在显著性水平为 α 下可以拒绝假设；z 为根据统计量 Z 计算的，$z=\dfrac{\overline{x}-m}{\sigma/\sqrt{n}}$ (n 为样本数据的个数)，sig 是 Z 统计量在假设成立时的概率，ci 是均值的置信水平为 $1-\alpha$ 的置信区间.

(2) 当 σ^2 未知时，用 t 检验法，其命令格式为

```
[h,sig,ci]=ttest(x,m,alpha)
```

检验数据 x 的关于均值的某一个假设是否成立，其中参数的取值和意义等同 ztest 函数，只是函数的统计量为 t 统计量，$t=\dfrac{\overline{x}-m}{s/\sqrt{n}}$.

实验目的 通过 Z 检验法和 t 检验法的命令调用，会求单个正态总体假设检验问题. 通过实验加深对 Z 检验法和 t 检验法的基本概念和基本思想的理解.

例 5.5.1 生成正态总体 $N(5, 1)$的 100 个随机数样本，分别在 σ^2 已知 ($\sigma^2=1$) 和 σ^2 未知两种情况下检验均值 $\mu=5$ 和 $\mu=5.25(\alpha=0.05)$.

解 检验假设分别为 $H_0:\mu=5$，$H_1:\mu\neq 5$ 与 $H_0:\mu=5.25$，$H_1:\mu\neq 5.25$，当 σ^2 已知($\sigma^2=1$) 时，用 Z 检验法；当 σ^2 未知时，用 t 检验法.

输入命令

```
x=normrnd(5,1,100,1);                %生成N(5, 1)随机数100个
m=mean(x)                            %计算样本均值
[h0,sig0,ci0,z0]=ztest(x,5,1)        %Z 检验
[h1,sig1,ci1,z1]=ztest(x,5.25,1)     %Z 检验
[ht0,sigt0,cit0]=ttest(x,5)          %t 检验
[ht1,sigt1,cit1]=ttest(x,5.25)       %t 检验
```

运行结果为

```
m=5.0479
h0=0;sig0=0.6317;ci0=4.8519      5.2439;z0=0.4793
h1=1;sig1=0.0433;ci1=4.8519      5.2439;z1=-2.0207
ht0=0;sigt0=0.5823;cit0=4.8756  5.2203
ht1=1;sigt1=0.0220;cit1=4.8756  5.2203
```

从以上计算结果可知，样本均值 $\overline{x}=5.0479$，且有以下结论：

(1) 在 $\alpha=0.05$ 时，Z 检验和 t 检验都接受了 $H_0:\mu=5$ 的假设，拒绝 $H_0:\mu=5.25$ 的假设.

(2) 对 Z 检验，在 $H_0:\mu=5$ 下，$z_0=0.4793$；在 H_0 下的概率 sig 0 = 0.6317；样本对总体均值 μ 的置信水平为 0.95 的置信区间为(4.8519, 5.2439).

(3) 对 Z 检验，在 $H_0:\mu=5.25$ 下，$z_1=-2.0207$；在 H_0 下的概率 sig 1 = 0.0433；样本对总体均值 μ 的置信水平为 0.95 的置信区间同(2).

(4) 对 t 检验，在 $H_0:\mu=5$ 下，sigt 0=0.5823；样本对总体均值 μ 的置信水平为 0.95 的置信区间为(4.8756, 5.2203).

(5) 对 t 检验，在 $H_0:\mu=5.25$ 下，sigt 1=0.0220；样本对总体均值 μ 的置信水平为 0.95 的置信区间同(4).

5.5.2 两个正态总体假设检验中的计算

两个正态总体 $N(\mu_1, \sigma^2)$ 和 $N(\mu_2, \sigma^2)$ 的均值 μ_1 和 μ_2 比较时的 t 检验，其命令格式为

```
[h,sig,ci]=ttest2(x,y,alpha,tiil)
```

检验数据 x 和 y 的关于均值的某一个假设是否成立，其中参数的取值和意义等同 ztest 函数，只是函数的统计量为 t 统计量，$t=\dfrac{\overline{x}-\overline{y}}{s\sqrt{\dfrac{1}{n}+\dfrac{1}{m}}}$，其中 n 和 m 分别为 x 和 y 中数据的个数，$s^2=\dfrac{(n-1)s_1^2+(m-1)s_2^2}{n+m-2}$.

实验目的 通过实验，会求两个正态总体假设检验问题，并加深对两个正态总体假设检验的基本概念和基本思想的理解.

例 5.5.2 分别用 $N(5, 1)$和 $N(5.15, 0.8^2)$两个分布生成 100 个随机数样本，检验两个总体均值 $\mu_1=\mu_2(\alpha=0.05)$.

解 检验假设 $H_0:\mu_1=\mu_2$.

输入命令

```
x=normrnd(5,1,100,1);
y=normrnd(5.15,0.8,100,1);
[pt,sigt]=ttest2(x,y)
```

运行结果为

```
pt=0      sigt=0.7408
```

可见，虽然产生的两个总体的均值不同 ($\mu_1=5$, $\mu_2=5.15$)，但在 $\alpha=0.05$ 时仍然接受了 $\mu_1=\mu_2$ 假设.

5.5.3 总体分布的检验

以下首先介绍总体分布的正态性检验，然后介绍总体分布的 χ^2 检验法.

实验目的 通过对总体分布的正态性检验和 χ^2 检验法，掌握总体分布的检验问题. 通过实验加深对总体分布检验基本思想的理解.

5.5.3.1 总体分布的正态性检验

MATLAB 统计工具箱提供了对总体分布的正态性检验的命令为

```
h=mormplot(x)
```

此命令显示数据矩阵 $\boldsymbol{x}$ 的正态概率图. 若数据来自正态分布，则图形显示出直线形态，否则图形显示出曲线形态.

例 5.5.3 (1)检验例 5.4.2 中男生身高的数据(表 5-13)是否来自正态分布. (2)已知 40 年前同一所学校同龄男生的平均身高为 168 cm，为了回答学生身高是否发生了变化，作假设检验：$H_0:\mu=168$, $H_1:\mu\neq 168(\alpha=0.05)$.

解 (1) 若已经输入了例 5.4.2 中男生身高的数据 x.

输入命令

```
h1=jbtest(x)
```

运行结果为

```
h1=0
```

注 h1=jbtest(x)是数据 x 服从正态分布检验的输入命令，$h_1=0$ 表示通过了数据的正态性检验.

另外,还可以通过正态概率图来检验例 5.4.2 中男生身高的数据(表 5 - 13)的正态性.

输入命令

```
normplot(x)
```

运行结果如图 5 - 22 所示.

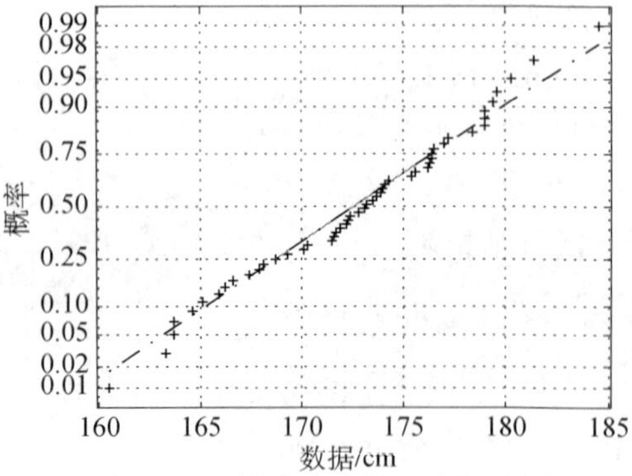

图 5 - 22 男生身高的正态概率图

由于男生身高的正态概率图(图 5 - 22)显示出直线形态,因此数据 x 近似服从正态分布.

(2) 输入命令

```
[h,sig,ci]=ttest(x,168)
```

运行结果为

```
h=1
sig=1.1777e—007
ci=171.1777      174.2303
```

以上结果表明,拒绝了 H_0,表明学生的平均身高发生了显著变化.

例 5.5.4 某学校随机抽取 100 名学生,测得他们的身高(单位:cm)和体重(单位:kg)见表 5 - 14 与表 5 - 15.

表 5 - 14　　学生的身高　　单位:cm

172	171	166	160	155	173	166	170	167	178
173	163	165	170	163	172	182	171	177	173
169	168	168	175	176	168	161	169	171	178
177	170	173	172	170	172	177	176	175	184
169	165	164	173	172	169	173	173	166	163
170	160	165	177	169	176	177	172	165	166
171	169	170	172	169	167	175	164	166	169
167	169	176	182	186	166	169	173	169	171
167	168	165	168	176	170	158	165	172	169
169	172	162	175	174	167	166	174	168	170

表 5 - 15　　学生的体重　　单位：kg

60	62	62	55	57	58	55	63	61	60
63	54	62	60	50	60	63	59	64	60
55	70	67	61	64	55	49	67	61	64
62	58	67	59	62	59	58	68	68	72
64	58	59	66	65	62	57	65	73	57
56	65	58	62	63	60	67	56	56	49
65	62	58	61	58	67	72	59	63	54
54	62	63	69	66	75	67	73	65	61
47	65	64	57	65	57	55	62	53	66
50	62	71	66	63	60	64	62	59	60

（1）计算均值、中位数、标准差、方差；

（2）作出频数表与频数直方图；

（3）检验数据是否来自正态分布；

（4）若数据来自正态分布，进行参数估计；

（5）学校 10 年前做过普查，学生的平均身高为 167.5 cm，平均体重为 60.2 kg，试根据这次抽查的数据，对学生的身高和体重有无显著变化作出判断.

解　输入数据

```
x1=[172,171,166,160,155,173,166,170,167,178];
x2=[173,163,165,170,163,172,182,171,177,173];
x3=[169,168,168,175,176,168,161,169,171,178];
x4=[177,170,173,172,170,172,177,176,175,184];
x5=[169,165,164,173,172,169,173,173,166,163];
x6=[170,160,165,177,169,176,177,172,165,166];
x7=[171,169,170,172,169,167,175,164,166,169];
x8=[167,169,176,182,186,166,169,173,169,171];
x9=[167,168,165,168,176,170,158,165,172,169];
x10=[169,172,162,175,174,167,166,174,168,170];
y1=[60,62,62,55,57,58,55,63,61,60];
y2=[63,54,62,60,50,60,63,59,64,60];
y3=[55,70,67,61,64,55,49,67,61,64];
y4=[62,58,67,59,62,59,58,68,68,72];
y5=[64,58,59,66,65,62,57,65,73,57];
y6=[56,65,58,62,63,60,67,56,56,49];
```

```
y7=[65,62,58,61,58,67,72,59,63,54];
y8=[54,62,63,69,66,75,67,73,65,61];
y9=[47,65,64,57,65,57,55,62,53,66];
y10=[50,62,71,66,63,60,64,62,59,60];
x=[x1,x2,x3,x4,x5,x6,x7,x8,x9,x10];
y=[y1,y2,y3,y4,y5,y6,y7,y8,y9,y10];
```

(1) 分别输入命令

```
mean(x),    median(x),    std(x),    var(x),
mean(y),    median(y),    std(y),    var(y)
```

得到 x 的相应统计量的值为

均值 170.1500,中位数 170,标准差 5.3303,方差 28.4121.

得到 y 的相应统计量的值为

均值 61.3400,中位数 62,标准差 5.4555,方差 29.7620.

(2) 用 hist 命令作频数表和频数直方图.分别输入命令

```
[N,X]=hist(x,10)
[N,Y]=hist(y,10)
```

得学生身高和体重频数,见表 5-16.

表 5-16　　学生的身高和体重频数

身高频数	2	3	6	18	26
身高/cm	156.55	159.65	162.85	165.85	168.95
身高频数	22	11	8	2	2
身高/cm	172.05	172.15	178.25	181.35	184.45
体重频数	3	2	9	15	19
体重/kg	48.4	51.2	54.0	56.8	59.6
体重频数	19	17	9	4	3
体重/kg	62.4	65.2	68.0	70.8	73.6

分别输入命令

```
histfit(x,10)
histfit(y,10)
```

运行结果如图 5-23 和图 5-24 所示.

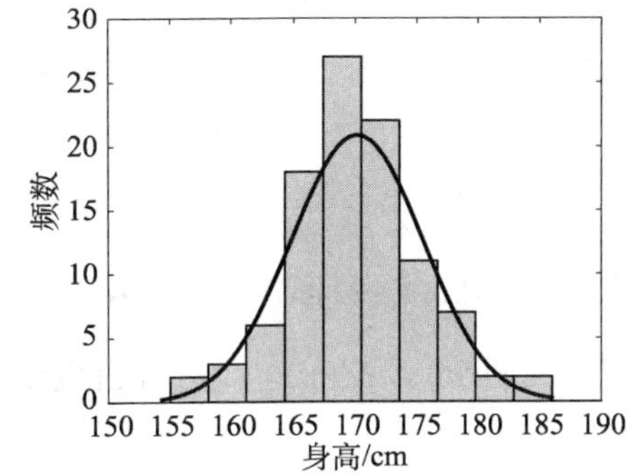

图 5－23　学生身高直方图

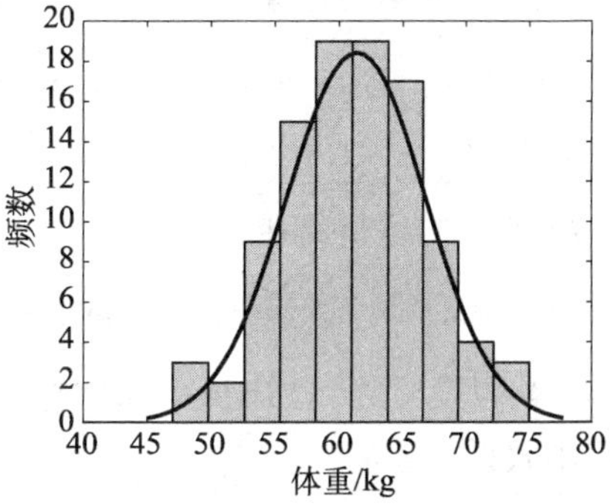

图 5－24　学生体重直方图

从学生身高直方图和体重直方图可以看出，它们都近似服从正态分布，下面将进一步检验.

（3）检验分布的正态性.分别输入命令

```
normplot(x)
normplot(y)
```

运行结果如图 5－25 和图 5－26 所示.

由于正态概率图都显示出直线形态，因此数据 x 和数据 y 都可以认为服从正态分布.

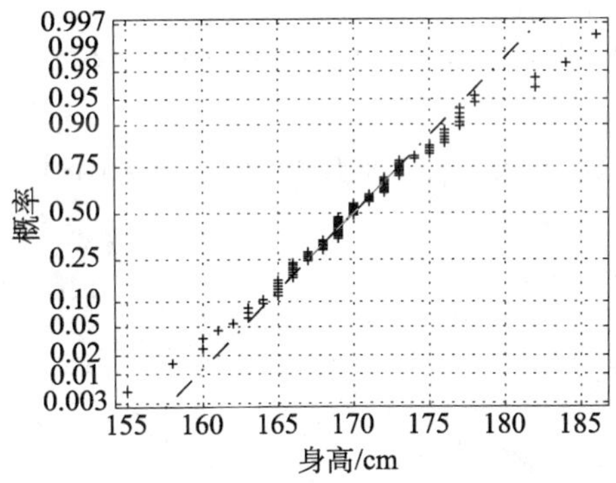

图 5－25　学生身高的正态概率图

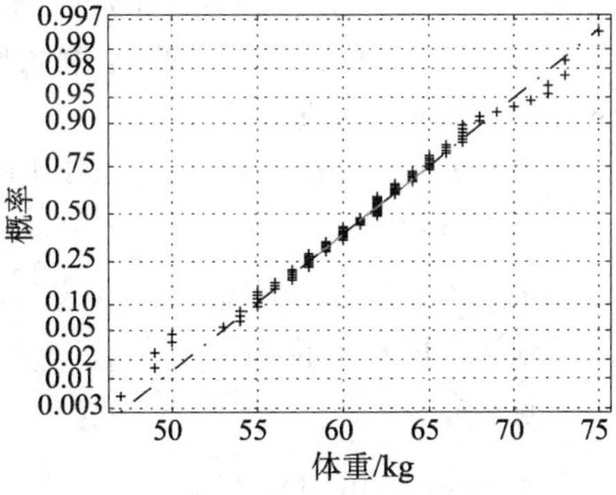

图 5－26　学生体重的正态概率图

（4）正态分布的参数估计.在确定数据 x 和数据 y 的分布后，就可以进行参数估计.

输入命令

```
[mu sigma muci sigmaci]=normfit(x,0.05)
```

数据 x 的运行结果为

mu= 170. 1500, sigma = 5. 3303, muci = (169. 0924, 171. 2076), sigmaci = (4. 6800, 6. 1920)

数据 y 的运行结果为

mu=61. 3400, sigma=5. 4555, muci=(60. 2575, 62. 4255), sigmaci=(4. 7899, 6. 3375)

(5) 假设检验.已知身高和体重均服从正态分布,现在方差未知的情况下,分别作假设检验:

$$H_0:\mu=167.5,\qquad H_1:\mu\neq 167.5.$$
$$H'_0:\mu=60.2,\qquad H'_1:\mu\neq 60.2.$$

对学生身高的检验:

输入命令

```
[h,sig,ci]=ttest(x,167.5)
```

运行结果为

h=1, sig=2.7901e−006, ci=(169.0924, 171.2076)

检验结果如下:

① 布尔值 $h=1$,表示在显著性水平为 0.05 下可以拒绝原假设 H_0,说明学生平均身高与学校 10 年前做的普查有显著变化;

② 置信水平为 0.95 的置信区间为(169.178 2, 171.321 8),它不包括 167.5,因此不接受原假设;

③ sig=1.700 3e−006<0.05,说明不能接受"学生平均身高与学校 10 年前做的普查没有显著变化"的假设.

注 $1.7003\text{e}-006=1.7003\times 10^{-6}$.

对学生体重的检验:

输入命令

```
[h,sig,ci]=ttest(x,60.2)
```

运行结果为

h=1, sig=0.0392, ci=(60.2575, 62.4255)

检验结果如下:

① 布尔值 $h=1$,表示在显著性水平为 0.05 下可以拒绝原假设 H'_0,说明学生平均体重与学校 10 年前做的普查有显著变化;

② 置信水平为 0.95 的置信区间为(60.2575, 62.4255),它不包括 60.2,因此不接受原假设;

③ sig=0.0392<0.05,说明不能接受"学生平均体重与学校 10 年前做的普查没有显著变化"的假设.

5.5.3.2 总体分布的 χ^2 检验法

以下我们将根据总体 X 的样本 $X_1, X_2, \cdots, X_n$ 观测值 $x_1, x_2, \cdots, x_n$,考虑如下假设检验问题.

H_0:X 的分布函数为 $F(x)$,这里 $F(x)$ 是已知的分布函数.

通常要用样本观测值来估计(或代替)$F(x)$中的未知参数. 例如,对于参数为 λ 的泊松分布总体 $P(\lambda)$,取 λ 的极大似然估计值 $\hat{\lambda}=\bar{x}$ 等. 处理这类总体分布的假设检验问题的方法有多种,这里我们只介绍最常用的一种方法——χ^2 检验法.

在实数轴上取 k 个分点 $t_1, t_2, \cdots, t_k$,这 k 个点将 $(-\infty, +\infty)$ 分成 $k+1$ 个互不相交的区间 $(-\infty, t_1)$, $[t_1, t_2)$, $\cdots$, $[t_{i-1}, t_i)$, $\cdots$, $[t_k, +\infty)$.

设样本观测值 $x_1, x_2, \cdots, x_n$ 中落入第 i 个区间的个数为 v_i($1 \leqslant i \leqslant k+1$),其频率为 v_i/n.

如果 H_0 成立,由给定的分布函数 $F(x)$,可以计算得到 X 落在每个区间的概率为

$$p_i = P\{t_{i-1} \leqslant X < t_i\} = F(t_i) - F(t_i - 1),$$

其中 $1 \leqslant i \leqslant k+1$,记 $t_0 = -\infty$, $t_{k+1} = +\infty$. 考虑统计量

$$\chi^2 = \sum_{i=1}^{k+1}\left(\frac{v_i}{n} - p_i\right)^2 \frac{n}{p_i} = \sum_{i=1}^{k+1} \frac{(v_i - np_i)^2}{np_i} = \sum_{i=1}^{k+1} \frac{v_i^2}{np_i} - n. \qquad (5.5.1)$$

在式(5.5.1)中给出了统计量 χ^2 的三种等价形式,在后面的应用中采用哪一种都可以.

式(5.5.1)中 χ^2 依赖于 v_i 和 p_i,因此它与 $F(x)$ 建立了关系,它可以作为检验 H_0 的检验统计量. 皮尔逊(Pearson)在 1900 年证明了如下定理.

定理 5.5.1 设 $F(x)$ 是随机变量 X 的分布函数,当 H_0 成立时,由式(5.5.1)给出的统计量 χ^2 以 $\chi^2(k)$ 为极限分布(当 $n \to +\infty$),其中 $F(x)$ 中不含有未知参数,v_i 称为实际频数,np_i 称为理论频数.

根据定理 5.5.1,当 n 比较大时,检验统计量 χ^2 近似服从 $\chi^2(k)$. 这样,给定显著性水平 α 后,查 χ^2 分布表,得临界值 $\chi^2_\alpha(k)$,使 $P\{\chi^2 > \chi^2_\alpha(k)\} = \alpha$.

由样本观测值 $x_1, x_2, \cdots, x_n$ 计算 $v_1, v_2, \cdots, v_{k+1}$,由给定的分布函数 $F(x)$ 计算 $p_1, p_2, \cdots, p_{k+1}$,从而计算出 χ^2 的值. 若 $\chi^2 > \chi^2_\alpha(k)$,则拒绝 H_0,即

认为总体 X 的分布函数与 $F(x)$ 有显著性差异；若 $\chi^2 \leqslant \chi_\alpha^2(k)$，则不能拒绝 H_0，即不能认为总体 X 的分布函数与 $F(x)$ 有显著性差异.

需要指出的是，当 $F(x)$ 中含有 r 个未知参数 $\theta_1, \theta_2, \cdots, \theta_r$ 时（$r<k$），则需要用估计值 $\hat{\theta}_1, \hat{\theta}_2, \cdots, \hat{\theta}_r$ 来分别代替 $\theta_1, \theta_2, \cdots, \theta_r$，此时 χ^2 以 $\chi^2(k-r)$ 为极限分布（当 $n \to +\infty$）. 费歇尔（Fisher）证明了如下定理.

定理 5.5.2 设 $F(x)$ 是随机变量 X 的分布函数，且 $F(x)$ 中含有 r 个未知参数，当 H_0 成立时，由式(5.5.1)给出的统计量 χ^2 以 $\chi^2(k-r)$ 为极限分布（当 $n \to +\infty$）.

在定理 5.5.2 中，当 $r=0$［即 $F(x)$ 中不含有未知参数］时，其结果与定理 5.5.1 相同. 因此，定理 5.5.1 可以看成是定理 5.5.2 的一种特殊情况. χ^2 检验法对总体 X 是离散型和连续型分布均适用.

例 5.5.5 为了募集社会福利基金，某地方政府发行福利彩票，中彩者用摇大转盘的方法确定最后中奖金额. 大转盘均分为 20 份，其中金额为 5 万元，10 万元，20 万元，30 万元，50 万元，100 万元的分别占 2 份，4 份，6 份，4 份，2 份，2 份. 假定大转盘是均匀的，则每一点朝下是等可能的，于是摇出的各类奖项的概率见下表.

中奖金额/万元	5	10	20	30	50	100
概　率	0.1	0.2	0.3	0.2	0.1	0.1

若有 20 人参加摇奖，摇得 5 万元，10 万元，20 万元，30 万元，50 万元，100 万元的人数分别为 2，6，6，3，3，0. 由于没有人摇到 100 万元，于是有人怀疑大转盘是不是均匀的，那么这个怀疑是否成立呢？（取显著性水平 $\alpha = 0.05$.）

解 ⅰ. 计算 $\sum_{i=1}^{6} \frac{(v_i - np_i)^2}{np_i}$ 的值.

输入命令

```
ni=[2,6,6,3,3,0];
pi=[0.1,0.2,0.3,0.2,0.1,0.1];
n=20;
sum(((ni-n*pi).^2)./(n*pi))          %计算 Σ(i=1..6) (v_I-np_i)^2/(np_i) 的值
```

运行结果为

```
3.7500
```

ⅱ. 由于 $p = P\{\chi^2(5) > 3.7500\} = \int_{3.7500}^{+\infty} f(x)\mathrm{d}x$，这里 $f(x)$ 是自由度为

5 的 χ^2 分布的密度函数，计算概率 $p = P\{\chi^2(5) > 3.7500\}$ 如下：

输入命令

```
syms x;
ff=@(x)(chi2pdf(x,5));
p=quadl(ff,3.7500,100)   %积分上限取 100 时的计算结果的精确程度已经很高了
```

运行结果为

```
p=0.5859
```

这个 p 值就反映了数据与假设的分布拟合程度的高低，p 值越大，拟合效果越好.

在本例中，由于 $p = 0.5859 > 0.05 = \alpha$，所以当显著性水平 $\alpha = 0.05$ 时，没有理由认为“大转盘不均匀”.

例 5.5.6 卢瑟福(Rutherford)在 2608 个等时间间隔内观测一枚放射性物质放射出的粒子数 X，下表是观测结果的汇总，其中 n_i 表示 2608 次观测中放射粒子数为 i 的次数.

i	0	1	2	3	4	5	6	7	8	9	10	11
n_i	57	203	383	525	532	408	273	139	45	27	10	6

请用该组数据检验该放射性物质在单位时间内放射出的粒子数是否服从泊松分布？(取显著性水平 $\alpha = 0.05$.)

解 大家知道，服从泊松分布的随机变量的可能取值是非负整数，虽然如此，它取大数值的概率非常小，可以忽略不计. 以下计算中只考虑观测到 0, 1, 2, …, 11 共 12 个不同取值，这相当于把总体分成 12 类，每类出现的概率为

$$p_i = \frac{\lambda^i}{i!}e^{-\lambda},\ i = 0,\ 1,\ \cdots,\ 10;\quad p_{11} = \sum_{i=11}^{+\infty}\frac{\lambda^i}{i!}e^{-\lambda}.$$

ⅰ. 以下采用极大似然估计法，求未知参数 λ 的估计值.

输入命令

```
i=[0,1,2,3,4,5,6,7,8,9,10,11];
ni=[57,203,383,525,532,408,273,139,45,27,10,6];
sum(i.*ni)./2608
```

运行结果为

```
3.8696
```

所以 λ 的极大似然估计值为 $\hat{\lambda}=3.8696$.

ⅱ. 现在先求 $\hat{p}_i(i=0, 1, \cdots, 10)$,然后再求 $\hat{p}_{11}$.

输入命令

```
i=[0,1,2,3,4,5,6,7,8,9,10];
ni=[57,203,383,525,532,408,273,139,45,27,10];
pi=((3.8696.^i)./factorial(i)).*exp(-3.8696)
```

运行结果为

```
pi=
0.0209   0.0807   0.1562   0.2015   0.1949   0.1509
0.0973   0.0538   0.0260   0.0112   0.0043
```

输入命令

```
i=[11,12,13,14,15,16,17,18,19,20];   %从 11 到 20 求和计算结果的精确程度已经
                                      很高了
sum(((3.8696.^i)./factorial(i)).*exp(-3.8696))
```

运行结果为

```
0.0022
```

ⅲ. 计算 $\sum_{i=0}^{11}\frac{(v_i-np_i)^2}{np_i}$ 的值.

输入命令

```
ni=[57,203,383,525,532,408,273,139,45,27,10,6];
pi=[0.0209,0.0807,0.1562,0.2015,0.1949,0.1509,0.0973,0.0538,0.0260,0.0112,
    0.0043,0.0022];
n=2608;
sum(((ni-n*pi).^2)./(n*pi))
```

运行结果为

```
12.9267
```

ⅳ. 当 $k=11$, $r=1$ 时,计算概率 $p=P\{\chi^2(k-r)=\chi^2(10)>12.9267\}$.

输入命令

```
syms x;
ff=@(x)(chi2pdf(x,10));
p=quadl(ff,12.9267,100)   %积分上限取 100 时的计算结果的精确程度已经很高了
```

运行结果为

p=0.2278

由于 $p=0.2278>0.05=\alpha$，所以当显著性水平 $\alpha=0.05$ 时，可以认为"放射性物质在单位时间内放射出的粒子数服从泊松分布".

练习 5.5

1. 水泥厂用自动包装机包装水泥，每袋额定质量是 50 kg，某日开工后随机抽查了 9 袋，称得质量如下(单位：kg)：

49.6　49.3　50.1　50.0　49.2　49.9　49.8　51.0　50.2.

设每袋质量服从正态分布，问包装机工作是否正常？(显著性水平 $\alpha=0.05$.)

2. 某厂生产的某种型号的电池，其寿命(以 h 计)长期以来服从方差为 5 000 的正态分布，现有一批这种电池，从它的生产情况来看，寿命的波动性有所改变. 现随机取 26 只电池，测出其寿命的样本方差 $s=9200$. 问根据这一数据能否推断这批电池的寿命的波动性较以往的有显著的变化？(显著性水平 $\alpha=0.05$.)

3. 某地某年高考后随机抽得 15 名男生、12 名女生的数学考试成绩如下：

男生：119　118　117　123　121　113　109　127　116　116　112　114　125　114　110

女生：116　110　117　121　113　106　113　108　118　124　118　104

从这 27 名学生的成绩能说明这个地区男、女生的数学考试成绩不相上下吗？(显著性水平 $\alpha=0.05$.)

4. 下面列出 84 个伊特拉斯坎男子头颅的最大宽度(单位：mm)：

141　148　132　138　154　142　150　146　155　158　150　140　147　148　144
150　149　145　149　158　143　141　144　144　126　140　144　142　141　140　145
135　147　146　141　136　140　146　142　137　148　154　137　139　143　140　131
143　141　149　148　135　148　152　143　144　141　143　147　146　150　132　142
142　143　153　149　146　149　138　142　149　142　137　134　144　146　147　140
142　140　137　152　145

请检验上述头颅的最大宽度数据是否来自正态总体？(显著性水平 $\alpha=0.05$.)

5. 在一批灯泡中抽取 300 只做寿命试验，获得的数据见下表.

灯泡寿命试验数据

寿命 t/h	[0, 100]	(100, 200]	(200, 300]	>300
灯泡数	121	78	43	58

对于给定的显著性水平 $\alpha=0.05$，问这批灯泡的寿命是否服从指数分布

$$f(t)=\begin{cases}0.005e^{-0.005t}, & t\geqslant 0,\\ 0, & t<0.\end{cases}$$

6. 某电话站在 1 h 内接到电话用户的呼叫次数按每分钟记录见下表.

某电话站接到呼叫次数按每分钟记录表

呼叫次数	0	1	2	3	4	5	6	≥7
频数	8	16	17	10	6	2	1	0

问在显著性水平 $\alpha = 0.05$ 时，在 1 h 内接到电话用户的呼叫次数能否看作来自泊松分布？

5.6　回归分析中的计算

本节分别讨论一元线性回归、可线性化的一元非线性回归和多元线性回归分析中的计算.

5.6.1　一元线性回归中的计算

$$Y=b_1+b_2x+\varepsilon,\quad \varepsilon\sim N(0,\sigma^2),\tag{5.6.1}$$

式中，b_1，b_2，σ^2 都是不依赖于 x 的未知参数. 称式(5.6.1)为**一元线性回归模型**，b_2 称为回归系数.

一元线性回归命令为 regress，其格式如下：

(1) 求回归系数的点估计值，其命令格式为 b=regress(Y,X)；

(2) 求回归系数的点估计与区间估计，并检验回归模型(线性性)，其命令格式为[b,bint,r,rint,stats]=regress(Y,X,alpha)；

(3) 画出残差及其置信区间，其命令格式为 recoplot(r,rint).

上述符号说明如下：

(1) X, Y, b 分别为

$$\boldsymbol{X}=\begin{pmatrix}1 & x_{11}\\ 1 & x_{21}\\ \vdots & \vdots\\ 1 & x_{n1}\end{pmatrix},\quad \boldsymbol{Y}=\begin{pmatrix}y_1\\ y_2\\ \vdots\\ y_n\end{pmatrix},\quad \boldsymbol{b}=\begin{pmatrix}b_1\\ b_2\end{pmatrix};$$

(2) alpha 为显著性水平(缺省时为 0.05)；

(3) b 和 bint 为回归系数的点估计与区间估计；

(4) r 和 rint 为残差及其置信区间；

(5) stats 是用于检验回归模型(线性性)的统计量(的观察值)，有 4 个值：

第 1 个值是相关系数 R^2，R^2 越接近于 1 说明回归方程(线性性)越显著；

第 2 个值是 F 值，$F>F_\alpha(1,n-2)$，则拒绝 H_0，F 越大说明回归方程(线性性)越显著；

第 3 个值是与 F 对应的概率 p，$p < \alpha$ 时，回归模型成立；

第 4 个值是 s^2（剩余方差），s^2 越小，模型的精度越高（MATLAB 7.0 以前版本没有 s^2）.

实验目的 通过一元线性回归的有关命令调用，会求回归系数的点估计与区间估计，并检验回归模型（线性性），画出残差及其置信区间，并进行预测. 通过实验加深对一元线性回归的基本概念和基本思想的理解.

例 5.6.1（葡萄酒和心脏病） 适量饮用葡萄酒可以预防心脏病. 表 5-17 所列是 19 个发达国家一年的葡萄酒消耗量（每人从所喝葡萄酒中所摄取酒精升数）以及一年中因心脏病死亡的人数（每 10 万人死亡人数）.

表 5-17　　葡萄酒和心脏病问题的数据

序号	国　家	从葡萄酒得到的酒精/L	因心脏病死亡的人数(每 10 万人死亡人数)
1	澳大利亚	2.5	211
2	奥地利	3.9	167
3	比利时	2.9	131
4	加拿大	2.4	191
5	丹　麦	2.9	220
6	芬　兰	0.8	297
7	法　国	9.1	71
8	冰　岛	0.8	211
9	爱尔兰	0.7	300
10	意大利	7.9	107
11	荷　兰	1.8	167
12	新西兰	1.9	266
13	挪　威	0.8	277
14	西班牙	6.5	86
15	瑞　典	1.6	207
16	瑞　士	5.8	115
17	英　国	1.3	285
18	美　国	1.2	199
19	德　国	2.7	172

数据来源：[美]戴维，统计学的世界，北京：中信出版社，2003.

（1）根据表 5-17 作散点图；（2）求回归系数的点估计与区间估计（置信水平为 0.95）；（3）画出残差图，并作残差分析；（4）已知某个国家成年人每年平均从葡萄酒中摄取 8 L 酒精，请预测这个国家心脏病的死亡率并作图.

解 (1) 记心脏病死亡率(每10万人死亡人数)为 y,从葡萄酒中得到的酒精为 x(L),将 y 与 x 作散点图.

输入命令

```
x=[2.5,3.9,2.9,2.4,2.9,0.8,9.1,0.8,0.7,7.9,1.8,1.9,0.8,6.5,1.6,5.8,1.3,
   1.2,2.7];
X=[ones(19,1),x'];
y=[211,167,131,191,220,297,71,211,300,107,167,266,227,86,207,115,285,199,
   172];
plot(x,y,'r+')
```

运行结果如图5-27所示.

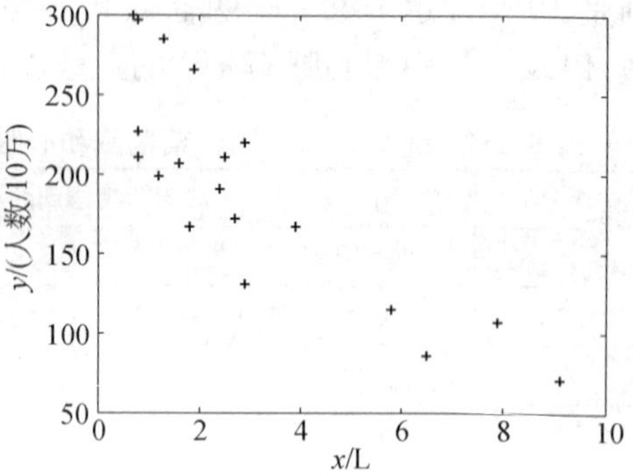

图5-27 散点图

从图5-27可以看出,这19个点大致位于一条直线附近,因此可以用一元线性回归的方法求回归系数的点估计与区间估计.

(2) 输入命令

```
[b,bint,r,rint,stats]=regress(y',X,
0.05)
```

运行结果为

```
b=260.5634   -22.9688
bint=
231.3733   289.7534
-30.4742   -15.4633
stats=
0.7000   41.7000   0.0000   1434.8
```

因此,$\hat{b}_1 = 260.5634$,$\hat{b}_2 = -22.9688$;b_1 的置信水平为0.95的置信区间为(231.3733, 289.7534),b_2 的置信水平为0.95的置信区间为(−30.4742, −15.4633);$R^2 = 0.7000$,$F = 41.7000$,$p = 0.0000 < 0.05$,$s^2 = 1434.8$.

由以上计算结果可知,回归方程 $y = 260.5634 - 22.9688x$ 成立.

(3) 输入命令

```
rcoplot(r,rint)
```

运行结果如图5-28所示.

从图5-28可以看到,数据的残差离零点都比较近,残差的置信区间都包含零点,这说明回归模型 $y = 260.5634 - 22.9688x$ 能较好地符合原始数据.

(4) 输入命令

```
z=260.5634-22.9688*x;
plot(x,y,'*',x,z,'r')
```

运行结果如图 5-29 所示.

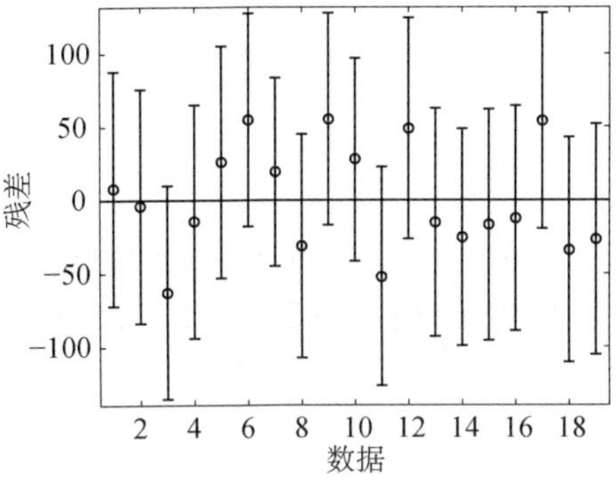

图 5-28 残差图

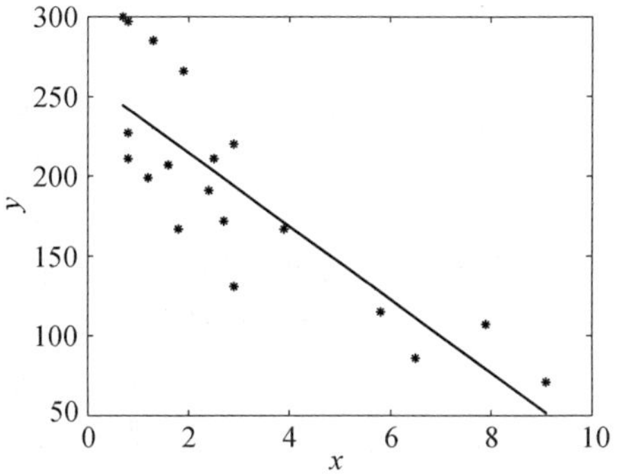

图 5-29 各数据点及回归方程

已知某个国家成年人每年平均从葡萄酒中摄取 $x=8$ L 酒精,预测这个国家因心脏病每 10 万人的死亡人数为 $\hat{y}=76.8130$.

例 5.6.2 某企业 10 个月的广告费与销售额的数据见表 5-18.

表 5-18 **广告费与销售额的数据**

月份	1	2	3	4	5	6	7	8	9	10
广告费/百元	6	4	8	2	5	3	4.5	7	9	8
销售额/百元	50	40	70	30	60	36	47	65	75	69

(1)根据表 5-18 作散点图;(2)求回归系数的点估计与区间估计($\alpha=0.05$),R^2,F 和 p;(3)画出残差图,并作残差分析;(4)预测并作图.

解 (1) 输入命令

```
x=[6,4,8,2,5,3,4.5,7,9,8];
X=[ones(10,1),x'];
y=[50,40,70,30,60,36,47,65,75,69];
plot(x,y,'r*')
axis([1,10,30,80])
```

运行结果如图 5-30 所示.

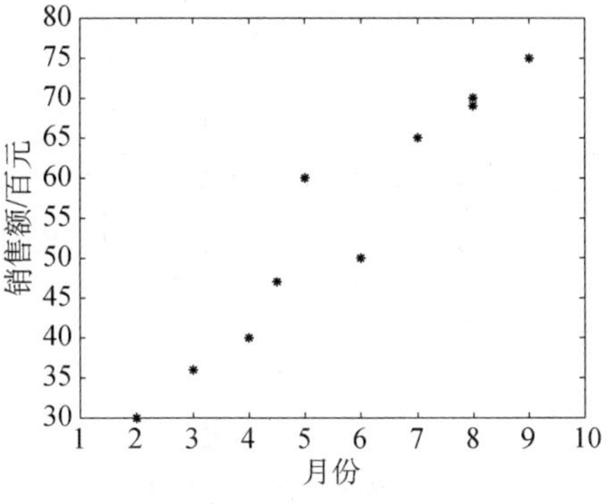

图 5-30 散点图

从图 5-30 可以看出,这 10 个点位于一条直线附近,因此可以用一元线性回归的方法求回归系数的点估计与区间估计.

(2) 输入命令

```
[b,bint,r,rint,stats]=regress(y',X,0.05)
```

运行结果为

```
b=17.4131   6.5110
bint=
8.4389   26.3872
5.0321   7.9898
stats=0.9280   103.0772   0.0000   20.1625
```

因此,$\hat{b}_1=17.4131$,$\hat{b}_2=6.5110$;b_1 的置信水平为 0.95 的置信区间为(8.4389, 26.3872),b_2 的置信水平为 0.95 的置信区间为(5.0321, 7.9898);$R^2=0.9280$, $F=103.0772$, $p=0.0000<0.05$, $s^2=20.1625$.

由以上计算结果可知,回归方程 $y=17.4131+6.5110x$ 成立.

(3) 输入命令

```
rcoplot(r,rint)
```

运行结果如图 5-31 所示.

从图 5-31 可以看到,除第 5 个点外,其余数据的残差离零点都比较近,残差的置信区间都包含零点,这说明回归方程 $y=17.4131+6.5110x$ 能较好地符合原始数据,而第 5 个数据点为异常点.

(4) 输入命令

```
z=17.4131+6.5110*x;
plot(x,y,'*',x,z,'r')
```

运行结果如图 5-32 所示.

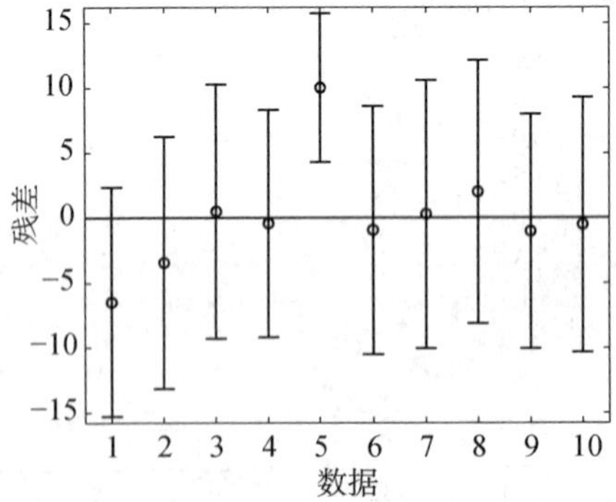

图 5-31　残差图

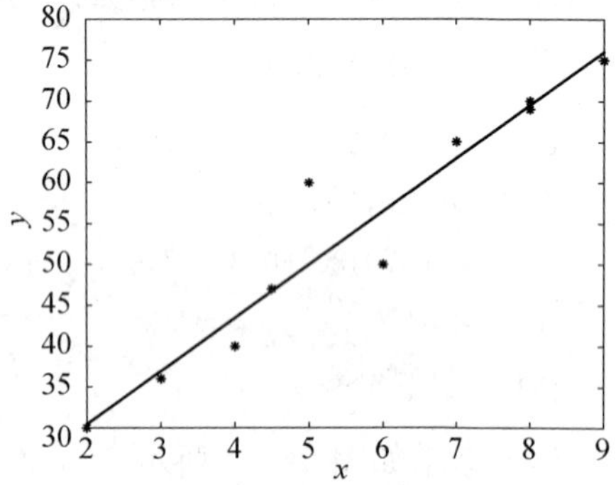

图 5-32　各数据点及回归方程

例 5.6.3 为了了解血压随年龄的增长而升高的关系，调查了 30 个成年人的血压[收缩压(mmHg)]，数据见表 5-19. 我们希望用这组数据确定血压与年龄的关系.

表 5-19　　血压和年龄的数据

序号	血压/mmHg	年龄/岁	序号	血压/mmHg	年龄/岁
1	144	39	16	130	48
2	215	47	17	135	45
3	138	45	18	114	18
4	145	47	19	116	20
5	162	65	20	124	19
6	142	46	21	136	36
7	170	67	22	142	50
8	124	42	23	120	39
9	158	67	24	120	21
10	154	56	25	160	44
11	162	64	26	158	53
12	150	56	27	144	63
13	140	59	28	130	29
14	110	34	29	125	25
15	128	42	30	175	69

注：1 mmHg = 133.322 Pa.

解　ⅰ. 记血压 y，年龄 x，将 y 与 x 作散点图.

输入命令

```
x=[39,47,45,47,65,46,67,42,67,56,64,56,59,34,42,48,45,18,20,19,36,50,39,
   21,44,53,63,29,25,69];
X=[ones(30,1),x1'];
y=[144,215,138,145,162,142,170,124,158,154,162,150,140,110,128,130,135,
   114,116,124,136,142,120,120,160,158,144,130,125,175];
plot(x1,y,'r+')
```

运行结果如图 5-33 所示.

从图 5-33 可以看出大致呈线性关系.

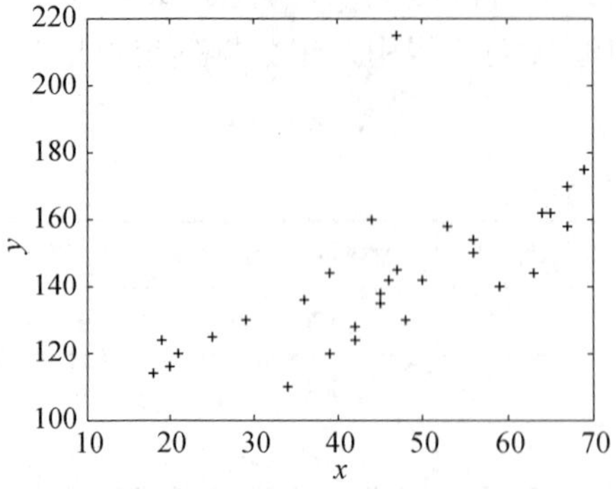

图 5－33　散点图

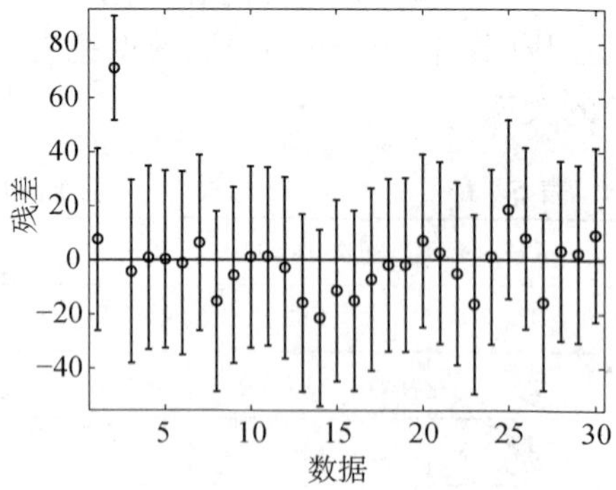

图 5－34　残差图

ⅱ. 输入命令

```
rcoplot(r,rint)
```

运行结果如图 5－34 所示.

从图 5－34 可以看到,除第 2 个点外,其余数据的残差离零点都比较近,残差的置信区间都包含零点,而第 2 个数据点为异常点.

ⅲ. 输入命令

```
[b,bint,r,rint,stats]=regress(y',X,0.05)
```

运行结果为

```
b=98.4084   0.9732
bint=
78.7484   118.06832
0.5601   1.3864
stats=0.4540   23.2834   0.0000   273.7137
```

把以上计算结果列在表 5－20 中.

表 5－20　　血压和年龄的计算结果

回归系数	回归系数的点估计	回归系数的区间估计
b_1	98.4084	(78.7484, 118.06832)
b_2	0.9732	(0.5601, 1.3864)

$R^2=0.4540$, $F=23.2834$, $p=0.0000<0.05$, $s^2=273.7137$.

由于 $R^2=0.4540$ 较小,说明模型的精度不高.

把原始数据中的第 2 个数据剔除后,重新计算,其结果见表 5－21.

表 5-21　　血压和年龄的计算结果

回归系数	回归系数的点估计	回归系数的区间估计
b_1	96.8665	(85.4771, 108.2559)
b_2	0.9533	(0.7140, 1.1925)

$R^2=0.7123$，$F=66.8358$，$p=0.0000<0.05$，$s^2=91.4305$.

从上面两种情况可以看出，R^2 和 F 变大，s^2 变小，说明模型的精度提高了.

ⅳ. 输入命令

```
z=96.8665+0.9533 * x1;
plot(x,y,'*',x,z,'r')
```

运行结果如图 5-35 所示.

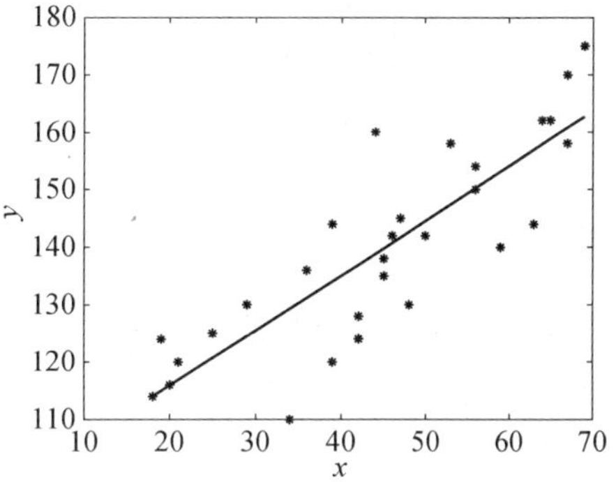

图 5-35　各数据点及回归方程

5.6.2　可线性化的一元非线性回归中的计算

实验目的　通过变量替换，把一元非线性回归转化为一元线性回归问题.

例 5.6.4　炼钢过程中需要钢包来盛钢水，由于受到钢水的浸蚀作用，钢包的容积会不断扩大. 表 5-22 给出使用次数和容积增大的数据，请用函数 $y=a\mathrm{e}^{\frac{b}{x}}$ 来拟合钢包使用次数 x 和增大容积 y 之间的关系($\alpha=0.05$).

表 5-22　　钢包使用次数和增大容积的数据

使用次数 x	2	3	4	5	7	8	10
增大容积 y	106.42	108.20	109.58	109.50	110.00	109.93	110.49
使用次数 x	11	14	15	16	18	19	
增大容积 y	110.59	110.60	110.90	110.76	111.00	111.20	

解　首先，在 $y=a\mathrm{e}^{\frac{b}{x}}$ 两边取对数，令 $y_1=\ln y$，$x_1=\dfrac{1}{x}$，便可以把 $y=a\mathrm{e}^{\frac{b}{x}}$ 化为线性方程 $y_1=\ln a+bx_1$.

输入命令

```
x=[2,3,4,5,7,8,10,11,14,15,16,18,19];
y=[106.42,108.20,109.58,109.50,110.00,109.93,110.49,110.59,110.60,110.90,
   110.76,111.00,111.20];
X=[ones(13,1),x'];
[b,bint,r,rint,stats]=regress(log(y)',1./X,0.05)
```

运行结果为

```
b=4.7141   -0.0903
bint=
4.7121     4.7161
-0.1001   -0.0805
stats=0.9739   410.1674   0.0000   0.0000
```

因此，$\hat{a}=\exp(4.7141)=111.5084$，$\hat{b}=-0.0903$；$R^2=0.9739$，$F=410.1674$，$p=0.0000<0.05$，$s^2=0.0000$，这说明回归方程的显著性非常好.

于是，所求的回归曲线方程为 $y=\hat{a}e^{\frac{\hat{b}}{x}}=111.5084e^{-\frac{0.0903}{x}}$. 下面画此回归曲线图.

输入命令

```
x=[2,3,4,5,7,8,10,11,14,15,16,18,19];
y=[106.42,108.20,109.58,109.50,110.00,109.93,110.49,110.59,110.60,110.90,
   110.76,111.00,111.20];
X=[ones(13,1),x'];
z=111.5084*exp(-0.0903./x);
plot(x,y,'*',x,z,'r')
```

运行结果如图 5-36 所示.

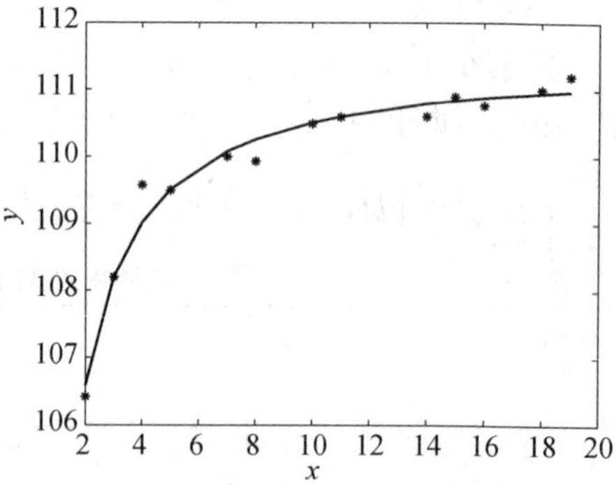

图 5-36　回归曲线

5.6.3　多元线性回归中的计算

如果与因变量 y 有关联性的自变量不止一个，那么可以用最小二乘法建立多元线性回归模型.

设影响因变量 y 的主要因素（自变量）有 m 个，记 $x=(x_1, x_2, \cdots, x_m)$，其他随机因素的总和用随机变量 ε 表示，与一元线性回归模型类似，多元线性回归模型记为

$$Y=b_0+b_1x_1+\cdots+b_mx_m+\varepsilon, \quad \varepsilon\sim N(0, \sigma^2). \tag{5.6.2}$$

现在得到 n 个独立观察数据 $(y, x_{i1}, \cdots, x_{im})$，$i=1, 2, \cdots, n(n>m+1)$. 根据式(5.6.2)得

$$Y_i=b_0+b_1x_{i1}+\cdots+b_mx_{im}+\varepsilon_i, \quad \varepsilon_i\sim N(0, \sigma^2), i=1, 2, \cdots, n. \tag{5.6.3}$$

记

$$\boldsymbol{X}=\begin{pmatrix}1 & x_{11} & \cdots & x_{m1}\\ 1 & x_{12} & \cdots & x_{m2}\\ \vdots & \vdots & & \vdots\\ 1 & x_{1n} & \cdots & x_{mn}\end{pmatrix},\quad \boldsymbol{Y}=\begin{pmatrix}y_1\\ y_2\\ \vdots\\ y_n\end{pmatrix},\quad \boldsymbol{b}=\begin{pmatrix}b_1\\ b_2\\ \vdots\\ b_m\end{pmatrix},\quad \boldsymbol{\varepsilon}=\begin{pmatrix}\varepsilon_1\\ \varepsilon_2\\ \vdots\\ \varepsilon_n\end{pmatrix},$$

则式(5.6.3)可以表示为

$$\boldsymbol{Y}=\boldsymbol{X}\boldsymbol{b}+\boldsymbol{\varepsilon},\quad \boldsymbol{\varepsilon}\sim N(0,\sigma^2).$$

记

$$Q(\boldsymbol{b})=\sum_{i=1}^{n}\boldsymbol{\varepsilon}^2=(\boldsymbol{Y}-\boldsymbol{X}\boldsymbol{b})^{\mathrm{T}}(\boldsymbol{Y}-\boldsymbol{X}\boldsymbol{b}),$$

则 $\boldsymbol{b}$ 的最小二乘估计为

$$\hat{\boldsymbol{b}}=(\boldsymbol{X}^{\mathrm{T}}\boldsymbol{X})^{-1}\boldsymbol{X}^{\mathrm{T}}\boldsymbol{Y}.$$

与一元线性回归模型类似，$S_A^2=\sum_{i=1}^{n}(y_i-\overline{y})^2$，称它为观察值 y_1，y_2，…，y_n 的**离差平方和**，它可以分解为

$$S_A^2=S_{A1}^2+S_{A2}^2,$$

式中，$S_{A1}^2=\sum_{i=1}^{n}(\hat{y}_i-\overline{y})^2$ 叫做**回归平方和**，$S_{A2}^2=\sum_{i=1}^{n}(y_i-\hat{y}_i)^2$ 叫做**残差平方和**.

作为模型整体的有效性检验，提出假设检验：

$$H_0: b_1=b_2=\cdots=b_m=0.$$

可以证明，当 H_0 成立时，有如下结论：

(1) $\dfrac{S_{A1}^2}{\sigma^2}\sim\chi^2(m)$；

(2) S_{A1}^2 和 S_{A2}^2 相互独立；

(3) $F=\dfrac{S_{A1}^2/m}{S_{A2}^2/(n-m-1)}\sim F(m,n-m-1)$.

对于给定的显著性水平 α，如果 $F>F_\alpha(m,n-m-1)$，则拒绝 H_0，即可以认为模型整体有效，但不排除有若干个 $b_j=0$.

实验目的　通过多元线性回归的有关命令调用，会求回归系数的点估计与区间估计，并检验回归模型(线性性)等. 通过实验加深对多元线性回归的基本概念和基本思想的理解.

例 5.6.5　世界卫生组织推荐的“体质指数”(Body Mass Index，BMI)的定

义为 $BMI=\frac{W(\mathrm{kg})}{[H(\mathrm{m})]^2}$,其中 W 表示体重(单位:kg),H 表示身高(单位:m). 显然它比体重本身更能反映人的胖瘦程度. 测量并计算 30 个人的血压和体质指数,见表5-22. 请建立血压与年龄以及体质指数之间的模型,并作回归分析. 如果还有他(她)们的吸烟习惯的记录,见表 5-23(其中 0 表示不吸烟,1 表示吸烟),怎样在模型中考虑这个因素,吸烟会使血压升高吗? 请对 50 岁且体质指数为 25 的吸烟者的血压作预测.

表 5-23　　血压、年龄、体质指数和吸烟习惯的数据

序号	血压/mmHg	年龄	体质指数	吸烟习惯	序号	血压/mmHg	年龄	体质指数	吸烟习惯
1	144	39	24.2	0	16	130	48	22.2	1
2	215	47	31.1	1	17	135	45	27.4	0
3	138	45	22.6	0	18	114	18	18.8	0
4	145	47	24.0	1	19	116	20	22.6	0
5	162	65	25.9	1	20	124	19	21.5	0
6	142	46	25.1	0	21	136	36	25.0	0
7	170	67	29.5	1	22	142	50	26.2	1
8	124	42	19.7	0	23	120	39	23.5	0
9	158	67	27.2	1	24	120	21	20.3	0
10	154	56	19.3	0	25	160	44	27.1	1
11	162	64	28.0	1	26	158	53	28.6	1
12	150	56	25.8	0	27	144	63	28.3	0
13	140	59	27.3	0	28	130	29	22.0	1
14	110	34	20.1	0	29	125	25	25.3	0
15	128	42	21.7	0	30	175	69	27.4	1

解　记血压 y,年龄 x_1,体质指数 x_2,吸烟习惯 x_3.

输入命令

```
y=[144,215,138,145,162,142,170,124,158,154,162,150,140,110,128,130,135,
   114,116,124,136,142,120,120,160,158,144,130,125,175];
x1=[39,47,45,47,65,46,67,42,67,56,64,56,59,34,42,48,45,18,20,19,36,50,39,
    21,44,53,63,29,25,69];
x2=[24.2,31.1,22.6,24,25.9,25.1,29.5,19.7,27.2,19.3,28,25.8,27.3,20.1,21.7,
    22.2,27.4,18.8,22.6,21.5,25,26.2,23.5,20.3,27.1,28.6,28.3,22,25.3,27.4];
x3=[0,1,0,1,1,0,1,0,1,0,1,0,0,0,0,1,0,0,0,0,0,1,0,0,1,1,0,1,0,1];
n=30;
m=3;
```

```
X=[ones(n,1),x1',x2',x3'];
[b,bint,r,rint,s]=regress(y',X);
b,bint,s,
```

运行结果为

```
b=45.3636   0.3604   3.0906   11.8246
bint=3.5537   87.1736   -0.0758   0.7965   1.0530   5.1281   -0.1482   23.7973
s=0.6855   18.8906   0.0000   169.7917
```

计算结果见表 5-24.

表 5-24　　血压、年龄、体质指数和吸烟习惯的计算结果

回归系数	回归系数的点估计	回归系数的区间估计
b_0	45.3636	(3.5537, 87.1736)
b_1	0.3604	(−0.0758, 0.7965)
b_2	3.0906	(1.0530, 5.1281)
b_3	11.8246	(−0.1482, 23.7973)

$R^2=0.6855$, $F=18.8906$, $p=0.0000<0.05$, $s^2=169.7917$.

从残差及其置信区间发现,第 2 和第 10 个点为异常点,剔除它们后重新计算,运行结果为

```
b=58.5101   0.4303   2.3449   10.3065
bint=29.9064   87.1138   0.1273   0.7332   0.8509   3.8389   3.3878   17.2253
s=0.8462   44.0087   0.0000   53.6604
```

其计算结果见表 5-25.

表 5-25　　血压、年龄、体质指数和吸烟习惯的计算结果

回归系数	回归系数的点估计	回归系数的区间估计
b_0	58.5101	(29.9064, 87.1138)
b_1	0.4303	(0.1273, 0.7332)
b_2	2.3449	(0.8509, 3.8389)
b_3	10.3065	(3.3878, 17.2253)

$R^2=0.8462$, $F=44.0087$, $p=0.0000<0.05$, $s^2=53.6604$.

预测模型为 $\hat{y}=58.5101+0.4303x_1+2.3449x_2+10.3065x_3$.

根据这个结果可知,年龄和体质指数相同的人,吸烟者比不吸烟者的血压平均高 10.3065 mmHg. 另外,$\hat{b}_1=0.4303$ 说明,年龄增加 1 岁,血压平均升高 0.4303 mmHg.

对 50 岁且体质指数为 25 的吸烟者的血压作预测：把 $x_1=50$，$x_2=25$，$x_3=1$ 代入上面的预测模型，得 $\hat{y}=148.9525$.

练习 5.6

1. 某地区车祸次数 y(千次)与汽车拥有量 x(万辆)的 11 年统计数据见下表：

年度	汽车拥有量/万辆	车祸次数/千次	年度	汽车拥有量/万辆	车祸次数/千次
1	352	166	7	529	227
2	373	153	8	577	238
3	411	177	9	641	268
4	441	201	10	692	268
5	462	216	11	743	274
6	490	208			

(1) 作 y 和 x 的散点图；

(2) 如果从(1)中的散点图大致可以看出 y 对 x 是线性的，试求线性回归方程；

(3) 验证回归方程的显著性(显著性水平 $\alpha=0.05$)；

(4) 假设拥有 800 万辆汽车，求车祸次数置信水平为 0.95 的预测区间.

2. 现对具有统计关系的两个变量的取值情况进行 13 次试验得到如下数据：

x_i	2	3	4	5	7	8	10
y_i	0.9397	0.9242	0.9126	0.9132	0.9091	0.9097	0.9051
x_i	11	14	15	16	18	19	
y_i	0.9042	0.9042	0.9017	0.9029	0.9009	0.8993	

求回归曲线方程 $\dfrac{1}{\hat{y}}=\hat{a}+\dfrac{\hat{b}}{x}$.

3. 一种合金在某种添加剂的不同浓度下，各做 3 次试验，得到数据见下表：

浓度 x	10	15	20	25	30
抗压强度 Y_1	25.2	29.8	31.2	31.7	29.4
抗压强度 Y_2	27.3	31.1	32.6	30.1	30.8
抗压强度 Y_3	28.7	27.8	29.7	32.3	32.8

(1) 作散点图；

(2) 以模型 $Y=b_0+b_1x+b_2x^2+\varepsilon$，$\varepsilon\sim N(0,\sigma^2)$ 拟合数据，其中 b_0，b_1，b_2，σ^2 与 x 无关；

(3) 求回归方程 $\hat{y}=\hat{b}_0+\hat{b}_1x+\hat{b}_2x^2$ 并作回归分析.

5.7 随机模拟

随机模拟是一种随机试验的方法，也称为蒙特卡洛(Monte Carlo)法. 这种方法源于美国第二次世界大战期间研制原子弹的"曼哈顿计划",该计划的主持人之一,冯·诺依曼用驰名世界的赌城——摩纳哥的蒙特卡洛来命名这种方法,使它蒙上了一层神秘的面纱.

设计一个随机试验,只要使一个事件的概率与某个未知数有关,然后通过重复试验,以频率近似表示概率,即可求出该未知数的近似解.现在,随着计算机的发展,已按照上述思路建立起一类新的方法——随机模拟方法.

计算机产生的随机数都是按照某种确定的算法产生的,它遵循一定的规律,一旦初值确定,所有随机数也就随之确定,这显然不满足真正随机数的要求,因此我们称这种随机数为"伪随机数".但只要伪随机数能通过独立性检验、分布均匀性检验、参数检验等一系列的检验,就可以把它当作真正的随机数那样使用.

随机数有两个优点:其一,若选择相同的随机种子,随机数是可以重复的,这样就可以创造重复实验的条件了;其二,随机数满足的统计规律可以人为地选择,如可以选择均匀分布、正态分布等.前面(5.1.4 节中)已介绍了随机数生成函数的调用格式.

5.7.1 π的模拟计算

实验目的 建立一个概率模型,它与 π 有关,然后设计适当的随机试验,并通过这个试验的结果来确定 π.通过这个实验理解模拟计算的基本思想.

例 5.7.1 大家知道圆周率 π 的值本身没有解析解.我们现在用随机模拟的方法设计一种求 π 的近似值的方法,并计算它的近似值.

解 **方法 1** 考虑借助"蒲丰(Buffon)投针问题"求 π.

在平面上画出两条距离为 d 的平行线,一根长度为 $l(l<d)$ 的针,把针投到画了平行线的平面上(图 5-37),则针与平行线相交的概率为 $\dfrac{2l}{\pi d}$.这是因为:用 x 表示针的中点与最近一条平行线的距离,用 α 表示针与此线间的交角,显然 $0\leqslant\alpha\leqslant\dfrac{\pi}{2}$,而针与平行线相交的充分必要条件是 $\dfrac{x}{\sin\alpha}\leqslant\dfrac{l}{2}$,即 $x\leqslant\dfrac{l}{2}\sin\alpha$,如图 5-38 所示.

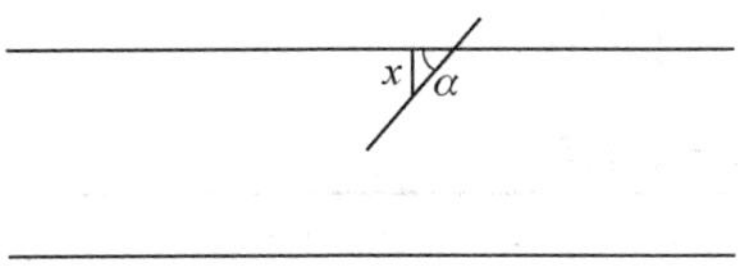

图 5-37 蒲丰投针示意图

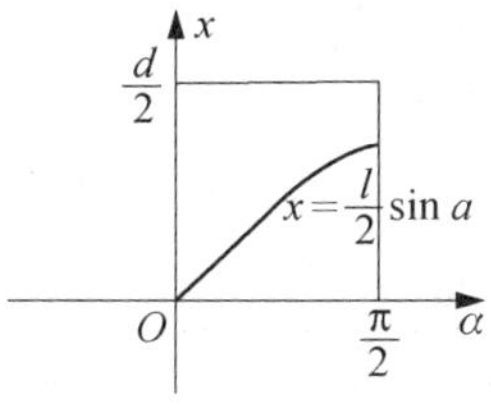

图 5-38 蒲丰投针的关系图

根据图 5－38 可知，针与平行线相交的概率为 $\frac{m(A)}{m(\Omega)}$，其中 $m(A)=$ 正弦曲线 $x=\frac{l}{2}\sin\alpha$ 与横轴以及 $x=\frac{\pi}{2}$ 所围成的图形的面积，$m(\Omega)=$ 矩形的面积，即

$$p=\frac{m(A)}{m(\Omega)}=\frac{\int_0^{\frac{\pi}{2}}\frac{l}{2}\sin\alpha\,\mathrm{d}\alpha}{\frac{d}{2}\,\frac{\pi}{2}}=\frac{2l}{\pi d}.$$

如果大量进行投针实验，根据大数定律，随着实验次数的增加，针与平行线相交的频率依概率收敛到针与平行线相交的概率，由此可以得到 π 的近似值. 以下进行模拟计算.

输入命令

```
clear                          %清空工作区
a=1;                           %两条平行线间的距离
l=0.6;                         %针长
Counter=0;                     %计数器用于统计针与平行线相交的次数
N=10000;                       %投针次数
x=unifrnd(0,a/2,1,N);          %投出的针的中点到平行线距离服从(0,a/2)上的均匀
                               分布
fi=unifrnd(0,pi/2,1,N);        %投出的针与平行线交角服从(0,p_i/2)上的均匀分布
for I=1:N
    if x(I)<l*sin(fi(I))/2     %满足此条件表示投出的针与平行线相交
    Counter=Counter+1;
    end
end
Fren=Counter/N;                %计算投出的针与平行线交的频率
pihit=2*l/(a*Fren)             %计算 π 的近似值
```

运行结果为

```
pihit=3.1513
```

类似地，可以得到一些结果，见表 5－26.

表 5－26　π 的模拟计算结果

模拟次数 n	10 000	100 000	1 000 000	10 000 000
π 的近似值	3.151 3	3.142 3	3.139 1	3.141 6

方法 2 见例 5.2.2.

5.7.2 生日问题的模拟计算

实验目的 通过生日问题的模拟计算，理解以频率近似计算概率的模拟计算思想.

例 5.7.2(生日问题) 假设每个人的生日在一年 365 天中的任意一天是等可能的，即等于 1/365，那么随机选取 $n(n \leqslant 365)$ 个人，根据古典概型，则 n 个人中至少有两个人生日相同的概率为

$$p = 1 - \frac{365 \times 364 \times \cdots \times [365-(n-1)]}{365^n}.$$

应用上式计算时，所用的乘法次数和除法次数较多，当 n 较大时(如 $n=100$)，所用数值几乎接近于机器数的最大值，能否采用其他方法进行近似计算呢?

以下用随机模拟的方法，计算在一个班级 30 个学生中至少有两个人生日相同的概率.

解 随机产生 30 个正整数(介于 1 到 365 之间)，用这 30 个正整数代表这个班 30 个学生的生日，然后观察是否有两个人以上的生日相同. 当 30 个人中有两个人的生日相同时，记为"1"，否则记为"0". 如此重复进行 1 000 次，可得频率(用它来近似所求的概率).

输入命令

```
n=0;
for m=1:1000      %做 1000 次随机实验
y=0;
x=1+fix(365*rand(1,30));        %产生 30 个随机数
        for i=1:29
            for j=i+1:30
                if x(i)==x(j),y=1;break,   %用二重循环寻找 30 个随机数中是否
                                           有相同的
            end
        end
    end
    n=n+y;         %累计有两个人生日相同的实验次数
end
f=n/m              %计算频率
```

运行结果为

```
f=0.7050
```

类似地计算,可以得到一些结果,见表 5-27.

表 5-27 生日问题的模拟计算结果

班级人数 n	20	30	40	50
模拟次数 m	100 000	100 000	100 000	100 000
概率的近似值 f	0.4118	0.7050	0.8888	0.9701

5.7.3 用蒙特卡洛法计算定积分的例子

实验目的 通过以下例子,理解蒙特卡洛法计算定积分的基本思想和方法.

例 5.7.3 炮弹射击的目标为一个椭圆形区域,在 X 方向半轴长 120 m, Y 方向半轴长 80 m. 当朝瞄准目标的中心发射炮弹时,在一些随机因素的影响下,弹着点服从中心为均值的正态分布,设 X 方向和 Y 方向的标准差分别为 60 m 和 40 m,且 X 方向和 Y 方向相互独立. 求炮弹落在上述椭圆形区域内的概率.

解 设目标的中心为 $x=0$, $y=0$,记 $a=120$, $b=80$,则椭圆形区域可以表示为 $D=\left\{(x, y): \dfrac{x^2}{a^2}+\dfrac{y^2}{b^2}\leqslant 1\right\}$.

根据题意,正态分布的密度函数分别为

$$f(x)=\frac{1}{\sqrt{2\pi}\times 60}\mathrm{e}^{-\frac{x^2}{2\times 60^2}}, \quad f(y)=\frac{1}{\sqrt{2\pi}\times 40}\mathrm{e}^{-\frac{y^2}{2\times 40^2}}, \quad -\infty<x,\ y<+\infty.$$

由于 X 方向和 Y 方向相互独立,所以有 $f(x, y)=f(x)f(y)$,于是炮弹落在上述椭圆形区域内的概率为

$$P=\iint_D f(x, y)\mathrm{d}x\mathrm{d}y=\iint_D \frac{1}{2\pi\times 60\times 40}\exp\left[-\frac{1}{2}\left(\frac{x^2}{60^2}+\frac{y^2}{40^2}\right)\right]\mathrm{d}x\mathrm{d}y.$$

这个积分无法用解析方法求解,下面用随机模拟方法进行计算.

$$P=4\iint_{D_1} f(x, y)\mathrm{d}x\mathrm{d}y\approx\frac{4ab}{n}\sum_{k=1}^{n} f(x_k, y_k),$$

$$f(x, y)=\frac{1}{2\pi\times 60\times 40}\exp\left[-\frac{1}{2}\left(\frac{x^2}{\sigma_1^2}+\frac{y^2}{\sigma_2^2}\right)\right],$$

其中, D_1 是椭圆形区域 D 在第一象限的部分, (x_k, y_k) 是 n 个点中落在 D_1 的点的坐标, $a=1.2$, $b=0.8$, $\sigma_1=0.6$, $\sigma_2=0.4$(单位:100 m),而随机点 x_i, y_i $(i=1, 2, \cdots, n)$ 分别为 $(0, a)$ 和 $(0, b)$ 区间上的均匀分布随机数.

输入命令

```
a=1.2;b=0.8;
sx=0.6;sy=0.4;
n=100000;m=0;z=0;
x=unifrnd(0,1.2,1,n);
y=unifrnd(0,0.8,1,n);
for i=1:n
    u=0;
    if x(i)^2/a^2+y(i)^2/b^2<=1
        u=exp(-0.5*(x(i)^2/sx^2+y(i)^2/sy^2));
        z=z+u;
        m=m+1;
    end
end
p=4*a*b*z/2/pi/sx/sy/n
```

运行结果为

```
p=0.8650
```

从本例可以看出,用蒙特卡洛法可以计算被积函数非常复杂的积分,并且维数没有限制,但是它的缺点是计算量大,结果具有波动性(随着试验次数的增加,这种波动性越来越小).

随机模拟方法(或蒙特卡洛法)还经常被用来检验用其他算法得到的最优解是否为真正的最优解,因此该方法已经成为求解模型的必备算法之一.

5.7.4 模拟抛硬币实验

实验目的 通过以下例子,理解蒙特卡洛法进行抛硬币实验的基本思想和方法.

例 5.7.4 抛一枚质地均匀硬币的实验,当抛硬币次数较小时,出现正面的频率在 0 与 1 之间波动(相对)较大. 但随着抛硬币次数的增大,出现正面的频率呈现出稳定性,即当抛硬币次数逐渐增大时,出现正面的频率总在 0.5 附近徘徊,而逐渐稳定于 0.5.

抛一枚质地均匀的硬币,我们知道出现正面的概率是 0.5. 如果做 n 次抛硬币实验,出现正面的次数是 k,则出现正面的频率是 k/n. 根据伯努利大数定律,出现正面的频率 k/n 依概率收敛于 0.5(出现正面的概率). 这是理论上的结果,那么如何通过模拟抛硬币实验来计算呢?现在我们用 MATLAB 模拟抛硬币实验,并观察随着实验次数的增加,出现正面的频率如何变化.

解 模拟抛硬币实验的 MATLAB 程序如下：

```
clear
n=1000;
for i=1 : n
    x(i)=binornd(1, 0.5);
end;
k=sum(x);
y=k/n
```

运行结果为

```
0.4910
```

以上是对 $n=1000$ 进行的计算，同样地可以得到 n 取其他值的结果.

对于 $n=50$，100，1000，10000，100000，k/n 和 $|k/n-0.5|$ 的计算结果见表 5-28.

表 5-28　　模拟抛硬币实验结果

n	50	100	1000	10000	100000
k/n	0.4800	0.4850	0.4910	0.4989	0.4996
$\|k/n-0.5\|$	0.0200	0.0150	0.0090	0.0011	0.0004

从表 5-28 可以看出，随着 n 的增大，k/n 越来越接近于 0.5，$|k/n-0.5|$ 越来越接近于 0.

练习 5.7

1. 在例 5.7.1 的解法 1(蒲丰投针)中，改变 l 和 d 的值，(1)用下面的程序模拟计算圆周率 π 的近似值，并请完成后面的表 5-29；(2)请比较例 5.7.1 的方法 1 的程序与下面编程有什么不同，并指出哪个编程思路更好.

```
n=10000;l=0.5;m=0;d=1;
for i=1:n
    x=l/2 * sin(rand(1) * pi);y=rand(1) * d/2;
    if x>=y
       m=m+1;
    end
 end
m/n
```

表 5-29　　π 的近似计算结果

实验次数 n	10000	100000	1000000
π 的近似值			

2. 设计一个三维投点的蒙特卡洛法计算圆周率 π,并比较运行结果与二维投点的蒙特卡洛法的运行结果,哪个更准确(提示:随机投点在单位立方体的内切球体内部).

3. 例 5.7.2 设计了一种生日问题的模拟计算方法,并给出了一个班级学生中至少有两个人生日相同的概率. 以下程序设计了一种模拟计算该班至少有两个人生日相同的概率模拟计算方法,(1)请用该程序模拟计算,并完成表 5－30;(2)比较例 5.7.2 的程序与下面编程有什么不同.

```
n=1000;p=0;m=50;
for t=1:n
    a=[];q=0;
    for k=1:m
      b=randperm(365);
      a=[a,b(1)];
    end
    c=unique(a);
    if length(a)=length(c);
        p=p+1;
    end
end
p/n
```

表 5－30　　　　　　　　生日问题的模拟计算结果

实验次数 n	10000	100000	1000000
班级人数 m	20	20	20
至少有两个人生日相同的频率			
班级人数 m	30	30	30
至少有两个人生日相同的频率			
班级人数 m	40	40	40
至少有两个人生日相同的频率			
班级人数 m	50	50	50
至少有两个人生日相同的频率			

4. 请另外设计一种方法(如多项式拟合等),并给出生日问题的近似计算结果.

5. 用蒙特卡洛法计算积分 $\frac{1}{\sqrt{2\pi}}\int_0^1 e^{-\frac{x^2}{2}}dx$,要求计算结果精确到小数点后六位[说明:由于 $\varphi(x)=\frac{1}{\sqrt{2\pi}}e^{-\frac{x^2}{2}}$ 是标准正态分布的概率密度函数,因此查标准正态分布表,得 $\frac{1}{\sqrt{2\pi}}\int_0^1 e^{-\frac{x^2}{2}}dx=\Phi(1)-\Phi(0)=0.8413-0.5000=0.3413$. 但是,一般的标准正态分布表都只有小数点后四位,有时可能精度不够].

6　综合实验

本章将分别介绍二分法、兔子数问题、数独游戏、Hill 密码、最短路问题、油管铺设、工作安排、最优生产方案、选址问题、面试顺序、凸轮设计、人口预测、货物装箱、追兔问题、排队理发、追兔问题的进一步探索、多项式函数的性态研究、混沌和分形 18 个综合实验. 通过这些实验我们将接触到代数、密码、图论、优化、插值、拟合、装箱、仿真、混沌和分形等方面典型的数学问题和相应的算法,学到更多的 MATLAB 命令,体验如何用 MATLAB 软件编程解决实际问题.

6.1　二　分　法

数学中许多问题无法用解析法获得结果,这时往往要靠搜索来寻找答案. 对于具有某种特性的数学问题,二分法是一种简单而有效的搜索方法,它的基本思想是每搜索一次,经过判断把搜索范围缩小一半,如此反复,直到获得所求解或满足要求的近似解.

我们来看一个两人猜年龄游戏:甲设想一个年龄(1～63 之间的整数)让乙猜,乙猜一个数,如果不是甲所设,乙可以通过问“大了还是小了”来获得进一步的信息. 乙怎样猜才猜得快,猜得准? 一个简单有效的方法就是二分法. 假设甲所设的年龄是 28 岁,乙可以这样猜. 先猜(1＋63)/2＝32 岁,甲回答“大了”,显然所猜年龄不在 32～63,则下一步猜(1＋31)/2＝16 岁(只在 1～31 范围考虑问题,考虑范围缩小了一半). 回答“小了”,则下一步猜(17＋31)/2＝24 岁. 回答还是“小了”,则接着猜(25＋31)/2＝28 岁,猜中(只猜了 4 次). 不难证明,对于 1～63 之间的任何数,用二分法,最多 6 次一定猜中.

本节,以二分法求方程实根的近似解为例,介绍 MATLAB 编程的基本知识,了解条件语句与循环语句,脚本文件与函数文件.

6.1.1　二分法求根

在高等数学中我们已经接触过求方程实根近似解的二分法(见同济 6 版《高等数学》第 3 章第 8 节　方程的近似解). 它的基本思想是:计算隔根区间(含连续函数唯一零点的区间)中点的函数值,通过与区间端点函数值的比较确立缩小了一半的新的隔根区间;如此反复,直到获得满足要求的近似解. 本节我们将介绍如何利用 MATLAB 编程来实现求方程实根的近似解.

6.1.2 条件语句与循环语句

条件语句(if 语句)是选择结构中最简单最常用的语句(参见附录 A7),而双分支条件语句又是其中最基本的.它的格式如下:

```
if      条件
        语句组 1
else
        语句组 2
end
```

当条件成立时,执行语句组 1,否则执行语句组 2,语句组 1 或语句组 2 执行后,执行 if 语句的后继语句.

循环结构有 for 循环和 while 循环两种. for 循环的格式为

```
for      循环变量=表达式 1:表达式 2:表达式 3
         循环体语句
end
```

其中表达式 1 为循环变量的初值,表达式 2 为步长,表达式 3 为循环变量的终值.步长为 1 时,表达式 2 可以省略. for 语句适用于步长为已知的情况.

while 循环的格式为

```
while  (条件)
       循环体语句
end
```

若条件成立,则执行循环体语句,执行后再判断条件是否成立,若不成立则跳出循环.循环语句比 for 语句有更大的灵活性.

6.1.3 脚本文件与函数文件

将多条 MATLAB 语句按要求写在一起,并以扩展名为"m"的文件存盘即构成一个 M 脚本文件(参见附录 A6).脚本文件没有参数传递功能,当需要修改程序中某些变量的值时必须修改文件.函数文件可以进行参数传递.函数文件的格式为

```
function          输出形参=函数名(输入形参)
注释说明部分
函数体语句
```

M 函数调用时各实参出现的顺序、个数，应与函数定义时形参的顺序、个数一致，否则会出错. M 函数可以被脚本文件或其他函数文件调用，也可以自身嵌套调用.

注意 在 MATLAB 中，使用 M 函数是以该函数的磁盘文件名调用，而不是以文件中的函数名调用. 为了增强程序的可读性，最好二者同名.

6.1.4 实验目的

学会编写含有循环语句和条件语句的 MATLAB 程序，了解脚本文件和函数文件的编写方法.

实验 (1)(见同济 6 版《高等数学》第 3 章第 8 节例 1)分别用脚本文件和函数文件编写一个用二分法求方程 $f(x)=x^3+1.1x^2+0.9x-1.4=0$ 在区间 $(0, 1)$内的实根的近似解(误差不超过 10^{-3})的程序；

(2) 试求直线 $x=c$，它把由曲线 $y=e^{-x}\sin x$ 在 $[0, \pi]$ 上与 x 轴围成的封闭图形按面积一分为二(误差不超过 10^{-4})，并作图显示.

解 (1) 注意到 $f(0)\times f(1)=-1.4\times 1.6<0$，故方程 $f(x)=0$ 在$[0, 1]$中有根；又 $f'(x)=3x^2+1.1x+0.9=0$ 无正根，故方程 $f(x)=0$ 在$[0, 1]$中仅有一根[也可用 fplot 命令显示 $f(x)$ 的图形得此结论]，适合用二分法求根. MATLAB 二分法求根要点有两条，一是用 if 语句判断隔根区间，每次缩小一半；二是用 while 语句重复分割与判断过程，并根据误差条件结束程序运行. 以下是用脚本文件编写的二分法程序，程序名为 eff1. m，其中 f 是函数表达式，a，b 是隔根区间左右端点横坐标，e 是指定的误差，k 记录迭代次数.

```
f=inline('x^3+1.1*x^2+0.9*x-1.4', 'x');
a=0; b=1; e=1e-3;
c=(a+b)/2; k=1;
while abs(f(c))>e
    if f(c)>0
        b=c;
    else
        a=c;
    end
    c=(a+b)/2;k=k+1;
end
[c, k]
```

程序已经编完，运行该程序，即输入 eff1，回车，得到

```
ans=
```

```
0.6709   10.0000
```

即近似根为 0.671,迭代了 10 次,与同济 6 版教材的结果一致.

说明 (1) 函数定义可以是内嵌、匿名或 M 函数中的任何一种[参见 2.3 节方程(组)求根,附录 A5.3 自定义函数],这里用的是内嵌函数. 如用匿名函数,则程序首句为 f=@(x)(x^3+1.1*x^2+0.9*x-1.4);其他相同.

(2) 这里函数 f,区间端点 a, b,以及误差 e 都是直接写在程序中的. 如果函数变了,或区间变了,或误差变了,程序都得重写,这样的程序不具有通用性. 我们可以把文内输入改为用“input”语句屏幕输入,使它具有通用性. 改后的程序 eff2. m 如下:

```
f=input('f=');
a=input('a=');
b=input('b=');
e=input('e=');
c=(a+b)/2; k=1;
while abs(f(c))>e
    if f(c)>0
        b=c;
    else
        a=c;
    end
    c=(a+b)/2;k=k+1;
end
[c, k]
```

运行 eff2 时屏幕会依次弹出“f=”“a=”“b=”“c=”,输入对应参数后得到同样结果.

用脚本文件编写的程序不能被其他程序调用,因此,通用的程序一般都用函数文件编写. 以下是用函数文件编写的二分法程序,程序名为 eff3. m.

```
function [c, k]=eff3(f, a, b, e)
%功能:用二分法求连续函数的根
%输入:f 是字符串形式的函数表达式,a, b 分别是求根区间左右端点的横坐标
%e 是近似根的误差限
%输出:c 是根的近似值,k 是迭代次数

fun=inline(f, 'x');
c=(a+b)/2;k=1;
while abs(fun(c))>e
```

```
    if fun(c)>0
        b=c;
    else
        a=c;
    end
    c=(a+b)/2;k=k+1;
end
```

输入[c, k]=eff3('x^3+1.1* x^2+0.9* x-1.4', 0, 1, 1e-3),得到与上面同样的结果.

如果屏幕输入不含输出参数,即直接输入 eff3(x^3+1.1*x^2+0.9*x-1.4, 0, 1, 1e-3),则结果仅仅得到第 1 参数 c 的值.

解 (2) 解题思路与(1)类似,先在图形所在区间的中间位置画一竖直分割线,计算左图面积,如果左图面积比右图面积小,且其差大于指定误差,则将分割线移到右图中间,否则移到左图中间.重复上述过程,直到左图面积与右图面积近似相等,这样就找到了分割线.具体程序如下,程序名为 fentu1.m:

```
clear; clf;
a=0; b=pi; c=(a+b)/2;
s=quad('exp(-x).*sin(x)', 0, pi);
s1=quad('exp(-x).*sin(x)', 0, c);
s2=s-s1;
while abs(s2-s1)>1e-4
    if s1<s2
        a=c;
    else
        b=c;
    end;
    c=(a+b)/2;
    s1=quad('exp(-x).*sin(x)', 0, c);
    s2=s-s1;
end
c=(a+b)/2
fplot('exp(-x)*sin(x)',[0, pi]); hold on
plot([c, c],[0, exp(-c)*sin(c)], 'r'); hold off
```

注意 数值积分命令 quad 接受字符串形式的函数表达式,但此时函数表达式中的乘、除、幂运算必须用".*""./"".^",不然会出错.运行 fentu1,得到 c=1.0489,即直线 x=1.0489 将所给图形一分为二(图 6-1).

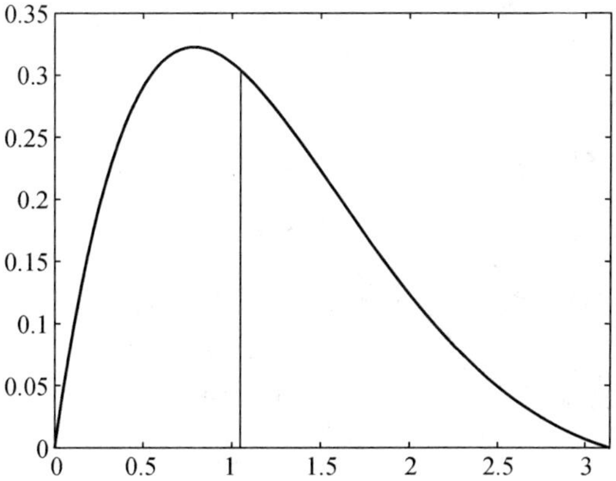

图 6-1　函数 $y = e^{-x}\sin(x)$ 的图形和对分竖线

如果将问题一般化，对于任意与 x 轴仅有两个交点 a，b 的连续函数 f，求将曲线 f 与 x 轴围成的封闭图形一分为二的直线 $x=c$，使误差不超过 e(如 10^{-4}). 对于这样的问题适合用函数文件编写程序. 下面是针对该问题给出的一个 MATLAB 程序，程序名为 fentu2. m.

```
function c=fentu2(f, a, b, e)
a0=a; b0=b;
f=inline(f, 'x');
s=quad(f, a, b)/2;
c=(a+b)/2;
s1=quad(f, a0, c);
s2=s-s1;
while abs(s-s1)>e
    if s1<s
        a=c;
    else
        b=c;
    end;
    c=(a+b)/2;
    s1=quad(f, a0, c);
    s2=s-s1;
end
c=(a+b)/2;
fplot(f,[a0, b0]); hold on
plot([c, c],[0, f(c)], 'r'); hold off
```

输入命令

```
c=fentu2('exp(-x). * sin(x)',0, pi, 1e-4)
```

得到与上面同样的结果.

练习 6.1

1. 若一个三位整数各位数字的立方和等于该数本身,则称该数为水仙花数.编程找出全部水仙花数.

2. 使用二分法求方程 $x^3-2x-1=0$ 在(1, 2)中的根.

3. 曲线 $y=x\sin(x)$ 在区间 $[0, \pi]$ 上与 x 轴围成封闭图形 D.

(1) 编程求直线 $x=a$,它把图形 D 按面积一分为二,画图表示;

(2) 编程求直线 $y=b$,它把图形 D 按面积一分为二,画图表示.

6.2 兔子数问题

6.2.1 关于斐波那契数

1202 年,意大利数学家斐波那契在他的《算盘全书》中提出一个关于兔子繁殖的问题:如果一对兔子每月能生一对小兔(一雄一雌),而每对小兔在它出生后的第二个月末又能生一对小兔,假定在不发生死亡的情况下,由一对出生的小兔开始,第 50 个月末会有多少对兔子.

容易推算,如果当月初有 1 对小兔,则当月末还是 1 对,第二个月末有 2 对,第三个月末有 3 对,第四个月末有 5 对……

一般地,设第 k 个月末有 F_k 对兔子.注意到当月末的兔子数等于上月末的兔子数与本月末新兔子数之和,而本月末新兔子数等于前个月末的兔子数,于是有递推关系

$$F_k=F_{k-1}+F_{k-2}.$$

记当月初的兔子数为 $F_0=1$,月末兔子数为 $F_1=1$,第二个月末兔子数为 $F_2=F_0+F_1=2$,按递推关系可得各月末的兔子对数如下:

月份 n	0	1	2	3	4	5	6	7	8	9	10	11	12	13	…
兔子数 F_n	1	1	2	3	5	8	13	21	34	55	89	144	233	377	…

兔子数数列称为**斐波那契**(Fibonacci)**数列**,斐波那契数列中的每一项都称作**斐波那契数**.

斐波那契数与植物的关系十分密切，几乎所有花朵的花瓣数都是斐波那契数；菠萝表皮方形鳞苞形成两组旋向相反的螺线，它们的条数是相邻的两个斐波那契数(如左旋 8 行，右旋 13 行)，…….

斐波那契数在日常生活中也有体现，假如上楼梯每一步可以跨 1 级或 2 级台阶，则登上第 n 级台阶的方式数就是斐波那契数 F_n.

斐波那契数列有许多奇妙的性质，有兴趣的读者可以利用 MATLAB 编程验证：

性质 1 $F(0)+F(1)+F(2)+\cdots+F(n)=F(n+2)-1$；

性质 2 $F(1)+F(3)+F(5)+\cdots+F(2n-1)=F(2n)-1$；

性质 3 $F(0)+F(2)+F(4)+\cdots+F(2n)=F(2n+1)$；

性质 4 $[F(0)]^2+[F(1)]^2+\cdots+[F(n)]^2=F(n)F(n+1)$；

性质 5 $F(m+n)=F(m-1)F(n-1)+F(m)F(n)$；

性质 6 $\lim\limits_{n\to\infty}\dfrac{F(n)}{F(n+1)}=\dfrac{\sqrt{5}-1}{2}$；

性质 7 $F(n)=\dfrac{1}{\sqrt{5}}\left[\left(\dfrac{1+\sqrt{5}}{2}\right)^{n+1}-\left(\dfrac{1-\sqrt{5}}{2}\right)^{n+1}\right]$.

6.2.2 实验目的

学会用 MATLAB 编写含递推关系的程序.

实验 (1) 编写一个能产生斐波那契数的程序，问第 50 个月末会有几对兔子?

(2) 在(1)中假定了兔子是不会死亡的，实际上这不可能. 现假定兔子的寿命都是 6 个月，且每对兔子在第 2, 3, 4, 5 个月末又分别生一对兔子. 考察此时第 1 至 15 个月末兔子的数量(对数).

解 (1) 根据斐波那契数的递推关系 $F_k=F_{k-1}+F_{k-2}$，容易编写一个生成斐波那契数的程序[因为 MATLAB 中数组下标总是从 1 开始，所以这里也从 $F(1)=1$, $F(2)=2$ 开始，略去 $F_0=1$]：

```
format long
F=[1,2];
for k=3:50
    F(k)=F(k-1)+F(k-2);
end
F(50)
```

运行结果为

```
2.036501107400000e+010
```

即第 50 个月后将有 20 365 011 074(200 多亿)对兔子.

注意到

$$\begin{pmatrix} F_n \\ F_{n+1} \end{pmatrix} = \begin{pmatrix} F_n \\ F_{n-1} + F_n \end{pmatrix} = \begin{pmatrix} 0 & 1 \\ 1 & 1 \end{pmatrix} \begin{pmatrix} F_{n-1} \\ F_n \end{pmatrix},$$

或转置变为

$$(F_n, F_{n+1}) = (F_{n-1}, F_n) \begin{pmatrix} 0 & 1 \\ 1 & 1 \end{pmatrix}.$$

生成斐波那契数的程序也可以如下编写:

```
format long
A=[0 1;1 1];
F=[1,2];
for k=2:49
    F([k,k+1])=F([k-1,k]) * A;
end
F(50)
```

虽然效率不高,但它是斐波那契数列递推关系的矩阵表示形式.

(2) 直接导出每月兔子数 y_k 的递推关系比较复杂,我们换一个方式来考虑.

假设第 k 个月时月龄为 1, 2, 3, 4, 5, 6 的兔子对数分别为 $x_1(k)$, $x_2(k)$, …, $x_6(k)$,易知,$x_1(k+1)=x_2(k)+x_3(k)+x_4(k)+x_5(k)$, $x_2(k+1)=x_1(k)$, $x_3(k+1)=x_2(k)$, $x_4(k+1)=x_3(k)$, $x_5(k+1)=x_4(k)$, $x_6(k+1)=x_5(k)$. 用矩阵表示就是

$$\begin{pmatrix} x_1(k+1) \\ x_2(k+1) \\ x_3(k+1) \\ x_4(k+1) \\ x_5(k+1) \\ x_6(k+1) \end{pmatrix} = \begin{pmatrix} 0 & 1 & 1 & 1 & 1 & 0 \\ 1 & 0 & 0 & 0 & 0 & 0 \\ 0 & 1 & 0 & 0 & 0 & 0 \\ 0 & 0 & 1 & 0 & 0 & 0 \\ 0 & 0 & 0 & 1 & 0 & 0 \\ 0 & 0 & 0 & 0 & 1 & 0 \end{pmatrix} \begin{pmatrix} x_1(k) \\ x_2(k) \\ x_3(k) \\ x_4(k) \\ x_5(k) \\ x_6(k) \end{pmatrix}.$$

而第 k 个月的兔子总数为 $y_k=x_1(k)+x_2(k)+x_3(k)+x_4(k)+x_5(k)+x_6(k)$ 对. 现在我们可以编程计算每月的兔子数了,MATLAB 程序:

```
A=[0 1 1 1 1 0;1 0 0 0 0 0;0 1 0 0 0 0;0 0 1 0 0 0;0 0 0 1 0 0;0 0 0 0 1 0];
x=[1 0 0 0 0 0]';y=[1];
for k=2:15
```

```
    x(:,k)=A*x(:,k-1);
    y(k)=sum(x(:,k));
end
[1:15;x;y]
```

运行此程序,得到各月末不同月龄的兔子对数(矩阵第 2 到第 7 行)和总的兔子对数(矩阵最后一行). 其中各月末总的兔子对数为

月份 n	1	2	3	4	5	6	7	8	9	10	11	12	13	14	15
兔子数 y_n	1	1	2	3	5	8	11	18	27	42	64	98	151	231	355

练习 6.2

1. 一种植物的基因为 AA, Aa 和 aa. 研究人员采用将同种基因的植物相结合的方法培育后代,开始时这三种基因型的植物所占的比例分别为 20%, 30%, 50%,问经过若干代培育后这三种基因型的植物所占的比例分别是多少?

2. (1) 某农场饲养的某种动物所能活到的最大年龄为 15 岁,将其分成三个年龄组:第一组,0—5 岁;第二组,6—10 岁;第三组,11—15 岁. 动物从第二年龄组开始繁殖后代,经过长期统计,第二年龄组的动物在其年龄段平均繁殖 4 个后代,第三年龄组的动物在其年龄段平均繁殖 3 个后代. 第一年龄组和第二年龄组的动物能顺利进入下一个年龄组的存活率分别为 1/2 和 1/4. 假设农场现有三个年龄段的动物各 1000 头,问 15 年后农场三个年龄段的动物各有多少头?

(2) 假设繁殖率不变,问是否有可能在某个存活率之下,农场各年龄段的动物数 15 年后保持不变?

(3) 仍假设繁殖率不变,又假设第一、二年龄组的动物的存活率相同,问是否有可能在某个存活率之下,农场的动物总数 15 年后保持不变?

3. 任意拿出黑白两种颜色的棋子共 8 颗排成一个圆圈. 在两颗相同颜色的棋子中间放一颗黑棋,在两颗不同颜色的棋子中间放一颗白棋,取走原来的 8 颗棋子. 重复以上过程,观察棋子颜色的变化,有没有规律? 如果任意拿出黑白两种颜色的棋子共 6 颗围成一个圆圈,然后做同样的实验,观察棋子颜色的变化,发现有什么规律?

6.3 数独游戏

6.3.1 数独游戏简介

数独(sudoku)来自日文,但概念源自"拉丁方块",据说是 18 世纪瑞士数学家欧拉发明的. 数独游戏在日本和欧美很流行,人们把它作为锻炼脑筋的好方法. 游戏规则很简单:一个 9×9 的大棋盘按九宫格的方式划分成 9 个 3×3 小棋盘(9 个宫). 棋盘上已经填写了 1 到 9 若干数字,每行、每列以及每宫中填的数

字没有重复.我们不妨把这样一个棋盘称为一个“准数独”.图 6－2(a)就是一个准数独,其中“0”表示空格.游戏的玩法是在准数独的所有空格中填进数字 1, 2, 3, …, 9,要求每行、每列以及每宫中填的数字没有重复.图 6－2(b)是(a)的一个解答.

2	1	0	6	3	0	8	9	0
0	4	0	0	0	7	0	0	5
0	0	0	9	0	0	0	0	7
0	0	2	0	0	0	0	4	0
4	0	0	1	0	2	0	0	6
0	6	0	0	0	0	1	0	0
7	0	0	0	0	3	0	0	0
8	0	0	7	0	0	0	6	0
0	3	5	0	9	4	0	2	1

(a)

2	1	7	6	3	5	8	9	4
9	4	8	2	1	7	6	3	5
3	5	6	9	4	8	2	1	7
1	7	2	3	5	6	9	4	8
4	8	9	1	7	2	3	5	6
5	6	3	4	8	9	1	7	2
7	2	1	5	6	3	4	8	9
8	9	4	7	2	1	5	6	3
6	3	5	8	9	4	7	2	1

(b)

图 6－2　一个简单数独及其解答

6.3.2　实验目的

学会利用 MATLAB 中的集合交、并、补运算查找特定元素,编写程序.

集合运算命令

B=unique(A)	**A** 为向量,返回的 **B** 是与 **A** 元素相同但不重复的向量,且向量元素按顺序排列.
C=union(A, B)	**A**, **B** 为向量时返回 **A**, **B** 作为集合的并 $\boldsymbol{C}=\boldsymbol{A}\cup\boldsymbol{B}$.
C=intersect(A, B)	**A**, **B** 为向量时返回 **A**, **B** 作为集合的交 $\boldsymbol{C}=\boldsymbol{A}\cap\boldsymbol{B}$.
C=setdiff(A, B)	**A**, **B** 为向量时返回 **A**, **B** 作为集合的差 $\boldsymbol{C}=\boldsymbol{A}\backslash\boldsymbol{B}$.
C=ismember(A, B)	**A**, **B** 为向量时返回与 **A** 同维的向量 **C**,若 $\boldsymbol{A}(k)\in\boldsymbol{B}$,则 $\boldsymbol{C}(k)=1$,否则 $\boldsymbol{C}(k)=0$.

实验　编写一个数独游戏程序,并用此程序求解图 6－2 和图 6－3 给出的数独.

解　对于空格(i, j),我们只能填那些第 i 行、第 j 列以及空格(i, j)所在宫都未出现过的数字.(1)如果发现某一个空格无合适数字可填,则游戏失败;(2)如果某个空格(i, j)只有一个数字可填,则此空格必须填这个数字;(3)如果所有空格都有两个以上的数字可填,则有多种选择,但不是每个选择都保证成功,是否成功要填到最后一个空格才见分晓.

7	0	0	2	5	0	0	9	8
0	0	6	0	0	0	0	1	0
0	0	0	6	1	0	3	0	0
9	0	0	0	0	1	0	0	0
0	0	0	0	8	0	4	0	9
0	0	7	5	0	2	8	0	1
0	9	4	0	0	3	0	0	0
0	0	0	0	4	9	2	3	0
6	1	0	0	0	0	0	4	0

图 6－3　一个较复杂的数独

下面是根据上面的想法编写的一段数独游戏程序 sudoku. m，简单情况(2)下它可以自动完成. 复杂情况(3)下，需要人工介入，程序会给予提示，按提示选择填数，顺利的话一次成功；不然，试几次也能成功(读者也可以尝试编写一个完全自动完成游戏的程序，但程序会长很多).

程序 sudoku. m：

```
function result=sudoku(m)
while 1
    m0=ceil(m/9);
    l=81-sum(sum(m0));
    x=[];flag=1;
    for k=1:l
        for i=1:9
            for j=1:9
                if m(i,j)==0
                   k1=ceil(i/3);k2=ceil(j/3);
                   m1=m(3*k1-2:3*k1,3*k2-2:3*k2);
                   a=m(i,:);b=m(:,j)';c(1:9)=m1;
                   d=setdiff(1:9,union(union(a,b),c));
                   if length(d)==0
                      flag=0;break
                   elseif length(d)==1
                      m(i,j)=d(1);
                      x=[x;[i,j,d(1)]];
                   else
                      r=i;c=j;choise=d;
                   end
                end
          end
          if flag==0
             break
          end
       end
       if flag==0
          break
       end
    end
    if flag==0
```

```
    disp('Impossible to complete! ')
    break
  elseif all(all(m))==0
    disp('Choose a number and fill into the blank square,try again! ')
    m
    [r,c]
    choise
    r=input('r=');
    c=input('c=');
    m(r,c)=input('m(r,c)=');
  else
    disp('Success! ')
    result=m;
    break
  end
end
```

对于第一个数独,输入

```
m=[2 1 0 6 3 0 8 9 0;0 4 0 0 0 7 0 0 5;0 0 0 9 0 0 0 0 7;
   0 0 2 0 0 0 0 4 0;4 0 0 1 0 2 0 0 6;0 6 0 0 0 0 1 0 0;
   7 0 0 0 0 3 0 0 0;8 0 0 7 0 0 0 6 0;0 3 5 0 9 4 0 2 1]
```

运行 sudoku(m),结果如图 6-2(b)所示.

对于第二个数独,输入

```
m=[7 0 0 2 5 0 0 9 8;0 0 6 0 0 0 0 1 0;0 0 0 6 1 0 3 0 0;
   9 0 0 0 0 1 0 0 0;0 0 0 0 8 0 4 0 9;0 0 7 5 0 2 8 0 1;
   0 9 4 0 0 3 0 0 0;0 0 0 0 4 9 2 3 0;6 1 0 0 0 0 0 4 0]
```

运行 sudoku(m),在人工选择(9, 9)格填 7,(8, 9)格填 6 后,程序给出一个答案如图 6-4 所示,此时答案可能不唯一.

7	3	1	2	5	4	6	9	8
5	2	6	9	3	8	7	1	4
4	8	9	6	1	7	3	5	2
9	6	8	4	7	1	5	2	3
1	5	2	3	8	6	4	7	9
3	4	7	5	9	2	8	6	1
2	9	4	7	6	3	1	8	5
8	7	5	1	4	9	2	3	6
6	1	3	8	2	5	9	4	7

图 6-4　对应图 6-3 的数独的一个解答

练习 6.3

1. 试完成下面两个数独游戏.

0	9	0	0	0	0	3	5	0
7	0	0	4	0	0	2	0	6
3	5	0	0	1	0	0	0	0
0	0	0	3	0	8	0	4	0
0	0	9	0	6	0	7	0	0
0	6	0	7	0	9	0	0	0
0	0	0	0	2	0	0	8	3
0	0	2	0	0	7	0	0	5
0	1	8	0	0	0	0	2	0

0	4	1	0	0	9	0	0	0
0	3	0	0	6	0	1	0	0
0	0	0	0	5	0	0	3	2
6	0	0	5	0	0	0	7	0
0	7	0	0	0	0	0	1	0
0	5	0	0	0	2	0	0	3
7	1	0	0	4	0	0	0	6
0	0	8	0	1	0	7	2	0
0	0	2	6	0	0	5	8	0

2. 一个交口元素上填了数字 1—n 的 $n\times n$ 方阵,如果每行的 n 个元素各不相同,每列的 n 个元素也各不相同,则称为**拉丁方**. 一个 $n\times n$ 方阵,其中部分交口元素填了数字 1—n,如果每行已填数字各不相同,每列已填数字也各不相同,则称为**部分拉丁方**. 给一个部分拉丁方的空白元素填上合适的数字使其成为一个拉丁方的过程称为**拉丁方完备化**.

试完备化下面的部分拉丁方:

3	2				6	
7	4	1				
		5	2		3	
			6	3		
5				7	4	
	1				7	5
1			4			6

6.4 Hill 密码

6.4.1 密码简介

保密通信具有悠久的历史,现在更是被广泛用于军事、经济、商业等各行各业. 在保密通信中将原信息称为**明码**,加密后的信息称为**密码**. 如果不知道加密方法,一般人无法知道明文内容,这样就起到了保密的作用. 加密和解密过程可以抽象为一个数学模型.

6.4.1.1 移位加密法

移位加密法是一种简单的加密方法. 它通过将明文中的字母按字母表中的

次序平移若干位实现加密. 如加密方法是字母平移 5 位,则明文字母和密文字母对应关系如下:

明文字母	A	B	C	D	E	F	G	H	I	J	K	L	M	N	O	P	Q	R	S	T	U	V	W	X	Y	Z
密文字母	F	G	H	I	J	K	L	M	N	O	P	Q	R	S	T	U	V	W	X	Y	Z	A	B	C	D	E

明文 THEOLYMPICGAMES 加密后就成了 YMJTQDRUNHLFRJX. 一般人不知道它是什么意思,这就起到了加密作用. 如果知道它是由字母表平移 5 位得来的,那就很容易获得原文. 数字 5 是解开密码的一把钥匙,称为**密钥**.

在移位加密法中,明文字母和密文字母之间的对应关系是固定的,这种加密方法可以通过分析词频,利用统计方法破译.

下面将要介绍的 Hill 密码是用矩阵运算实现加密的,它不保持明文字母和密文字母之间固定的对应关系,破译起来比移位法要困难.

6.4.1.2 模 n 运算

在模 n 运算下,参与运算的只有 $0, 1, 2, \cdots, n-1$ 这 n 个元素.

规定:两个元素的和(积)是它们按普通加法(乘法)运算的结果减去或加上 n 的某个倍数后得到的在 0 与 $n-1$ 之间的数.

例如,在模 15 运算下 $4+13=2$, $4\times 13=7$. 通常记做 $4+13\equiv 2 \pmod{15}$, $4\times 13\equiv 7 \pmod{15}$.

在模 n 运算下,元素 m 的加法负元是 $n-m$. 如果 $m\times k\equiv 1 \pmod{n}$,则称 k 是 m 的乘法逆元. 如在模 15 运算下,13 的逆元是 7, 4 的逆元还是 4. 值得注意的是在模 15 运算下,除了 0 没有逆元外,3, 5 以及 3, 5 的倍数 6, 9, 10, 12 也没有逆元.

可以证明:若 m 和 n 的最大公因子等于 1,即 $\gcd(m, n)=1$,则在模 n 运算下元素 m 存在唯一的逆元. 特别地,当 n 是素数时,元素 $1, 2, \cdots, n-1$ 都有逆元,此时数 $0, 1, 2, \cdots, n-1$ 在模 n 下可以进行加、减、乘、除(0 元除外)四则运算,它们构成一个数域,称为**有限域**.

模 n 下的矩阵加法、乘法以及数乘矩阵运算与模 n 下数字的加法、乘法运算相似,先对矩阵做普通加法、乘法和数乘矩阵运算,然后所有数字以 n 取模即可.

定义 两个方阵 $\boldsymbol{A}, \boldsymbol{B}$ 如满足 $\boldsymbol{AB}=\boldsymbol{BA}=\boldsymbol{E} \pmod{n}$,则称矩阵 $\boldsymbol{A}$ 模 n 可逆,$\boldsymbol{B}$ 称为 $\boldsymbol{A}$ 的逆矩阵,记做 $\boldsymbol{B}=\boldsymbol{A}^{-1} \pmod{n}$.

矩阵 $\boldsymbol{A}$ 的逆矩阵可以利用伴随矩阵,按

$$\boldsymbol{A}^{-1}=\frac{1}{\det(\boldsymbol{A})}\cdot \boldsymbol{A}^{*}$$

的方法求得.

例 6.4.1 在模 26 运算下,求矩阵 $\boldsymbol{A}=\begin{pmatrix}1 & 2\\ 0 & 3\end{pmatrix}$ 的逆矩阵 $\boldsymbol{A}^{-1}$.

解 由于 $\det(\boldsymbol{A})=3$,且 $3^{-1}=9 \pmod{26}$,故

$$\boldsymbol{A}^{-1}=3^{-1}\boldsymbol{A}^{*}=9\begin{pmatrix}3 & -2\\ 0 & 1\end{pmatrix}=\begin{pmatrix}1 & 8\\ 0 & 9\end{pmatrix}.$$

6.4.1.3 Hill 加密法

(1) 先将英文字母变换成数字:

A	B	C	D	E	F	G	H	I	J	K	L	M	N	O	P	Q	R	S	T	U	V	W	X	Y	Z
1	2	3	4	5	6	7	8	9	10	11	12	13	14	15	16	17	18	19	20	21	22	23	24	25	0

称其为字母表的**表值**.

(2) 将明文按 n 个字母分组,并用对应的数字取代字母,构成一个个 n 维向量.

(3) 取一个在模 n 运算下可逆的 n 阶矩阵 $\boldsymbol{A}$,用 $\boldsymbol{A}$ 左乘(2)中的向量得到新向量;把新向量中的数字按(1)中的对应关系换回成字母即得到密文.

(4) 按例中的方法求出可逆矩阵 $\boldsymbol{A}$ 在模 n 下的逆矩阵 $\boldsymbol{B}$,用 $\boldsymbol{B}$ 左乘(3)中得到的新向量则重新得到(2)的向量,从而得到原始明文. 矩阵 $\boldsymbol{A}$ 是解密的关键,称为**密钥**.

6.4.2 实验目的

了解加密和解密原理,掌握模运算下的矩阵运算以及数字与字符串之间的转换.

取模运算和数据类型转换命令:

r=mod(m, n)	m, n 为整数时,r 为 m 除以 n 的余数,$\lvert r\rvert<\lvert n\rvert$, r 的符号与 n 相同.
r=rem(m, n)	m, n 为整数时,r 为 m 除以 n 的余数,$\lvert r\rvert<\lvert n\rvert$, r 的符号与 m 相同.
double(x)	将 x 转化为双精度数值.
char(x)	将 x 转化为字符串.
num2str(n)	将数值 n 转化为字符串.
str2num(s)	将字符串转化为数值.

实验 采用 Hill_2 加密法(即明文 2 个 2 个分组),加密矩阵取 $\boldsymbol{A}=\begin{pmatrix}2 & 7\\ 4 & 5\end{pmatrix}$,对"THE OLYMPIC GAMES"进行加密,再将结果解密.

解 (1) 为了保留英文单词之间的空格,可以增加逗号",",句号"."和空格"　"当作字母,连同 26 个英文字母一起与数字 1, 2, …, 28, 0 之间建立对应关系:

A	B	C	D	E	F	G	H	I	J	K	L	M	N	O	P	Q	R	S	T	U	V	W	X	Y	Z	,	.
1	2	3	4	5	6	7	8	9	10	11	12	13	14	15	16	17	18	19	20	21	22	23	24	25	26	27	28	0

(2) 将“THE OLYMPIC GAMES”两两分组，最后不足两个字母时用“空格”补足，并用数字代替，得

$$\begin{pmatrix}20\\8\end{pmatrix},\begin{pmatrix}5\\0\end{pmatrix},\begin{pmatrix}15\\12\end{pmatrix},\begin{pmatrix}25\\13\end{pmatrix},\begin{pmatrix}16\\9\end{pmatrix},\begin{pmatrix}3\\0\end{pmatrix},\begin{pmatrix}7\\1\end{pmatrix},\begin{pmatrix}13\\5\end{pmatrix},\begin{pmatrix}19\\0\end{pmatrix}.$$

(3) 取矩阵 $\boldsymbol{A}=\begin{bmatrix}2&7\\4&5\end{bmatrix}$，

输入命令

```
A=[2 7;4 5];
x=[20 8;5 0;15 12;25 13;16 9;3 0;7 1;13 5;19 0]';
y=mod(A*x,29)
```

运行结果为

```
y=[9 10 27 25 8 6 21 3 9;4 20 4 20 22 12 4 19 18]
```

即

$$\begin{pmatrix}9\\4\end{pmatrix},\begin{pmatrix}10\\20\end{pmatrix},\begin{pmatrix}27\\4\end{pmatrix},\begin{pmatrix}25\\20\end{pmatrix},\begin{pmatrix}8\\22\end{pmatrix},\begin{pmatrix}6\\12\end{pmatrix},\begin{pmatrix}21\\4\end{pmatrix},\begin{pmatrix}3\\19\end{pmatrix},\begin{pmatrix}9\\18\end{pmatrix}.$$

换成字母就是“IDJT,DYTHVFLUDCSIR”，这就是密文.

注意 明文中的两个“E”，在密文中分别变成了“J”和“S”；而密文中的三个“D”对应明文中的“H”“L”和“A”，它们并不一一对应.

(4) 如果知道密钥 $\boldsymbol{A}$，解密是一件很容易的事情. $\boldsymbol{A}$ 是模 29 下的可逆矩阵，其逆矩阵为 $\boldsymbol{B}=\begin{bmatrix}11&2\\26&16\end{bmatrix}$，用 $\boldsymbol{B}$ 左乘(2)中的向量重新得到

$$\begin{pmatrix}20\\8\end{pmatrix},\begin{pmatrix}5\\0\end{pmatrix},\begin{pmatrix}15\\12\end{pmatrix},\begin{pmatrix}25\\13\end{pmatrix},\begin{pmatrix}16\\9\end{pmatrix},\begin{pmatrix}3\\0\end{pmatrix},\begin{pmatrix}7\\1\end{pmatrix},\begin{pmatrix}13\\5\end{pmatrix},\begin{pmatrix}19\\0\end{pmatrix}.$$

换成字母就是“THE OLYMPIC GAMES”，即原始明文.

以下是本题加密和解密的一个完整的 MATLAB 程序，程序名为 Hill2. m.

```
%加密程序
x2=double(x);
x3=(x2-64).*(x2>64)+(x2-17).*(x2==44)+(x2-18).*(x2==46)+(x2
    -32).*(x2==32);
if rem(length(x3),2)==1,x3=[x3,0];end
```

```
x4=reshape(x3,2,length(x3)/2);
x5=mod(A*x4,29);
x6=x5(:)';
x7=(x6+64).*(x6<27)+(x6+17).*(x6==27)+(x6+18).*(x6==46)+(x6
    +32).*(x6==0);
y=char(x7)                                  %密文
%解密程序
a=mod(det(A),29);
for k=1:28
   if rem(k*a,29)==1,b=k;break;end
end
B=mod(bb*[A(2,2),-A(1,2);-A(2,1),A(1,1)],29);      %A 的逆矩阵
y2=double(y);
y3=(y2-64).*(y2>64)+(y2-17).*(y2==44)+(y2-18).*(y2==46)+
    (y2-32).*(y2==32);
y4=reshape(y3,2,length(y3)/2);
y5=mod(B*y4,29);
y6=y5(:)';
if y6(end)==0,y6(end)=[];end
y7=(y6+64).*(y6<27)+(y6+17).*(y6==27)+(y6+18).*(y6==46)+
    (y6+32).*(y6==0);
z=char(y7)                                  %解密明文
```

输入命令

```
A=[2 7;4 5]
x='THE OLYMPIC GAMES'
```

运行 Hill2. m,结果为

y=IDJT,DYTHVFLUDCSIR　　(这是密文)

z=THE OLYMPIC GAMES　　(这是解密明文)

练习 6.4

1. 根据移位加密法编写一段加密和解密程序,并将所编程序应用于明文"DONTLOOKWISE". 密钥取 3.

2. 甲方收到与之有秘密通信往来的另一方的一个密文信息,密文内容为

WKVACPEAOCIXGWIZUROQWABALOBDKCEAFCLWWCVLEMIMCC

按照甲方与乙方的约定,他们之间的密文通信采用 $Hill_2$ 密码,密钥为矩阵 $\boldsymbol{A}=\begin{pmatrix}1 & 2\\0 & 3\end{pmatrix}$,

汉语拼音的 26 个字母的表值如正文所示，问这段密文的原始明文是什么？

6.5 最短路问题

6.5.1 图论简介

6.5.1.1 基本概念

由一些点（称为顶点）以及这些点之间的若干连线组成的结构称为**图**.

注意：一条线必须连接两个点，至于是用直线连接还是用曲线连接并不重要，认为是等同的.

图中的连线可以无方向（称为**边**），也可以有方向（用带箭头的线表示，称为**弧**）. 由点和边组成的图称为**无向图**（图 6-5），由点和弧组成的图称为**有向图**（图 6-6），既有边又有弧的图称为**混合图**. 一个图通常表示为 $G(V, E)$，其中 G 表示图，V 是 G 的顶点集，E 是 G 的边集.

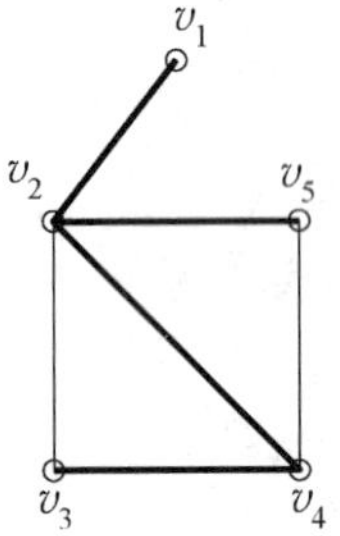

图 6-5　无向图

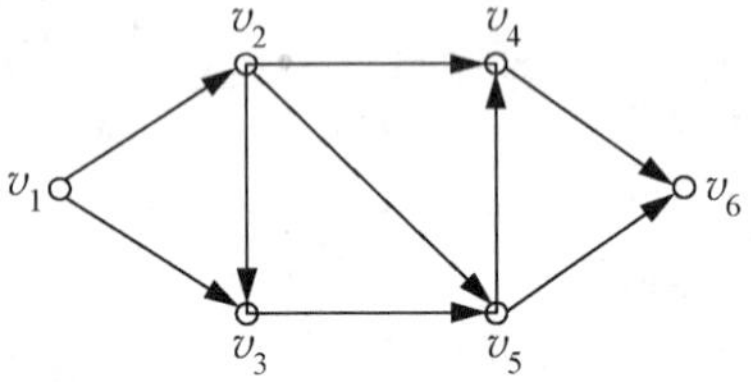

图 6-6　有向图

由边或弧相连的两个顶点称为是**相邻**的. 边或弧赋了权的图称为**赋权图**或**网络**. 图中连接不断的点、边交错序列称为**链**，其中点不相同的链称为**路**，如图 6-5 中的 $v_1 - v_2 - v_5 - v_4$. 首尾相连的路称为**圈**，如图 6-5 中的 $v_2 - v_3 - v_4 - v_5 - v_2$. 在有向图中，由同方向的弧组成的路称为**有向路**，如图 6-6 中的 $v_1 \rightarrow v_2 \rightarrow v_3 \rightarrow v_5 \rightarrow v_6$. 任意两点都有路相连的图称为**连通图**. 连通无圈图称为**树**.

由图 G 的部分顶点和部分边构成的图 H（H 中的边或弧一定要连接 H 中的顶点），称为图 G 的**子图**，记为 $H \subseteq G$. 包含图 G 全部顶点的 G 的子图 H［即满足 $V(H) = V(G)$ 的子图］称为图 G 的一个**生成子图**. 包含图 G 全部顶点的一个树称为图 G 的一个**生成树**，图 6-5 中的粗黑边就是一个生成树. 图 G 的任意一个生成树的边数等于图 G 的顶点数 -1，即 $|E(G)| = |V(G)| - 1$.

如果图 G 的顶点集 V 可以分成不相交的两部分 X，Y（$V = X \cup Y$，$X \cap Y = \varnothing$），G 的所有边只连接 V 中不同部分的顶点（即顶点集 X 和 Y 内部顶点之间互不邻接），则称该图为**二部图**.

6.5.1.2 图的矩阵表示

图可以用所谓"邻接矩阵"来表示.

有向图 G 的**邻接矩阵 $\boldsymbol{A}$** 可以如下定义:$\boldsymbol{A}$ 是一个 $n\times n$ 矩阵,其中 $n=|V(G)|$ 是图 G 的顶点数. 设图 G 的顶点集为 $V=\{v_1, v_2, \cdots, v_n\}$,如果从点 v_i 到点 v_j 有一条弧,则邻接矩阵 $\boldsymbol{A}$ 的 i 行 j 列元素为 1,否则为 0. 例如,图 6-6 中的有向图可以用矩阵 $\boldsymbol{A}$ 表示为

$$\boldsymbol{A}=\begin{pmatrix}0&1&1&0&0&0\\0&0&1&1&1&0\\0&0&0&0&1&0\\0&0&0&0&0&1\\0&0&0&1&0&1\\0&0&0&0&0&0\end{pmatrix}.$$

显然,图与图的邻接矩阵是一一对应的. 无向图可以看成是每条边都由双向弧连接的图,因此它的邻接矩阵一定是一个对称矩阵. 用邻接矩阵表示赋权图时,矩阵 $\boldsymbol{A}$ 的 i 行 j 列元素是弧 v_iv_j 的权,当顶点 v_i 与 v_j 不邻接时,$\boldsymbol{A}$ 的 i 行 j 列元素记为∞或一个很大的数.

6.5.1.3 图的弧表矩阵

如果网络比较稀疏,在计算机中用邻接矩阵表示会浪费大量存储空间,还增加查找弧的时间. 简便的方法是采用"弧表表示". **弧表**中直接列出所有弧的起点、终点以及相应的权. 例如,对于图 6-6 所示的有向图 G,假设弧(v_1, v_2), (v_1, v_3), (v_2, v_3), (v_2, v_4), (v_2, v_5), (v_3, v_5), (v_4, v_6), (v_5, v_4)和(v_5, v_6)上的权分别为 8, 4, 5, 6, 7, 3, 5, 4 和 9,则该图的弧表就是:

起点	终点	权
1	2	8
1	3	4
2	3	5
2	4	6
2	5	7
3	5	3
4	6	5
5	4	4
5	6	9

无向图的弧表表示只需列出所有边的两个端点以及相应的权.

6.5.2 求最短路的迪克斯特拉(Dijkstra)算法

图论应用中有几个基本问题,第一个是**最短路问题**,该问题要求在一个有向(无向)网络中找出一条从指定点 u 到指定点 v 的权最小的有向(无向)路.

Dijkstra 算法提供了求图中某一点到其他各点的最短路的方法.

Dijkstra 算法的基本思想是按距离由近到远的顺序,依次确定从起点 v_1 到图 G 的各顶点的最短路和距离. 为避免重复并保留每一步的计算信息,采用标号算法.

设 S 内存放已最终确定标号(即最短距离)的顶点,$l(v_i)$标记从顶点 v_1 到顶点 v_i 的距离.

第 1 步,令 $l(v_1)=0$, $\forall\ v\neq v_1$,令 $l(v)=\infty$, $S=\{v_1\}$, $i=1$.

第 2 步, $\forall v\in\overline{S}(\overline{S}=V\backslash S)$,令 $l(v)=\min\{l(v),\ l(v_i)+w(v_i\ v)\}$, $i=i+1$,计算$\min\limits_{v\in\overline{S}}l(v)$,记达到这个最小值的一个顶点为 v_i,令 $S=S\cup\{v_i\}$.

第 3 步,若 $i=|V|$,停止;否则,转第 2 步.

本书附录 B 中的函数文件 sroute. m 给出了一个实现 Dijkstra 算法的 MATLAB 程序.

6.5.3 实验目的

了解求最短路的 Dijkstra 算法,学会非数值计算问题的 MATLAB 程序编制方法,会利用最短路思想和求最短路程序解决实际问题.

实验 求图 6-7 中从顶点 u_1 到其余顶点的最短路.

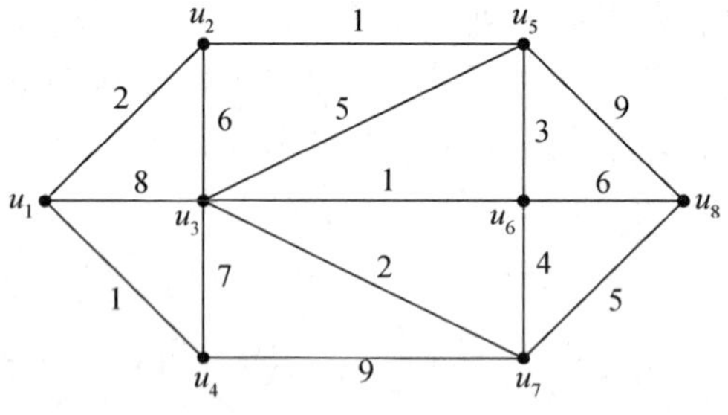

图 6-7 无向图

解 先写出带权邻接矩阵

$$
\boldsymbol{W}=\begin{pmatrix}
0 & 2 & 8 & 1 & \infty & \infty & \infty & \infty \\
2 & 0 & 6 & \infty & 1 & \infty & \infty & \infty \\
8 & 6 & 0 & 7 & 5 & 1 & 2 & \infty \\
1 & \infty & 7 & 0 & \infty & \infty & 9 & \infty \\
\infty & 1 & 5 & \infty & 0 & 3 & \infty & 9 \\
\infty & \infty & 1 & \infty & 3 & 0 & 4 & 6 \\
\infty & \infty & 2 & 9 & \infty & 4 & 0 & 5 \\
\infty & \infty & \infty & \infty & 9 & 6 & 5 & 0
\end{pmatrix}.
$$

Dijkstra 算法的具体步骤见下表：

迭代次数	u_1	u_2	u_3	u_4	u_5	u_6	u_7	u_8
1	(0)	∞	∞	∞	∞	∞	∞	∞
2		2	8	(1)	∞	∞	∞	∞
3		(2)	8		∞	∞	10	∞
4			8		(3)	∞	10	∞
5			8			(6)	10	12
6			(7)				10	12
7							(9)	12
8								(12)
最短距离	0	2	7	1	3	6	9	12
前驱顶点	u_1	u_1	u_6	u_1	u_2	u_5	u_3	u_5

其中，带括号的是永久标号，括号内的数字就是从顶点 u_1 到各相应顶点的最短路程.

利用 MATLAB 程序 sroute.m 求最短路是很简单的事情，只需在命令窗口输入无向图的弧表矩阵 $\boldsymbol{e}$，再调用程序即可.

输入命令

```
e=[1 2 2;1 3 8;1 4 1;2 3 6;2 5 1;3 4 7;3 5 5;3 6 1;3 7 2;4 7 9;5 6 3;5 8 9;6 7 4;6 8
   6;7 8 5];
sroute(e,0)
```

运行结果为

```
1   2   3   4   5   6   7   8
0   2   7   1   3   6   9   12
1   1   6   1   2   5   3   5
```

其中，矩阵的第 1 行表示顶点，第 2 行表示 u_1 到各顶点的最短路程，第 3 行表示最短路上各点的前驱顶点. 假如要获得从 u_1 到 u_7 的最短路，可以这样做. 由结果输出的矩阵知，u_7 从 u_3 来，u_3 从 u_6 来，u_6 从 u_5 来，u_5 从 u_2 来，u_2 从 u_1 来. 因此，从 u_1 到 u_7 的最短路是 $u_1-u_2-u_5-u_6-u_3-u_7$，此路上各边的权分别是 2，1，3，1，2，权和为 9.

练习 6.5

1. 试在以下列弧表矩阵表示的无向图中找一条从点 1 到点 8 的最短路.

起点	终点	权
1	2	7
1	3	8
1	4	2
1	7	4
2	3	1
2	5	2
2	8	3
3	4	4
3	5	2
3	6	7
4	6	3
4	7	6
5	6	5
5	8	1
6	7	4
6	8	3
7	8	6

2. 一个农夫带了一条狗、三只鸡和一袋米准备过河. 过河的船太小,农夫一次只能带一条狗,或三只鸡,或一袋米上船. 在无人看守时,狗会咬鸡,鸡会吃米. 问农夫有没有办法把随身带的狗、鸡、米安全带过河?

6.6 油管铺设

图论应用中第二个基本问题是**最小生成树问题**,该问题要求在一个无向网络中寻找一个连接所有顶点的权最小的树.

6.6.1 求最小生成树的 Prim 算法

Prim 算法思想 从图中任一顶点出发,在与该顶点相连的边中添加一条权最小的边,形成一个子树. 在与该子树相连的边中添加一条权尽量小的边,保持新图无圈,形成一个新的子树. 如此不断,直到形成一个生成树,这个生成树就是最小生成树.

设 P 是用于存放图 G 的最小生成树的顶点的集合,Q 是存放 G 的最小生成树的边的集合.

第 1 步,令 $P=\{v_1\}$(假设构造最小生成树时从顶点 v_1 出发),$Q=\varnothing$.

第 2 步,从边集 $(P,\bar{P})=\{e \mid e$ 的一端 $\in P$, e 的另一端 $\in \bar{P}\}$ 中,选取具有最小权值的边 $e=v_iv_j$,其中 $v_i\in P$, $v_j\in \bar{P}$,令 $P=P\cup\{v_j\}$, $Q=Q\cup\{e\}$.

第 3 步,若 $P=V$,停止(这时 Q 中的边连同 P 中的点构成 G 的一个最小生成树);否则,转第 2 步.

本书附录 B 中的函数文件 mtree. m 提供了实现 Prim 算法的一个 MATLAB 程序. 该程序的输入是赋权图的邻接矩阵,输出有两个参数,其中 result 是一个

3 行的矩阵,前两行各列对应最小生成树的边,第 3 行是各边对应的权,weight 是最小生成树的权.

6.6.2 实验目的

了解求最小生成树的 Prim 算法,进一步学习非数值计算问题的 MATLAB 程序编制方法,会利用最小生成树思想和求最小生成树程序解决实际问题.

实验 8 口海上油井相互间距离见下表,其中 1 号井离海岸最近,为 5 km. 问从海岸经 1 号井铺设油管把各井连接起来,怎样连法油管长度最短?(为便于检修,油管只准铺设在油井处分叉)

单位:km

从\到	2	3	4	5	6	7	8
1	1.3	2.1	0.9	0.7	1.8	2.0	1.8
2		0.9	1.8	1.2	2.8	2.3	1.1
3			2.6	1.7	2.5	1.9	1.0
4				0.7	1.6	1.5	0.9
5					0.9	1.1	0.8
6						0.6	1.0
7							0.5

解 本问题实际上就是在一个连接 8 口油井的赋权图中找一个最小生成树.

输入命令

```
A=[0  1.3  2.1  0.9  0.7  1.8  2.0  1.8;
   0  0    0.9  1.8  1.2  2.8  2.3  1.1;
   0  0    0    2.6  1.7  2.5  1.9  1.0;
   0  0    0    0    0.7  1.6  1.5  0.9;
   0  0    0    0    0    0.9  1.1  0.8;
   0  0    0    0    0    0    0.6  1.0;
   0  0    0    0    0    0    0    0.5;
   zeros(1,8)];A=A+A';  % 形成无向网络的邻接矩阵
[result,weight]=mtree(A)
```

运行结果为

```
result =
     1.0000   5.0000   5.0000   8.0000   7.0000   8.0000   3.0000
```

```
      5.0000    4.0000    8.0000    7.0000    6.0000    3.0000    2.0000
      0.7000    0.7000    0.8000    0.5000    0.6000    1.0000    0.9000
weight =
      5.2000
```

这表明,用 5.2 + 5 = 10.2 km 的油管可以把 8 口油井并与海岸连接起来.

练习 6.6

试求练习 6.5 第 1 题中无向图的一个最小生成树.

6.7 工作安排

6.7.1 匹配问题简介

图论应用中第三个基本问题是**匹配问题**. 设图 $G=(V, E)$,若有 G 的边集 $M\subseteq E$,且 M 的边互不相邻,则称 M 是图 G 的一个**匹配**. 设 M 是 G 的一个匹配,若不存在 G 的匹配 M' 使 $|M'|>|M|$,则称 M 是 G 的一个**最大匹配**(最大匹配可能不唯一). 又若 G 是一个赋权图,称 G 的一个权最大(或最小)的最大匹配为 G 的**最优匹配**.

求二部图上的最优匹配可用 Kuhn-Munkres 算法. 该算法把二部图上的最优匹配问题通过"相等子图"转化为二部图上的最大匹配问题,后者可以用匈牙利算法实现. 具体细节请参考有关的图论著作. 本书附录 B 中的函数文件 optimatch.m 提供了一个根据 Kuhn-Munkres 算法思想编写的求二部图最优匹配的 MATLAB 程序,其中把求二部图的最大匹配的匈牙利算法作为前者的子函数.

6.7.2 实验目的

了解求二部图最大和最优匹配的程序,能利用求二部图最优匹配程序解决类似工作安排这样的实际问题.

实验 某公司人事部门要为 4 名员工安排 4 项工作,这 4 名员工从事各项工作产生的效益见下表(行表示员工,列表示工作,数字大表示效益高). 问应该如何安排他们的工作使总的效益最大?

	y_1	y_2	y_3	y_4
x_1	4	5	5	1
x_2	2	2	4	6
x_3	4	2	3	3
x_4	5	0	2	1

解　效益最佳的工作安排问题等价于赋权二部图(图 6－8)上的一个最优匹配.

输入命令

```
w=[4 5 5 1;2 2 4 6;4 2 3 3;5 0 2 1]
[zyj,zyz]=optimatch(w)
```

运行结果为

```
zyj=
0  5  0  0
0  0  0  6
0  0  3  0
5  0  0  0
zyz=19
```

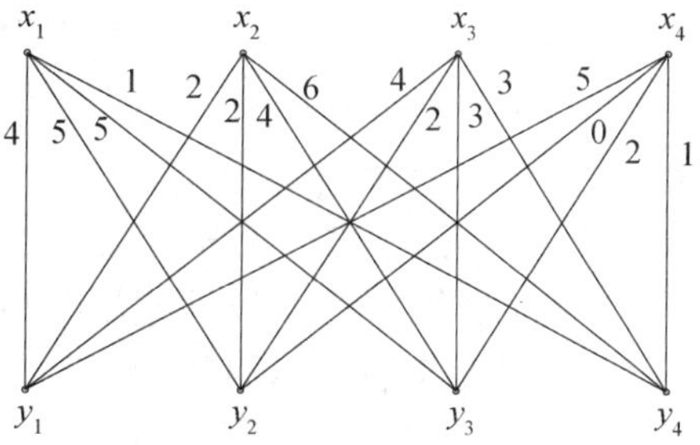

图 6－8　赋权二部图

这表明,安排员工 1 从事工作 2,员工 2 从事工作 4,员工 3 从事工作 3,员工 4 从事工作 1 效益最高,可达 19.

练习 6.7

某公司人事部门要为 5 名员工安排 5 项工作,这 5 名员工从事各项工作产生的效益见下表,问应该如何安排他们的工作使总的效益最大？若下表表示的是员工从事各项工作的消耗,问应该如何安排他们的工作可使总的消耗最少？

	y_1	y_2	y_3	y_4	y_5
x_1	4	5	8	10	11
x_2	7	6	5	7	4
x_3	8	5	12	9	6
x_4	6	6	13	10	7
x_5	4	5	7	9	8

6.8　最优生产方案

6.8.1　线性规划和二次规划

优化问题随处可见. 建立优化问题的数学模型首先要确定问题的**决策变量** $\boldsymbol{x}=(x_1, x_2, \cdots, x_n)$,然后构造模型的**目标函数** $f(\boldsymbol{x})$和允许取值的范围 $\boldsymbol{x}\in\Omega$, Ω 称为**可行域**. 可行域经常用一组不等式(或等式)$g_i(\boldsymbol{x})\leqslant 0(i=1, 2, \cdots, m)$表示,这些不等式(或等式)称为**约束条件**.

一般优化模型可以表示为

$$\min_{x} z=f(\boldsymbol{x}), \tag{6.8.1}$$

$$\text{s.t.} \quad g_i(\boldsymbol{x})\leqslant 0, \quad i=1, 2, \cdots, m. \tag{6.8.2}$$

由式(6.8.1)、式(6.8.2)共同组成的模型属于约束优化,仅有式(6.8.1)的模型属于无约束优化.

在优化模型中,如果目标函数 $f(\boldsymbol{x})$和约束条件中的 $g_i(\boldsymbol{x})$都是线性函数,则该模型称为**线性规划**.线性规划有很好的求解方法.如果目标函数 $f(\boldsymbol{x})$是二次函数,而约束条件是线性的,则该模型称为**二次规划**,二次规划也有较好的求解方法.MATLAB 为标准形式的线性规划和二次规划提供了求解命令.一般形式的线性规划和二次规划可以先转化为标准形式,然后调用相关命令.

在优化模型中,如果限制决策变量取整数值,则该模型称为**整数规划**.如果只限制部分决策变量取整数值,则该模型称为**混合规划**.无论整数规划还是混合规划,一般没有好的求解方法.对于整数线性规划,可以采用分枝定界法、割平面法等方法求解.MATLAB 软件没有直接提供求解整数规划的程序,读者可以在某些著作(如胡良剑、孙晓君编著的《MATLAB 数学实验》)中找到为求解整数线性规划而编写的程序.本书附录 B 提供了该程序 IntLp.m.

6.8.2 MATLAB 中线性规划和二次规划的有关命令

6.8.2.1 线性规划

标准形式:

$$\min f=\boldsymbol{c}'\cdot\boldsymbol{x},$$

$$\text{s.t.} \quad \begin{cases} \boldsymbol{A}\cdot\boldsymbol{x}\leqslant\boldsymbol{b}, \\ \boldsymbol{Aeq}\cdot\boldsymbol{x}=\boldsymbol{beq}, \\ \boldsymbol{lb}\leqslant\boldsymbol{x}\leqslant\boldsymbol{ub}. \end{cases}$$

其中 $\boldsymbol{c}$, $\boldsymbol{x}$, $\boldsymbol{b}$, $\boldsymbol{beq}$, $\boldsymbol{lb}$, $\boldsymbol{ub}$ 均为列向量, $\boldsymbol{c}$ 是目标函数中的系数向量, $\boldsymbol{x}$ 是目标函数中的变量, $\boldsymbol{b}$ 是不等式约束右端的值, $\boldsymbol{beq}$ 是等式约束右端的值, $\boldsymbol{lb}$, $\boldsymbol{lu}$ 分别是变量 $\boldsymbol{x}$ 的下界与上界. $\boldsymbol{A}$, $\boldsymbol{Aeq}$ 为矩阵, $\boldsymbol{A}$ 是不等式约束左端的系数矩阵, $\boldsymbol{Aeq}$ 是等式约束左端的系数矩阵.

调用格式:

```
[x,fval]=linprog(c,A,b,Aeq,beq,lb,ub,options)
```

其中,x 给出极小点,fval 给出极小值,options 是选项,可用 help 命令查到它的用法,当取默认值时此选项可省略.

例 6.8.1 求解下面的线性规划

$$\max f=5x_1+4x_2+6x_3,$$

$$\text{s. t.}\quad \begin{cases} x_1 - x_2 + x_3 \leqslant 20, \\ 3x_1 + 2x_2 + 4x_3 \leqslant 42, \\ 3x_1 + 2x_2 \leqslant 30, \\ x_1,\ x_2,\ x_3 \geqslant 0. \end{cases}$$

解　这是目标函数最大化的线性规划,先把目标函数改为

$$\min f = -5x_1 - 4x_2 - 6x_3.$$

输入命令

```
c=[-5;-4;-6];A=[1 -1 1;3 2 4;3 2 0];b=[20;42;30];lb=zeros(3,1);
[x, fval]=linprog(c,A,b,[],[],lb)
```

注意　这里无等式约束,用空矩阵[]表示,也无上界约束,因为处在命令的最末尾,可以省略不写. MATLAB 中线性规划和二次规划的约束条件 $x_i \geqslant 0$ 属于默认条件,不必在程序中特意指出.

运行结果为

```
x=0.0000
  15.0000
   3.0000
fval=-78.0000
```

所以,原问题在 $\boldsymbol{x} = (0,\ 15,\ 3)$ 处取得最大值 fval$=78$.

6.8.2.2　二次规划问题

标准形式：　$\min \dfrac{1}{2}\boldsymbol{x}'\boldsymbol{H}\boldsymbol{x} + \boldsymbol{c}'\boldsymbol{x}$,

$$\text{s. t.}\quad \begin{cases} \boldsymbol{A} \cdot \boldsymbol{x} \leqslant \boldsymbol{b}, \\ \boldsymbol{Aeq} \cdot \boldsymbol{x} = \boldsymbol{beq}, \\ \boldsymbol{lb} \leqslant \boldsymbol{x} \leqslant \boldsymbol{ub}. \end{cases}$$

调用格式：

```
[x,fval]=quadprog(H,c,A,b,Aeq,beq,lb,ub,x0)
```

其中 H 是目标函数中二次项的系数矩阵, x0 是迭代初值,其他参数的意义与线性规划命令 linprog 中的同名参数相同.

注意　MATLAB 中二次规划二次项的标准形式为 $\dfrac{1}{2}\boldsymbol{x}'\boldsymbol{H}\boldsymbol{x}$，而不是 $\boldsymbol{x}'\boldsymbol{H}\boldsymbol{x}$，不要把 $\boldsymbol{H}$ 写错了.

例 6.8.2　求解下面二次规划问题

$$\min f = \frac{1}{2}x_1^2 + x_2^2 - x_1x_2 - 2x_1 - 6x_2,$$

$$
\text{s. t.} \quad \begin{cases} x_1 + x_2 \leqslant 2, \\ -x_1 + 2x_2 \leqslant 2, \\ 2x_1 + x_2 \leqslant 3, \\ x_1, x_2 \geqslant 0. \end{cases}
$$

解 标准形式 $\min \frac{1}{2}\boldsymbol{x}'\boldsymbol{H}\boldsymbol{x}+\boldsymbol{c}'\boldsymbol{x}$,

其中

$$
\boldsymbol{H}=\begin{pmatrix} 1 & -1 \\ -1 & 2 \end{pmatrix}, \quad \boldsymbol{c}=\begin{pmatrix} -2 \\ 6 \end{pmatrix}, \quad \boldsymbol{x}=\begin{pmatrix} x_1 \\ x_2 \end{pmatrix}.
$$

输入命令

```
H=[1 -1;-1 2];c=[-2;-6];
A=[1 1;-1 2;2 1];b=[2;2;3];
lb=zeros(2,1);
[x,fval]=quadprog(H,c,A,b,[],[],lb)
```

运行结果为

x=0.6667　1.3333(最小点),fval=-8.2222(最小值).

6.8.3 实验目的

学会用 MATLAB 软件求解线性规划和二次规划,了解如何利用 MATLAB 求解整数规划.

实验 某厂利用 A_1, A_2 两种原料生产 B_1, B_2 两种产品. 根据以往生产经验,用 5 kg 的 A_1 和 8 kg 的 A_2 生产 B_1 可获利 600 元,用 6 kg 的 A_1 和 4 kg 的 A_2 生产 B_2 可获利 400 元. 厂家每天只能获得 360 kg 原料 A_1 和 400 kg 原料 A_2. 问:

(1) 厂家应如何组织生产(即安排生产多少 B_1 和多少 B_2)可使获利最大?

(2) 如果计划生产的产品 B_1, B_2 数量必须是整数千克,这时厂方应如何组织生产可使获利最大?

解 (1) 这是一个线性规划问题,设计划生产 x_1 kg 的 B_1 和 x_2 kg 的 B_2,

目标函数为 $\max f = 600x_1 + 400x_2$.

约束条件为

$$
\text{s. t.} \quad \begin{cases} 5x_1 + 6x_2 \leqslant 360, \\ 8x_1 + 4x_2 \leqslant 400, \\ x_1, x_2 \geqslant 0. \end{cases}
$$

输入命令

```
c=-[600 400];A=[5 6;8 4];b=[360,400]';
[x,f]=linprog(c,A,b,[],[],[0 0]')
```

运行结果为

```
x=34.2857      31.4286
f=-3.3143e+004
```

这说明每天安排生产 34.2857 kg 的 B_1 和 31.4286 kg 的 B_2 可获最大利润 33143 元.

(2) 输入命令

```
c=-[600 400];A=[5 6;8 4];b=[360,400]';
[x,f]=IntLp(c,A,b,[],[],[0 0]')
```

运行结果为

```
x=35.0000   30.0000
f=-3.3000e+004
```

这说明每天安排生产 35 kg 的 B_1 和 30 kg 的 B_2 可获最大利润 33000 元. 值得注意的是,把(1)中得到的决策变量值取整得到的 $x_1=34$, $x_2=31$ 并非问题(2) 的最优解,这样只能获得利润 32800 元.

练习 6.8

1. 有 A, B 两个煤厂,每月进煤分别不少于 60 t, 100 t. 它们负责供应三个居民区的用煤任务,这三个居民区每月用煤量分别为 45 t, 75 t 和 40 t. A 厂距离三个居民区分别为 10 km, 5 km, 6 km, B 厂距离三个居民区分别为 4 km, 8 km, 15 km. 问这两家煤厂如何分配供煤能使总运输量(t · km)最小?

2. 某银行经理计划用一笔资金进行有价证券投资,可供买入的证券及其信用等级、到期年限、到期税前收益见下表. 按照规定,市政证券的收益可以免税,其他证券的收益须按 40% 的税率纳税. 此外还有以下限制:

(1) 政府及待办机构的证券总共至少买入 400 万元;

(2) 所构证券的平均信用等级不超过 1.4(信用等级数字越小,信用程度越高);

(3) 所构证券的平均到期年限不超过 5 年.

证券名称	证券种类	信用等级	到期年限	到期税前收益
A	市政	2	9	4.3%
B	代办机构	2	15	5.4%
C	政府	1	4	5.0%
D	政府	1	3	4.4%
E	市政	5	2	4.5%

问:(1) 若该经理有 1 000 万元资金,应如何投资?

(2) 如果能以 2.75%的利率借到不超过 100 万元的资金,该不该借? 如何投资?

(3) 在 1 000 万元资金的情况下,若证券 A 的税前收益增加为 4.5%,是否应改变投资? 若证券 C 的税前收益减少为 4.8%,是否应改变投资?

3. 某厂向用户提供发动机. 合同规定第一、第二、第三季度分别交货 40 台、60 台、80 台,每季度的生产费用 $f(x)=ax+bx^2$(元),其中 x 是该季度生产发动机的数量. 若交货后有剩余,可用于下季度,但需支付存储费,每季度 c 元/台. 已知工厂每季度最大生产能力为 100 台,第一季度开始时无存货. 设 $a=50$, $b=0.22$, $c=4$,问工厂应如何安排生产计划才能既满足合同要求又使总费用最低?

6.9 选址问题

6.9.1 非线性规划

优化问题中如果目标函数或约束条件中有非线性函数,则称为**非线性规划**. 对于非线性规划一般只能采取搜索的方法(搜索方法中有很多技巧)求最优解或近似最优解. 除了前一节介绍的二次规划(它也是非线性规划,但有较好的性质,有较好的搜索办法)外,对一般的非线性规划,MATLAB 软件也提供了几个求解命令,但只限于简单情况. 对于稍微复杂的非线性规划问题,MATLAB 往往得不到结果. 采用 LINGO 软件效果会好一些.

6.9.2 MATLAB 中求多元函数最小值的命令

6.9.2.1 无约束多元函数最小值

标准形式: $\min f(\boldsymbol{x})$.

调用格式:

```
[x,fval,h]=fminsearch(f,x0)
```

其中,x0 为初始值,x 为返回多元函数 $f(x)$ 为初始值 x0 附近的局部极小值点,fval 为返回局部极小值,h 表示退出搜索条件;h>0 表示函数收敛于解,x, h=0 表示迭代已达到最大次数,h<0 表示函数不收敛于解 x.

例 6.9.1 求 $y=2x_1^3+4x_1x_2^3-10x_1x_2+x_2^2$ 的最小值点和最小值.

解 输入命令

```
[x,fval,h]=fminsearch('2*x(1)^3+4*x(1)*x(2)^3-10*x(1)*x(2)+x(2)^2',
    [0,0])
```

运行结果为

```
x=1.0016  0.8335, fval=-3.3241, h=1
```

也可以先建立一个函数文件 myfun. m：

```
function f=myfun(x)
f=2*x(1)^3+4*x(1)*x(2)^3-10*x(1)*x(2)+x(2)^2;
```

输入命令

```
[x,fval,h]=fminsearch(@myfun,[0,0])
```

运行结果为

```
x=1.0016   0.8335, fval=-3.3241, h=1
```

6.9.2.2 有约束多元函数最小值

标准形式：

$$\min f(\boldsymbol{x}),$$

$$\text{s.t.}\ \begin{cases}\boldsymbol{A}\cdot\boldsymbol{x}\leqslant\boldsymbol{b},\\ \boldsymbol{Aeq}\cdot\boldsymbol{x}=\boldsymbol{beq},\\ \boldsymbol{C}(\boldsymbol{x})\leqslant\boldsymbol{0},\\ \boldsymbol{Ceq}(\boldsymbol{x})=\boldsymbol{0},\\ \boldsymbol{lb}\leqslant\boldsymbol{x}\leqslant\boldsymbol{ub}.\end{cases}$$

其中,$\boldsymbol{A}\cdot\boldsymbol{x}\leqslant\boldsymbol{b}$ 和 $\mathbf{Aeq}\cdot\mathbf{x}=\boldsymbol{beq}$ 是线性约束,$\boldsymbol{C}(\boldsymbol{x})\leqslant\boldsymbol{0}$ 和 $\boldsymbol{Ceq}(\boldsymbol{x})=\boldsymbol{0}$ 是非线性约束.

调用格式：

```
[x,fval,h]=fmincon(f,x0,A,b,Aeq,beq,lb,ub,@nonlcon)
```

其中,nonlcon 是非线性约束函数,包括了等式约束和非等式约束,x_0 是迭代初始点.

例 6.9.2 求下面问题的最优解,取初始点(0, 1).

$$\min x_1^2+x_2^2-x_1x_2-2x_1-5x_2,$$

$$\text{s.t.}\ \begin{cases}-(x_1-1)^2+x_2\geqslant 0,\\ -2x_1+3x_2\leqslant 6.\end{cases}$$

解 约束条件的标准形式为

$$\text{s.t.}\ \begin{cases}(x_1-1)^2-x_2\leqslant 0,\\ -2x_1+3x_2\leqslant 6.\end{cases}$$

先建立非线性约束函数文件 mycon. m：

```
function [c,ceq]=mycon(x)
c=(x(1)-1)^2-x(2);   %非线性不等式约束的左端函数
ceq=[];              %无非线性等式约束,以空矩阵表示
```

然后,输入命令

```
fun='x(1)^2+x(2)^2-x(1)*x(2)-2*x(1)-5*x(2)';   %目标函数
x0=[0 1]';                %初始点
A=[-2 3];b=6;             %线性不等式约束
Aeq=[];beq=[];            %无线性等式约束
lb=[];ub=[];              %无上下界约束
[x,fval,h]=fmincon(fun,x0,A,b,Aeq,beq,lb,ub,@mycon)
```

运行结果为

x=3　4, fval=−13, h=1

6.9.3 实验目的

学会用MATLAB求解非线性规划.

实验　设某地有7个镇分别位于坐标(2.3, 8.2), (4.6, 7.4), (4.9, 6.2), (6.1, 4.4), (7.6, 9.2), (8.9, 7.9), (9.5, 0.2)处(单位:km),如图6-9所示圆点.各镇每天分别清扫出5, 6, 3, 1, 3, 7, 2车垃圾.当地政府考虑集中建一个垃圾处理站,试问建在何处能使每天垃圾车运垃圾所行驶的总路程最短?

解　容易看出,这是一个无约束非线性最小化问题.记各镇坐标为(x_i, y_i),各镇每天清出的垃圾车数为c_i,设垃圾处理站位于(x, y),则目标函数是

$$\min z = \sum_{i=1}^{7} c_i \sqrt{(x-x_i)^2+(y-y_i)^2}.$$

建立M文件xuanzhi.m:

```
function z = d(x)
a = [2.3 4.6 4.9 6.1 7.6 8.9 9.5];b = [8.2 7.4 6.2 4.4 9.2 7.9 0.2];c = [5 6 3 1 3 7 2];
z = sum(c.*sqrt((x(1)-a).^2+(x(2)-b).^2));
```

注意　垃圾站坐标(x, y)应当改写成x=(x(1), x(2))

输入命令

```
[x,val,h] = fminsearch(@xuanzhi,[5 5])
```

运行结果为

x=[4.9705 7.3192],val=77.2096, h=1

h=1说明结果可靠,垃圾处理站应选在位置(4.9705, 7.3192),如图6-9所示"*"处.

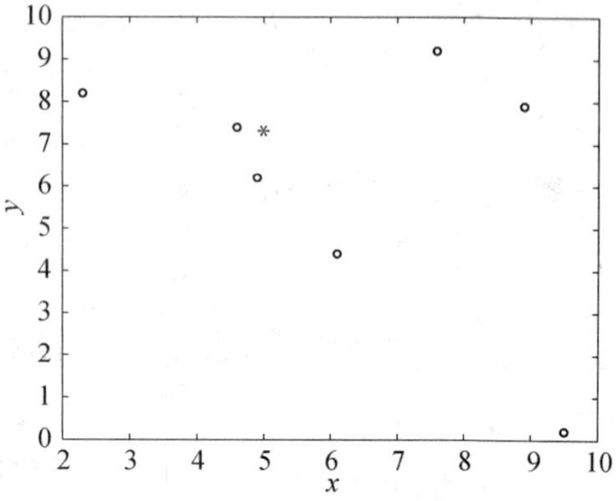

图6-9　某地各镇分布

练习 6.9

1. 一电路由三个电阻 R_1, R_2, R_3 并联,再与电阻 R_4 串联而成. 记 R_k 上的电流为 I_k,电压为 V_k,在下列情况下确定 R_k,使电路总功率最小($k=1, 2, 3, 4$).

$I_1=4$, $I_2=6$, $I_3=8$, $2 \leqslant V_k \leqslant 100$.

2. 某厂生产容积为 1 L(1 dm^3)的圆柱形铁罐. 请根据以下情景分别设计下料方案.

(1) 现有长 2 m、宽 1 m 的两张铁皮,为方便加工,一张用来冲压上盖和下底,一张用来切割铁罐侧面长方形. 问如何下料可使生产的铁罐尽可能多? 此时,铁罐的底面直径和高各是多少?

(2) 如果工厂大规模生产的铁罐,其上盖、下底以及侧面都从长 2 m、宽 1 m 的铁皮冲压或切割而来(为方便加工,圆料和方料不在同一张铁皮上混合下料),问如何下料可使生产的铁罐尽可能多? 此时,铁罐的底面直径和高各是多少? 平均每张铁皮生产多少个铁罐?

6.10 面试顺序

6.10.1 关于穷尽搜索

在离散问题中,有时需要寻找符合特定目标的解,包括最优解,但又没有好的求解方法,这时只能用穷尽搜索. 当问题规模不大时,这也是无奈中的一种选择. 根据不同的问题,设计穷尽搜索的次序和计算每次搜索的目标函数值是解决问题的关键.

6.10.2 实验目的

学会穷尽搜索方案的设计和程序实现.

排列组合命令有:

perms(v)	当 $\boldsymbol{v}$ 为一个 n 维向量时产生一个 $n! \times n$ 矩阵,包含了 v 中 n 个元素的一切全排列(每行一个全排列).
randperm(n)	产生一个 1 到 n 的随机全排列.
nchoosek(n, k)	返回从 n 个物件中取出 k 个物件的方式数.

实验 有 4 名学生到一家公司参加三个阶段的面试,公司要求每个学生都必须首先找公司秘书初试,然后到部门主管处复试,最后到经理处面试,并且不允许插队(即在任何阶段四名学生的顺序是一样的). 由于 4 名学生的专业背景不同,每人在三个阶段的面试时间也不同,见下表:

单位:min

面试环节	学生 1	学生 2	学生 3	学生 4
秘书初试	13	10	20	8
主管复试	15	20	16	10
经理面试	20	18	10	15

这 4 名学生约定他们全部面试完后一起离开.假定面试时间从上午 8:00 开始,中间不休息,问这 4 名学生最早何时能离开公司?

解 4 名学生参加面试,共有 4! =24 种面试方案(顺序).

对于每一种面试方案,秘书初试都可以毫无耽搁地顺序进行.第 k 名学生的复试时间取决于他本人初试结束时间以及第$(k-1)$名学生复试结束时间,是其中较晚的那一刻.第 k 名学生接受经理面试的时间取决于他本人复试结束时间以及第$(k-1)$名学生经理面试结束时间,是其中较晚的那一刻.据此,对于每一种面试方案不难确定最后那名学生的面试结束时间,即学生离开的时间.

以下是按此思想编写的程序,程序给出了最佳的一个面试方案(按学生 4,1,2,3 的顺序)及其所需时间(84 min),他们最早可以在 9:24 离开公司.同时给出了最差的一个面试方案(按学生 3,2,1,4)及其所需时间(109 min).列出了最佳方案的面试过程,并形象地用彩色线条显示.

```
A0=[13 10 20 8;15 20 16 10;20 18 10 15];
q=[];p=perms([1 2 3 4]);
for j=1:24
    A=A0(:,p(j,:));
    x=A(1,:);
    y=A(2,:);
    z=A(3,:);
    x1=[0,cumsum(x(1:3))];              %秘书初试开始时间
    x2=cumsum(x);                       %秘书初试结束时间
    y1(1)=x2(1);
    y2(1)=y1(1)+y(1);
    for k=2:4
        y1(k)=max(y2(k-1),x2(k));       %主管复试开始时间
        y2(k)=y1(k)+y(k);               %主管复试结束时间
    end
    z1(1)=y2(1);
    z2(1)=z1(1)+z(1);
    for k=2:4
        z1(k)=max(z2(k-1),y2(k));       %经理面试开始时间
```

```
        z2(k)=z1(k)+z(k);                          %经理面试结束时间
    end
    q(j)=z2(4);
end
[x,i]=sort(q);k1=i(1);k2=i(24);
[p(k1,:),q(k1)]                                    %最佳面试方案及离开时间
s1=num2str(p(k1,1));
s2=num2str(p(k1,2));
s3=num2str(p(k1,3));
s4=num2str(p(k1,4));
[p(k2,:),q(k2)]                                    %最差面试方案及离开时间
A=A0(:,p(k1,:));                                   %最佳面试方案面试时间表
x=A(1,:);
y=A(2,:);
z=A(3,:);
x1=[0,cumsum(x(1:3))];                             %秘书初试开始时间
x2=cumsum(x);                                      %秘书初试结束时间
y1(1)=x2(1);
y2(1)=y1(1)+y(1);
for k=2:4
   y1(k)=max(y2(k-1),x2(k));                       %主管复试开始时间
   y2(k)=y1(k)+y(k);                               %主管复试结束时间
end
z1(1)=y2(1);
z2(1)=z1(1)+z(1);
for k=2:4
   z1(k)=max(z2(k-1),y2(k));                       %经理面试开始时间
   z2(k)=z1(k)+z(k);                               %经理面试结束时间
end
[x1;x2;y1;y2;z1;z2]                                %开始、结束时刻表
plot([x1(1),x2(1)],[3,3],'m',[x1(2),x2(2)],[3,3],'b',[x1(3),x2(3)],[3,3],'y',
     [x1(4),x2(4)],[3,3],'k','LineWidth',6)
axis([0,z2(4),0,5]);hold on;grid on;legend(s1,s2,s3,s4);
plot([y1(1),y2(1)],[2,2],'m',[y1(2),y2(2)],[2,2],'b',[y1(3),y2(3)],[2,2],'y',
     [y1(4),y2(4)],[2,2],'k','LineWidth',6)
plot([z1(1),z2(1)],[1,1],'m',[z1(2),z2(2)],[1,1],'b',[z1(3),z2(3)],[1,1],'y',
     [z1(4),z2(4)],[1,1],'k','LineWidth',6)
hold off
```

练习 6.10

1. 某厂生产一种弹子锁具,每个锁具的钥匙有 5 个槽,每个槽的高度是 1, 2, 3, 4, 5, 6 六个数中的一个(单位略). 由于工艺等原因,钥匙的高度至少有三个不同的数,相邻两个槽的高度之差不能为 5. 计算满足这种要求的不同锁具的个数.

2. 考虑如下定义的关灯游戏:给定一个 5×5 方格的棋盘,每个方格有黑白两种状态,表示灯亮、灯灭. 当用鼠标点击其中任何一个方格时,这个方格自身以及与之相邻的上、下、左、右四个方格都改变状态,即原来白的变黑,原来黑的变白. 对于棋盘边缘的 16 个方格,与之相邻的方格只有三个或两个,此时只需考虑这些存在的方格. 假定棋盘初始状态为全白(表示灯全开着),问如何点击鼠标可使棋盘状态变成全黑(表示灯全关了),并使点击鼠标的次数尽可能少?

6.11 凸轮设计

6.11.1 插值问题简介

给定平面上一组数据 $(x_0, y_0), (x_1, y_1), \cdots, (x_n, y_n)$,要求确定一个通过这些给定点的初等函数 $y=\varphi(x)$(一般为多项式或分段多项式函数),这类问题称为**插值问题**. 直接用多项式进行插值,效果并不好,一般采用分段插值.

6.11.1.1 拉格朗日插值

对于平面上的数据点 $(x_0, y_0), (x_1, y_1), \cdots, (x_n, y_n)$ $(a=x_0<x_1<x_2<\cdots<x_n=b)$,首先构造一组插值基函数:

$$l_j(x)=\prod_{i=0(i\neq j)}^{n}\frac{x-x_i}{x_j-x_i}, \quad j=0, 1, \cdots, n.$$

显然 $l_j(x)$ 满足

$$l_j(x_i)=\delta_{ij}=\begin{cases}0, & i\neq j,\\ 1, & i=j,\end{cases} \quad i, j=0, 1, \cdots, n.$$

由 $l_0(x), l_1(x), \cdots, l_n(x)$ 线性组合得到的函数

$$L_n(x)=\sum_{j=0}^{n}y_j l_j(x)$$

是通过给定数据点的次数不超过 n 的多项式函数,称它为**拉格朗日插值多项式**.

若数据 (x_i, y_i) 来自函数 $f(x)$[称 $f(x)$ 为被插函数],即 $y_i=f(x_i)$,显然,在分点 x_i 处 $L_n(x_i)=y_i=f(x_i)$,但在其他点 x 处未必有 $L_n(x)=f(x)$,甚至可能相差很大. 这就是说,$f(x)$ 的拉格朗日插值多项式虽然光滑但不一定

收敛到 $f(x)$. 当分点数比较多时，一般不直接采用高次多项式插值，而采用分段低次插值. 只要分点数足够多，分段插值函数就充分接近被插函数 $f(x)$.

6.11.1.2 分段线性插值

分段线性插值是最简单的一种插值方法，直观上就是将各数据点用折线连起来. 分段线性插值公式是一个分段线性函数，它在区间 $[x_{i-1}, x_i]$ 上的表达式为

$$\varphi_i(x)=\frac{x-x_i}{x_{i-1}-x_i}y_{i-1}+\frac{x-x_{i-1}}{x_i-x_{i-1}}y_i,\quad i=1, 2, \cdots, n.$$

可以证明，当分点足够多时分段线性插值是收敛的，但分段线性插值得到的曲线一般不光滑.

6.11.1.3 样条插值

数学上所说的样条插值是指分段多项式的光滑连接. 工程上广泛采用的是三次样条插值. 设有区间 $[a, b]$ 的一个划分：$a=x_0<x_1<x_2<\cdots<x_n=b$，若分段三次函数 $S(x)$ 在 $[a, b]$ 上具有一阶和二阶连续导数，则称它为一个**三次样条函数**. 由三次样条函数构造的插值称为**三次样条插值**.

n 段三次多项式共有 $4n$ 个参数，插值条件含 $2n$ 个约束[分点 $x_i(i=0, 1, \cdots, n)$ 处的函数值为定值]，光滑条件含 $2(n-1)$ 个约束[每个分点 $x_i(i=1, \cdots, n-1)$ 处的左右一、二阶导数均相等]，因而三次样条插值结果不唯一. 要完全确定参数，还需要两个条件. 通常有四类条件：

(1) **非扭结条件**. 要求第 1 段和第 2 段多项式三次系数相同，第 $(n-1)$ 和第 n 段多项式三次系数相同.

(2) **一阶条件**. a, b 处的导数给定，即要求 $S'(x_0)=y'_0$, $S'(x_n)=y'_n$.

(3) **二阶条件**. a, b 处的二阶导数给定，即要求 $S''(x_0)=y''_0$, $S''(x_n)=y''_n$. 特别地，$y''(x_0)=y''(x_n)=0$ 称为自然条件.

(4) **周期条件**. 形成的样条函数是周期函数，即要求 $S'(x_0)=S'(x_n)$, $S''(x_0)=S''(x_n)$ [前提条件 $S(x_0)=S(x_n)$].

6.11.2 MATLAB 中有关插值的命令

yi=interp1(x,y,xi,'method')	根据数据 (x, y) 给出点 x_i 处的插值函数值 y_i. 其中 'method' 是所采用的插值方法：'linear' 表示分段线性插值，为默认值；'cubic' 表示分段三次插值；'spline' 表示三次样条插值.
yi=spline(x,y,xi)	等价于 yi=interp1(x,y,xi,'spline').
pp=spline(x,y)	根据数据 (x, y) 给出三次样条插值函数的有关信息.

pp. coefs	给出三次样条插值函数在各分段区间上的多项式.
yi=ppval(pp,xi)	根据三次样条插值函数的有关信息计算在点 x_i 处的插值函数值 y_i.
pp=csape(x,y,'conds','values')	根据数据 (x, y) 给出三次样条插值在各分段区间上的多项式.

其中,'conds' 是边界条件:'not-a-knot' 表示非扭结条件,不必给出值;'complete' 表示一阶条件,要给出两个导数值;'second' 表示二阶条件,要给出两个二阶导数值;'variational' 表示自然条件,自动设置两端的二阶导数值为零,不必另外给出值;'periodic' 表示周期条件,不必给出值.

6.11.3 实验目的

了解插值的概念,学会用插值方法和 MATLAB 中的有关命令解决某些实际问题.

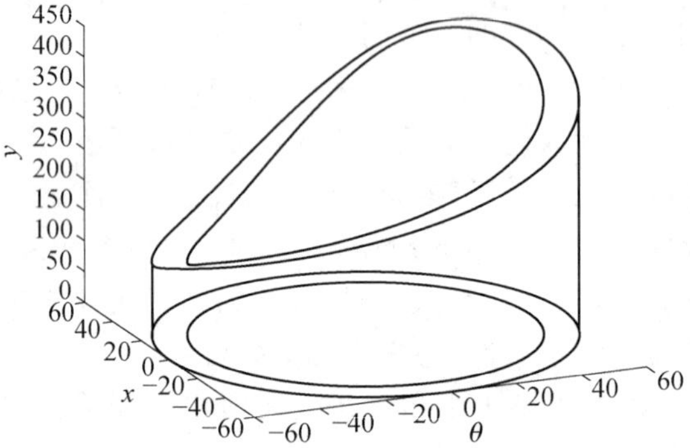

图 6-10 万能拉拨机构凸轮

实验 万能拉拨机构中有一个圆柱形凸轮(图 6-10),其底圆半径 $R=300$ mm,凸轮上端面不在同一平面,要根据从动杆位移变化的需要进行设计. 根据设计要求,已经给出凸轮上每隔 20°对应的高见下表:

x	0(360)	20	40	60	80	100	120	140	160
y	502.8	525.0	514.3	451.0	326.5	188.6	92.2	59.6	62.2
x	180	200	220	240	260	280	300	320	340
y	102.7	147.1	191.6	236.0	280.5	324.9	369.4	413.8	458.3

为了便于数控加工,计算圆周上每隔 2°的柱高.

解 问题要求严格按设计数据加工凸轮,所以应使用插值方法. 又加工的凸轮端面是封闭的,所以应当使用周期条件插值.

输入命令

```
x=0:20:360;
y=[502.8 525.0 514.3 451.0 326.5 188.6 92.2 59.6 62.2 102.7
147.1 191.6 236.0 280.5 324.9 369.4 413.8 458.3 502.8]
pp=csape(x,y,'periodic')
xi=0:2:360;
yi=ppval(pp,xi)
```

结果得到所要求的 180 个数据(略).

练习 6.11

1. 给定数据表如下:

t/s	0.25	0.30	0.39	0.45	0.53
V/V	0.5000	0.5477	0.6245	0.6708	0.7280

分别就下列端点条件求三次样条值 $S(x)$,并作图.

(1) $S'(0.25)=1$, $S'(0.53)=0.6868$; (2) $S''(0.25)=S''(0.53)=0$.

2. 领导视察大学城,坐车从大学城边界上某处出发,沿边界行驶了 15′45″,然后作 90°左拐弯沿直线边界直奔起点. 下表给出了汽车在前 15′45″行驶过程中每隔 2 min 左右的记录数据.

时间/min	0	2.0	4.0	6.0	8.0	10.0	12.0	14.0	15.75
速率/(km/min)	0	0.67	0.85	0.97	1.07	1.15	1.22	1.29	1.34
方向角/°	0	91	144	189	229	266	300	333	360

请根据提供的数据,(1)估计汽车绕大学城行驶的总路程;(2)估计大学城的占地面积;(3)确定该汽车的行驶路线的函数表达式.

6.12 人口预测

6.12.1 拟合问题简介

给定平面上一组数据(x_0, y_0), (x_1, y_1), …, (x_n, y_n),要求确定一个初等函数 $y=\varphi(x)$, 使给定的数据点(在某种距离下)与函数 $y=\varphi(x)$ 表示的曲线整体上最为接近,这类问题称为**数据拟合**.

设有经验公式 $y=f(\boldsymbol{x}, \boldsymbol{c})$ (这里 $\boldsymbol{x}$ 和 $\boldsymbol{c}$ 均可为向量),要求根据数据 (x_i, y_i) $(i=0, 1, \cdots, n)$ 确定参数 $\boldsymbol{c}$, 这样的问题称为**曲线拟合**,其基本原理是**最小二乘法**,即求使误差平方和

$$Q(\boldsymbol{c})=\sum_{i=0}^{n}[f(x_i, \boldsymbol{c})-y_i]^2$$

达到最小的 $\boldsymbol{c}$.

当 f 是关于 $\boldsymbol{c}$ 的线性函数时,问题转化为求解线性方程组,当 x_i 不全相等时,其解存在且唯一.

如设 $f=a+bx$,这里 $\boldsymbol{c}=[a,\ b]$ 是待定参数. 欲使

$$Q(a,\ b)=\sum_{i=0}^{n}(a+bx_i-y_i)^2$$

达到最小,应有

$$\begin{cases}\dfrac{\partial Q}{\partial a}=2\sum\limits_{i=0}^{n}(a+bx_i-y_i)=0,\\ \dfrac{\partial Q}{\partial b}=2\sum\limits_{i=0}^{n}(a+bx_i-y_i)x_i=0,\end{cases}$$

即

$$\begin{cases}(n+1)a+(\sum\limits_{i=0}^{n}x_i)b=\sum\limits_{i=0}^{n}y_i,\\ (\sum\limits_{i=0}^{n}x_i)a+(\sum\limits_{i=0}^{n}x_i^2)b=\sum\limits_{i=0}^{n}x_iy_i.\end{cases}$$

解得

$$b=\frac{\sum\limits_{i=0}^{n}(x_i-\overline{x})(y_i-\overline{y})}{\sum\limits_{i=0}^{n}(x_i-\overline{x})^2},\quad a=\overline{y}-b\overline{x},$$

其中,$\overline{x}=\dfrac{1}{n+1}\sum\limits_{i=0}^{n}x_i$,$\overline{y}=\dfrac{1}{n+1}\sum\limits_{i=0}^{n}y_i$.

如果 f 是关于 $\boldsymbol{c}$ 的非线性函数,问题等价于求解非线性函数的极值.

6.12.2 MATLAB 中有关拟合的命令

p=polyfit(x,y,k)	用 k 次多项式拟合向量数据($\boldsymbol{x},\boldsymbol{y}$),返回多项式的降幂系数向量.
yi=polyval(p,xi)	根据多项式 p 计算出在 x_i 处的插值函数值 y_i.
c=lsqnonlin(fun,c0)	使用迭代法搜索最优参数 $\boldsymbol{c}$,其中 fun 是以参数 $\boldsymbol{c}$(可以是向量)为自变量的表示误差 $f(\boldsymbol{x},\ \boldsymbol{c})-\boldsymbol{y}$($\boldsymbol{x},\boldsymbol{y}$ 是数据向量)的函数,c_0 是 $\boldsymbol{c}$ 的近似值,作为迭代初始值.
c=lsqcurvefit(fun,c0,x,y)	根据数据 $(x_i,\ y_i)(i=0,\ 1,\ \cdots,\ n)$ 确定经验公式 $\boldsymbol{y}=f(\boldsymbol{x},\ \boldsymbol{c})$($\boldsymbol{c}$ 可以为向量)中的参数 $\boldsymbol{c}$. 这里 fun 为函数 $f(\boldsymbol{x},\ \boldsymbol{c})$,$\boldsymbol{c}_0$ 是 $\boldsymbol{c}$ 的初始值. 与 lsqnonlin 不同,使用 lsqcurvefit 时数据 $\boldsymbol{x},\boldsymbol{y}$ 从外部输入.

例 6.12.1 分别用多项式函数与指数函数对下列数据进行拟合.

x	10	20	30	40	50	60	70	80	90	100
y	4.54	4.99	5.35	5.65	5.90	6.10	6.26	6.39	6.50	6.59

解 先用多项式拟合.

画图显示,这些数据在坐标平面上大体位于抛物线上,因此考虑用二次多项式拟合.

输入命令

```
p=polyfit(x, y, 2)
```

得多项式系数

```
p=[-0.0002163  0.04576  4.143]
```

即拟合多项式为 $f(x)=-0.0002163x^2+0.04576x+4.143$.

下面我们将给定数据与拟合多项式显示在一张图上以便观看拟合效果.

输入命令

```
plot(x, y,'ro'); hold on;
fplot ('-0.0002163 * x^2+0.04576 * x+4.143', [10, 100]);
hold off
```

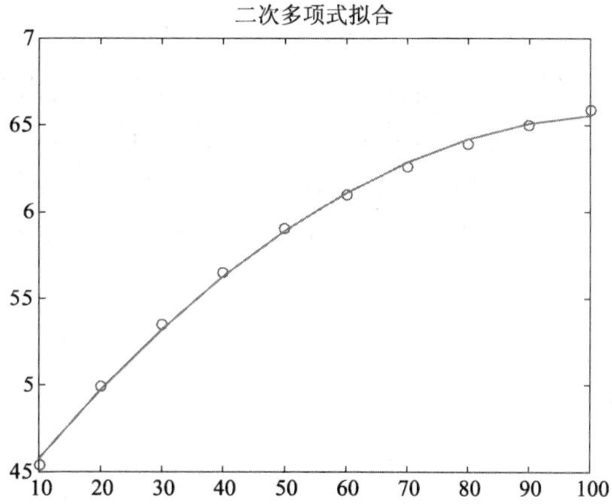

图 6-11 二次多项式拟合结果

图上看拟合效果还不错.

再用指数函数拟合

单纯用指数函数 $f=a\ \exp(bx)$ 作拟合难以调控函数性态,拟合效果不佳(读者不妨自己试试). 这里考虑用双指数函数 $f=a\ \exp(bx)+c\ \exp(dx)$ 作拟合.

(1) 用命令 lsqnonlin

先编写 M 文件 curvefun1. m:

```
function f=curvefun 1(c, x)
x=10：10：100;     %数据在函数文件内输入
y=[4.54 4.99 5.35 5.65 5.90 6.10 6.26 6.39 6.50 6.59];
f=c(1) * exp(c(2) * x)+c(3) * exp(c(4) * x)-y
```

接下来要输入未定参数 $\boldsymbol{c}$ 的预估值 c0. 最小二乘法拟合对初始参数非常敏感,初始值的选取一方面靠分析,另一方面也要靠试算. 我们先对单指数函数 $f=a\exp(bx)$ 的性态作一些粗浅的分析.

模式①：若 $a>0$, $b>0$,则函数在区间 $[10, 100]$ 上 $f>0$,下凸,左低右高;

模式②：若 $a>0$, $b<0$,则函数在区间 $[10, 100]$ 上 $f>0$,下凸,左高右低;

模式③：若 $a<0$, $b>0$,则函数在区间 $[10, 100]$ 上 $f<0$,上凸,左高右低;

模式④：若 $a<0$, $b<0$,则函数在区间 $[10, 100]$ 上 $f<0$,上凸,左低右高.

此外,在区间 $[10, 100]$ 中, a 决定了曲线位置的高低(对曲率也有一些影响); b 主要影响曲线的曲率.

例题中给定的数据显示 $f>0$,上凸,左低右高. 在双指数函数的两个单指数函数中,为保证 $f>0$,模式①②必选其一. 为保证上凸,模式③④必选其一. 为保证左低右高,模式①④必选其一. 结果可选①④组合或②④组合. 取①④组合试了几次效果不佳,且 $c(2)\rightarrow 0$,转而选②④组合,试了几次可行,最后确定取 c0=[6, -0.01 -3 -0.01].

输入命令

```
c0=[6, -0.01 -3 -0.01];
[c fval]=lsqnonlin('curvefun1',c0)
```

运行结果为

```
c=[7.0834  -0.0001  -3.0882  -0.0197], fval=5.1613e-05
```

误差平方和很小. 下面作图观看双指数函数的拟合效果.

输入命令

```
plot(x, y,' ro'); hold on
fplot(7.0834 * exp(-0.0001 * x)-3.0882 * exp(-0.0197 * x));
hold off
```

运行结果如图 6-12 所示.

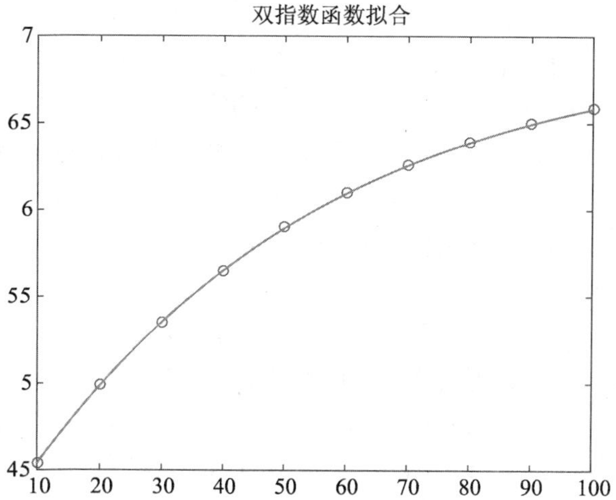

图 6-12　双指数函数拟合结果

看上去拟合效果很好.

(2) 用命令 lsqcurvefit

先编写 M 文件 curvefun2. m:

```
function f=curvefun2(c,x)
f=c(1)*exp(c(2)*x)+c(3)*exp(c(4)*x)
```

输入命令

```
x=10:10:100;      %数据从命令窗口输入
y=[4.54 4.99 5.35 5.65 5.90 6.10 6.26 6.39 6.50 6.59];
c0=[6, -0.01 -3 -0.01];
[c fval]=lsqnonlin('curvefun2', c0, x, y)
```

运行结果为

```
c=[7.0834 -0.0001 -3.0882 -0.0197], fval=5.1613e-05
```

(3) 用拟合工具 cftool 进行拟合(以下内容适用于 MATLAB2014 以上版本)

输入命令

```
x=10:10:100;
y=[4.54 4.99 5.35 5.65 5.90 6.10 6.26 6.39 6.50 6.59];
```

键入 cftool 后自动弹出"Curve Fitting Tool"拟合工具箱界面.

在左上方 X data 条形框中勾选 x,Y data 条形框中勾选 y(此中的 x, y 即在命令窗口中输入的数据);在中间上方顶部条形框中勾选"Polynomial"(表示多项式拟合),在"Degree"框中勾选 2(表示 2 次多项式);在右上方勾选"Auto fit".

此时在左下方"Results" 框中显示了拟合多项式的系数 p1，p2，p3 及误差平方和 SSE 等信息. 右下方的图中显示了数据点及拟合曲线,与第 1 款的结果一致.

若在拟合工具箱界面的中间上方顶部条形框中勾选"Exponential"(表示指数函数拟合),在"Degree"框中勾选 2(表示双指数函数),则获得指数拟合的各参数值以及图形结果,与第 2 款的结果一致.

如果本人设定的拟合模型(方程)未出现在中间上方预设的模型中,则可以在右上方不选"Auto fit"而选"Custom Equation",然后在弹出框中输入自设的模型(方程),再在右上方点按"Fit"按钮,这样就完成了拟合过程.

MATLAB7.01 中的拟合工具箱与 MATLAB2014 大同小异. 先在命令窗口输入数据 x，y. 然后键入 cftool,弹出一个简洁的界面,上部排列着 Data...，Fitting...，Exclude...，Plotting...，Analysis... 五个按钮. 下部是一个空白坐标平面,中间提示

centerline{Select "Data" to begin curve fitting

按下"Data"按钮,在弹出菜单中勾选数据 x，y,再点按"Create data set"按钮,这就完成了创建数据集的过程. 点按下方"close"按钮,关闭此菜单回到拟合工具箱界面.

按下"Fitting"按钮,在"Fit editor"菜单中点按"New fit"按钮,在"Type of fit"框中勾选"Polynomial"(多项式),在"Polynomial"框中勾选"quadratic polynomial"(二次多项式),然后按下"Apply"(应用)按钮,这样就完成了拟合过程. 在下方"Table of Fits"框中可以看到"Type"(拟合类型),"SSE"(误差平方和),"R-square"(决定系数)等信息. 按下"Table options"按钮还可以通过勾选相应的选项删除或添加有关内容. 点按下方"close"按钮,重新回到拟合工具箱界面. 此时在坐标窗口可以清楚地看到数据点和拟合曲线的状况.

6.12.3 实验目的

了解拟合的概念,学会用拟合方法和 MATLAB 中的有关命令解决某些实际问题.

例 6.12.2(人口预测) 以下是美国人口 2 个世纪以来的统计数据,试以此预测 2010 年,2020 年的美国人口.

年份	1800	1810	1820	1830	1840	1850	1860	1870	1880	1890	1900
人口/百万	5.3	7.2	9.6	12.9	17.1	23.2	31.4	38.6	50.2	62.9	76.0
年份	1910	1920	1930	1940	1950	1960	1970	1980	1990	2000	
人口/百万	92.0	106.5	123.2	131.7	150.7	179.3	204.0	226.5	251.4	275.0	

解 先作散点图，为了方便，也为了避免数据相差太大造成误差，年份均减去 1 800.

输入命令

```
t=[0 10 20 30 40 50 60 70 80 90 100 110 120 130 140 150 160 170 180 190 200];
y=[5.3 7.2 9.6 12.9 17.1 23.2 31.4 38.6 50.2 62.9 76.0 92.0 ...
106.5 123.2 131.7 150.7 179.3 204.0 226.5 251.4 275.0];
subplot(2,2,1)
plot(t,y,'bo');axis([0,300,0,400])
text(20,350,'美国人口散点图')
```

运行结果如图 6-13(a)所示. 从数值上看给定数据接近抛物线或指数曲线.

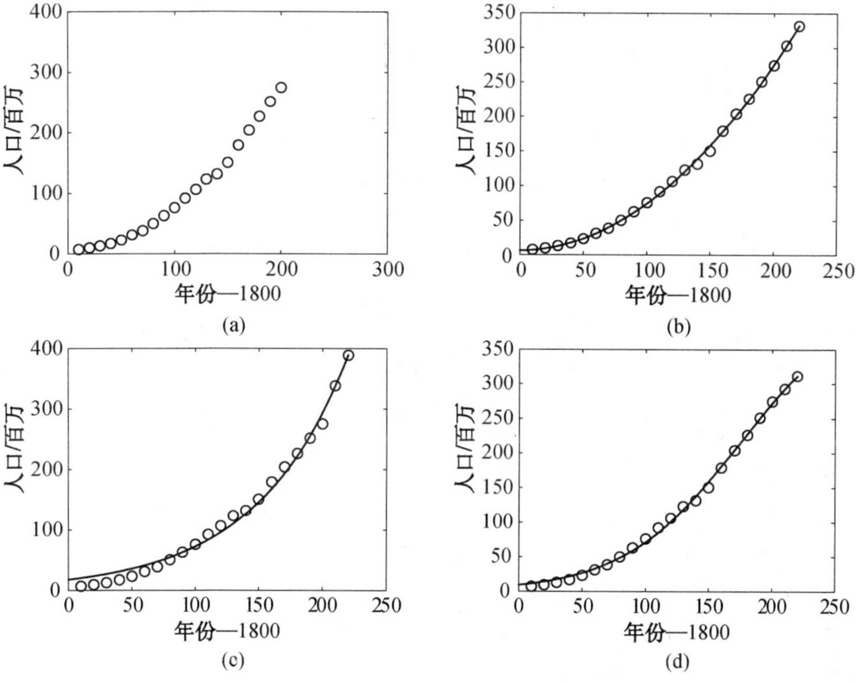

图 6－13 美国人口散点图及预测结果

ⅰ. 考虑用二次多项式拟合.

输入命令

```
p=polyfit(t,y,2);
Q1=sqrt(sum((y-polyval(p,t)).^2))
ti=0:2:220;yi=polyval(p,ti);
yj=polyval(p,[210,220]);
subplot(2,2,2)
```

```
plot(t,y,'bo',ti,yi,'r',[210,220],yj,'ro')
text(20,350,'二次多项式拟合')
```

结果：拟合曲线如图 6-13(b)所示，均方误差 $Q_1=12.5425$，预测人口 $y_j=$ 303.0567 331.8160.

ⅱ. 采用马尔萨斯模型，人口按指数增长，因此可设人口曲线为 $f(t,\ r)=N_0 e^{rt}$，其中 N_0 和 r 是待拟合的参数.

输入命令

```
fun1=@(c,t)c(1)*exp(c(2)*t);
c=lsqcurvefit(fun1,[6,0.1],t,y)
Q2=sqrt(sum((y-c(1)*exp(c(2)*t)).^2))
ti=0:2:220;yi=c(1)*exp(c(2)*ti);
yj=c(1)*exp(c(2)*[210,220])
subplot(2,2,3)
plot(t,y,'bo',ti,yi,'r',[210,220],yj,'ro')
text(20,350,'指数曲线拟合')
```

结果：拟合曲线如图 6-13(c)所示，均方误差 $Q_2=48.5696$，预测人口 $y_j=$ 338.3433 389.2984.

ⅲ. 采用 Logistic 模型，人口增长规律为

$$\frac{N_m}{1+\left(\frac{N_m}{N_0}e^{-rt}\right)},$$

其中，N_m，N_0，r 是待拟合的参数.

输入命令

```
fun2=@(c,t)c(1)./(1+(c(1)/c(2)-1)*exp(-c(3)*t));
c=lsqcurvefit(fun2,[500,6,0.2],t,y)
Q3=sqrt(sum((y-c(1)./(1+(c(1)/c(2)-1)*exp(-c(3)*t))).^2))
ti=0:2:220;yi=c(1)./(1+(c(1)/c(2)-1)*exp(-c(3)*ti));
yj=c(1)./(1+(c(1)/c(2)-1)*exp(-c(3)*[210,220]))
subplot(2,2,4)
plot(t,y,'bo',ti,yi,'r',[210,220],yj,'ro')
text(20,350,'Logistic 曲线拟合')
```

结果：拟合曲线如图 6-13(d)所示，均方误差 $Q_3=19.8134$，预测人口 $y_j=$ 293.0037 311.9919.

从以上结果看，二次多项式拟合均方误差最小，Logistic 模型次之，马尔萨斯模型最差. 但从机理上考虑，二次多项式和马尔萨斯模型确定的人口最终都会趋于无穷大，不合理，它们都只能用作近期预测. 相对来说，Logistic 模型较为合理.

练习 6.12

1. 假定某天的气温变化记录见下表,试找出这一天的气温变化规律.

时刻 t	0:00	1:00	2:00	3:00	4:00	5:00	6:00	7:00	8:00	9:00	10:00	11:00	12:00
温度 T/℃	15	14	14	14	14	15	16	18	20	22	23	25	28
时刻 t	13:00	14:00	15:00	16:00	17:00	18:00	19:00	20:00	21:00	22:00	23:00	24:00	
温度 T/℃	31	32	31	29	27	25	24	22	20	18	17	16	

2. 用电压 $V=10$ V 的电池给电容器充电,电容器上时刻 t 的电压为 $u(t)=V-(V-V_0)e^{-t/\tau}$,其中 V_0 是电容器的初始电压,τ 是充电常数,试由下面一组 t, V 数据确定 V_0 和 τ.

t/s	0.5	1	2	3	4	5	7	9
V/V	6.36	6.48	7.26	8.22	8.66	8.99	9.43	9.63

6.13 货物装箱

6.13.1 装箱问题简介

设有一批货物,质量为 a_1, a_2, …, a_n,现在要把它们装进承重为 b 的箱子里(这里不考虑货物的形状,只要货物的质量不超过 b,总认为可以装进箱子),问至少需要几个箱子?

这是装箱问题最简单的模型,到目前为止,没有找到一般情况下装箱问题的有效解法.有几个装箱方案可供参考:①NFR(Next-Fit Rule)算法:依次装货,尽量往一个箱子装,一旦超重就装进下一个箱子,直到货物装完;②FFR(First-Fit Rule)算法:依次装货,对于每件货物都从第一个箱子挨个检查有没有箱子能把它装下,一旦发现能装下该货物的箱子,就把该货物装进该箱子;③BFR(Best-Fit Rule)算法:依次装货,对于每件货物从第一个箱子挨个检查哪些箱子还能把它装下,在所有这样的箱子中选择剩余可装质量最小的箱子,把货物装进该箱子.

我们的目的是要研究不同装箱方案的效率.设上述三种装箱方案下所用的箱子数分别为 m_1, m_2, m_3,理想(即最佳)装箱方案所需的箱子数为 m_0,于是装箱方案的效率就可以用 m_i/m_0 来衡量.然而,通常情况下 m_0 无法求得,为简便计,可取 $m=\lceil a_1+a_2+\cdots+a_n\rceil$($\lceil x\rceil$表示不小于 x 的最小整数)代替 m_0,用$r_i=m_i/m$ 来衡量第 i 种装箱方案的效率,r_i 越小,装箱效率越高.

由于货物数量和质量的随机性,对于不同批次的货物,呈现的效率 m_i/m 会有波动,我们可以用多次实验结果的均值作为装箱效率的估计值.

6.13.2 实验目的

学会生成和利用随机数,学会用模拟实验比较不同装箱方案的效率.

实验 (1) 随机产生一组质量在[1, 10]之间的 100 件货物(质量取小数 2 位),采用计算机模拟(仿真)装箱的方法计算不同装箱方案的装箱效率.重复实验 20 次.比较不同装箱方案的效率.

(2) 你能提出更好的装箱算法吗?用计算机模拟(仿真)来测试你的算法的效率.

解 (1) 下面提供一个计算装箱效率的程序,供参考.

```
a=floor(rand(1,100)*900+100)/100;
b=0; %记录当前箱子已装载的质量
c=0; %记录当前箱子已装载的货物数量
s=[]; %记录各箱装载质量
t=[]; %记录各箱装载货物数量
%Next-Fit Rule 算法的装箱效率 r1
for i=1:100
   if b+a(i)<=20
     b=b+a(i);c=c+1;
    else
        s=[s,[b]];t=[t,[c]];
        b=a(i);c=1;
    end
end
s=[s,[b]];t=[t,[c]];
r1=[length(s), 20*length(s)/ceil(sum(a))]
%First-Fit Rule 算法的装箱效率 r2
s=[a(1)];
for i=2:100
   s1=20*ones(size(s))-s-a(i);k=find(s1>=0);
    if length(k)==0
       s=[s,a(i)];
    else
        k=k(1);
        s(k)=s(k)+a(i);
    end
end
r2=[length(s),20*length(s)/ceil(sum(a))]
```

```
%Best-Fit Rule 算法的装箱效率 r3
s=[a(1)];
for i=2:100
    s1=20*ones(size(s))-s-a(i);k=find(s1>=0);
     if length(k)==0
        s=[s,a(i)];
     else
         m=min(s1(k));
         k=find(s1==m);k=k(1);
         s(k)=s(k)+a(i);
     end
end
r3=[length(s),20*length(s)/ceil(sum(a))]
```

(2) 请读者自行考虑.

练习 6.13

学校要安排 56 个班的学生进行一次体检,各班人数见下表:

班号	1	2	3	4	5	6	7	8	9	10	11	12	13	14	15
人数	41	45	44	44	26	44	42	20	20	38	37	25	45	45	45
班号	16	17	18	19	20	21	22	23	24	25	26	27	28	29	30
人数	44	20	30	39	35	38	38	28	25	30	36	20	24	32	33
班号	31	32	33	34	35	36	37	38	39	40	41	42	43	44	45
人数	41	33	51	39	20	20	44	37	38	39	42	40	37	50	50
班号	46	47	48	49	50	51	52	53	54	55	56				
人数	42	43	41	42	45	42	19	39	75	17	17				

医院每次只能安排不多于 150 人接受体检,为保证正常教学,一个班的学生必须同时体检. 问如何安排,总的体检次数最少?

6.14 追兔问题

6.14.1 计算机仿真简介

仿真(simulation)是利用模型复现实际系统中发生的本质过程,并通过对系统模型的实验来研究存在的或设计中的系统. 仿真又称**模拟**(emulation),虽说二者稍有区别(模拟主要指模仿一个设备的内部设计;而仿真主要指模仿一个设备的功能). 仿真具有高效、安全、受环境条件的约束较少、可改变时间比例尺等优点,当所研究的系统造价昂贵、实验的危险性大或需要很长的时间才能了解系统参数变化所引起的后果时,仿真是一种特别有效的研究手段. 仿真与数值计算、求解方法的区别在于它首先是一种实验技术. 仿真过程包括建立仿真模型和进行仿真实验两个主要步骤.

仿真需要硬件和软件. 仿真硬件中最主要的是计算机. 仿真软件包括为仿真服务的仿真程序、仿真程序包、仿真语言和以数据库为核心的仿真软件系统. 此外,一个重要的趋势是将仿真技术和人工智能相结合产生具有专家系统功能的仿真软件. 仿真技术得以发展的主要原因,是它所带来的巨大社会经济效益.

本书中所说的仿真主要是指在计算机上利用计算机编程来模拟一个实际系统,通过计算或动态演示,了解系统行为变化的情况,从而获取有关的信息,为分析、评价、设计系统等提供依据.

在建立仿真模型时,如系统随时间的推移而改变状态则采用时间步长法,如系统因事件的发生而改变状态则采用事件步长法. 我们将在本节和下一节分别用实例对这两种方法作出说明.

6.14.2 实验目的

学会采用时间步长法进行计算机仿真实验,编写程序,要求给出解析解和模拟解,并给出动画演示.

动画命令:

m(k)=getframe	将当前画面取作动画文件 m. m 的第 k 幅画面,此命令常在 for 循环中使用.
movie(m,n)	n 为正整数时播放由 getframe 获取的动画文件 m. m n 次,n 默认值为 1,即放 1 次.

实验 设旷野上有一只野兔和一条猎狗. 在时刻 $t=0$, 猎狗发现了野兔并开始追踪,野兔也同时发现猎狗并向兔穴直奔而去. 假设兔穴位于坐标原点,时刻 $t=0$, 野兔位于 $(0, b)=(0, -60)$, 猎狗位于 $(x_0, y_0)=(70, 15)$(单位: m),猎狗追踪的方向始终对着野兔,野兔和猎狗的速度为常数,野兔速度 $u=3$(m/s), 猎狗速度 $v=5$(m/s). (1)确定猎狗的追踪轨迹;(2)问猎狗能否在野兔进洞之前抓到野兔?

解 (1) 解析方法. 在时刻 t 时,野兔位于$(0, b+ut)$,设猎狗位于(x, y),由猎狗追踪的方向始终对着野兔,知

$$y'=\frac{(y-b-ut)}{x}. \tag{6.14.1}$$

猎狗在$[0, t]$这段时间内走过路程为

$$v t=\int_{x}^{x_0} \sqrt{1+(y')^2}\, \mathrm{d}x. \tag{6.14.2}$$

由式(6.14.1)、式(6.14.2)消去t得到

$$x y'=y-b-\frac{u}{v}\int_{x}^{x_0} \sqrt{1+(y')^2}\, \mathrm{d}x. \tag{6.14.3}$$

对式(6.14.3)两边求导，结合初始条件，得到追兔问题的微分方程

$$\begin{cases} x y''=\dfrac{u}{v}\sqrt{1+(y')^2}, \\ y(x_0)=y_0, \\ y'(x_0)=\dfrac{y_0-b}{x_0}. \end{cases} \tag{6.14.4}$$

这是可降阶方程，令$p(x)=y'$，分离变量，解得

$$p=y'=\frac{1}{2}\left(c_1 x^{\frac{u}{v}}-\frac{1}{c_1}x^{-\frac{u}{v}}\right). \tag{6.14.5}$$

由初始条件$y'(x_0)=\dfrac{y_0-b}{x_0}=\dfrac{1}{2}\left(c_1 x_0^{\frac{u}{v}}-\dfrac{1}{c_1}x_0^{-\frac{u}{v}}\right)$，解得

$$c_1=x_0^{-1-\frac{u}{v}}\left(y_0-b+\sqrt{x_0^2+(y_0-b)^2}\right)=0.1983.$$

对式(6.14.5)两边积分，得猎狗的追踪曲线为

$$y=\frac{1}{2}\left[\frac{c_1 v}{(v+u)}x^{1+\frac{u}{v}}-\frac{v}{c_1(v-u)}x^{1-\frac{u}{v}}\right]+c_2, \tag{6.14.6}$$

其中，$c_2=y_0-\left[c_1\dfrac{v}{(v+u)}x_0^{1+\frac{u}{v}}-\dfrac{v}{c_1(v-u)}x_0^{1-\frac{u}{v}}\right]\Big/2=-6.0080.$

由式(6.14.6)，令$x=0$，得$y=c_2=-6.0080<0$，所以，猎狗在野兔进洞前抓到了野兔.

(2) 仿真方法. 我们也可以用仿真的方法研究追踪问题. 以下 M 文件 DchaseR 是追踪问题的一个程序，野兔和猎狗的初始位置可以随意设置(但要求野兔处在y轴下方)，采用时间步长法，野兔逃一步，猎狗追一步. 当猎狗和野兔距离足够小时即认为猎狗已抓到野兔. 本程序同时画出了猎狗追踪野兔的解析曲线，可以看出，解析曲线(黑线)和模拟曲线(红色点线)十分贴合.

```
clf,clear
b=input('b(<0)=')          %输入野兔初始位置纵坐标
```

```
u=input('u=')                %输入野兔速度
v=input('v(>u)=')            %输入猎狗速度 v > u
D=input('[x0,y0]=')          %输入猎狗初始位置
dt=1/3;r=dt*u;               %取定时间步长 dt 和抓获半径 r
R=[0,b];                     %野兔和猎狗初始位置
x0=D(1);y0=D(2);
k=1;
while norm(D(k,:)-R(k,:))>r
    k=k+1;
    R(k,:)=[0,b+(k-1)*u*dt];
    w=R(k-1,:)-D(k-1,:);w=w/norm(w);
    D(k,:)=D(k-1,:)+w*v*dt;
end
K=int2str((k-1)/3);Y=int2str(D(end,2));
disp(['The dog catch the rabbit in ',K,' secends at(0,',Y,').'])
plot(R(:,1),R(:,2),'b.',[R(1,1),R(end,1)],[R(1,2),R(end,2)],'bo',...
    D(:,1),D(:,2),'r.',[D(1,1),D(end,1)],[D(1,2),D(end,2)],'ro')
axis([-5,1.05*x0,1.1*min(b,y0),5+1.1*max(0,max(D(:,2)))])
hold on
x=0:x0;                      %画出解析曲线
c1=x0^(-1-u/v)*(y0-b+sqrt(x0^2+(y0-b)^2));
c2=y0-(c1*v/(v+u)*x0^(1+u/v)-v/c1/(v-u)*x0^(1-u/v))/2;
y=(c1*v/(v+u)*x.^(1+u/v)-v/c1/(v-u)*x.^(1-u/v))/2+c2;
plot(x,y,'k')
hold off
%动画演示
x=0:x0;
c1=x0^(-1-u/v)*(y0-b+sqrt(x0^2+(y0-b)^2));
c2=y0-(c1*v/(v+u)*x0^(1+u/v)-v/c1/(v-u)*x0^(1-u/v))/2;
y=(c1*v/(v+u)*x.^(1+u/v)-v/c1/(v-u)*x.^(1-u/v))/2+c2;
plot(x,y,'m');
axis([-5,1.05*x0,1.1*min(b,y0),5+1.1*max(0,max(D(:,2)))]);
hold on;
for i=1:k
    plot(R(i,1),R(i,2),'b.',D(i,1),D(i,2),'r.')
    m(i)=getframe;
end
hold off
```

```
movie(m,0);hold on
plot(D(end,1),D(end,2),'rp','markersize',12)
hold off
```

运行程序 DchaseR. m，输入命令

$b=-60;u=3;v=5;x_0=70;y_0=15,$

运行结果如图 6－14 所示.

回车后还可见到猎狗追踪野兔的动画演示.

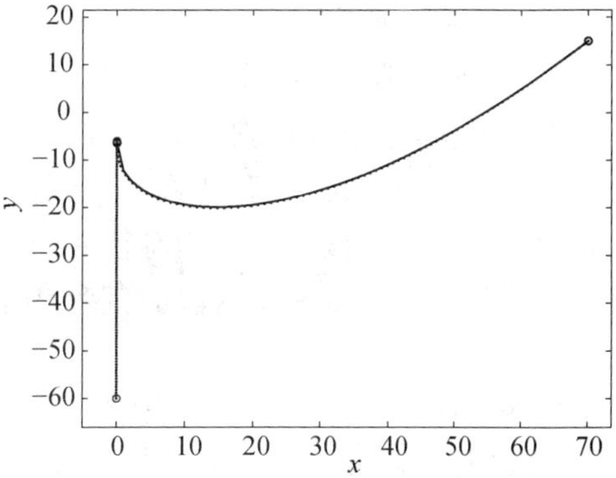

图 6－14　猎狗追踪野兔的轨迹

练习 6.14

1. 我方导弹基地位于坐标原点，当发现敌舰位于(a, b)，沿与 x 轴正向成 θ 角方向行驶时，立即向敌舰发射导弹. 设敌舰和导弹的速率不变，敌舰速率 $u=1.5$ km/min，导弹速率 $v=7.5$ km/min，问导弹将在何时、何地击中敌舰？

注　本书附录 B 中提供了解决本问题的一个 MATLAB 程序 daodan. m，其中有解析解、数值解、仿真解以及动画演示.

2. 四条狗位于正方形四角，同时向逆时针方向邻近的狗追去. 假设四条狗的奔跑速度相同，在奔跑过程中每条狗都直对着被追的狗，试确定四条狗的追踪轨迹.

3. 某水池有 2 000 m^3 水，其中含盐 2 kg，以每分钟 6 m^3 的速率向水池内注入含盐率为 0.5 kg/m^3 的盐水，同时又以每分钟 4 m^3 的速率从水池流出搅拌均匀的盐水. 试用计算机仿真该水池内盐水的变化过程，并每隔 10 min 计算水池中水的体积、含盐量和含盐率. 欲使池中盐水的含盐率达到 0.2 kg/m^3，需经过多少时间？

6.15　排队理发

6.15.1　排队问题简介

排队等候服务是生活中常见的现象. **排队系统**具有以下共同特征：

(1) 有请求服务的人或物(如需要就餐的顾客，要求加工的零件)，我们统称他(它)们为“顾客”；

(2) 有为顾客服务的人或物(如餐厅服务员，加工机床)，统称他(它)们为“服务台”；

(3) 顾客到来的时间间隔和服务时间服从一定的随机规律. 因此，排队论也称为随机服务系统理论.

排队论主要研究：

队长，即在排队系统中等待服务（包括正在服务）的顾客的队列长短. 队长是一个随机变量，希望知道它的分布或均值.

等待时间和**逗留时间**. 从顾客来到排队系统的时刻算起，到他（它）开始接受服务的时刻为止这段时间称为等待时间. 从顾客来到排队系统的时刻算起，到他（它）离开系统的时刻为止这段时间称为逗留时间. 等待时间和逗留时间都是随机变量.

忙期和**闲期**. 从顾客来到空闲的服务台接受服务起，到服务台再次变成空闲为止这段时间称为忙期. 服务台连续保持空闲的时间长度称为闲期. 忙期和闲期也是随机变量.

队长、等待时间、忙期是排队系统的三个主要数量指标. 一个好的排队系统应当有较短的队长，较短的等待时间和合理的总服务时间.

排队系统是一个比较复杂的系统，用分析的方法去研究困难很多，适合用仿真的方法研究.

6.15.2 实验目的

学会采用事件步长法进行计算机仿真实验，学会用 MATLAB 编制比较复杂的程序.

实验 理发店有一名理发师，平均每隔 30 min 左右有一名顾客到店（即顾客到达时间间隔服从参数为 30 的指数分布），顾客按先到先理发的原则接受服务，平均理发时间服从[15, 30]上的均匀分布. 假定理发师从 10:00 开始工作，只要有人理发，理发师就不休息. 上午 9:50 起会有顾客到达，下午 17:50 关门，但之前已经在店内的顾客，保证得到正常服务. 试问这样一个排队系统的顾客平均等待时间、最大队长以及服务员的实际服务时间各是多少？

解 不妨将 10：00 作为计数时刻 00：00. 函数 exprnd(mu)产生一个参数为 mu 的指数分布随机数，函数 unifrnd(a, b)产生一个区间$[a, b]$上的均匀分布随机数. 记第 k 名顾客的到达时间为 $a(k)$，等待时间为 $w(k)$，开始理发时间为 $b(k)$，实际理发时间为 $s(k)$，结束理发时间为 $e(k)$，弄清他们之间的关系是建立模型的关键. 对于第一名顾客，自然有

$$b(1)=\max(0, a(1)),\quad e(1)=b(1)+s(1),\quad w(1)=b(1)-a(1).$$

一般地，对于第 k 名顾客，有

$$b(k)=\max(a(k), e(k-1)),\quad e(k)=b(k)+s(k),\quad w(k)=b(k)-a(k).$$

以下是一个参考程序，运行后显示每名顾客的到达时间、开始理发时间、理

发时间、结束理发时间和等待时间. 最后给出顾客平均等待时间、最大队长、顾客平均理发时间以及理发店的总营业时间、理发师总工作时间以及理发师工作效率.

```
clear
a(1)=exprnd(30)-10;
s(1)=unifrnd(15,30);
b(1)=max(a(1),0);
e(1)=b(1)+s(1);
w(1)=b(1)-a(1);
k=2;
a(2)=a(1)+exprnd(30);
while a(k)<=470
    s(k)=unifrnd(15,30);
    b(k)=max(a(k),e(k-1));
    e(k)=b(k)+s(k);
    w(k)=b(k)-a(k);
    k=k+1;
    a(k)=a(k-1)+exprnd(30);
end
a(end)=[];
n=length(s);
data=[(1:n)',a',b',s',e',w']
aw=sum(w)/n;as=sum(s)/n;
t=e(n);ts=sum(s);tr=ts/t;
q(1)=0;
for k=2:n
    q(k)=k-min(find(e>a(k)));
end
lq=max(q);
disp('      aw      lq      as      t      ts      sr')
%顾客平均等待时间、最大队长、顾客平均理发时间、总营业时间、理发师总工作时间、理发师工作效率[aw,lq,as,t,ts,tr]
```

练习 6.15

1. 设某商店有一名售货员,顾客到达时间间隔(单位:min)服从参数为 10 的指数分布,顾客接受服务的时间(单位:min)服从[4, 15]上的均匀分布. 假定售货员一天连续工作 480 min. 试求这样一个排队系统的顾客平均等待时间以及服务员的实际服务时间. 售货员的任务是繁忙还是轻闲？

2. 理发店有三名理发师，平均每隔 10 min 左右有一名顾客到店（即顾客到达时间间隔服从参数为 10 的指数分布），顾客按先到先理发的原则接受服务，平均理发时间服从[15, 30]上的均匀分布. 假定理发师从 10：00 开始工作，上午 9：50 起会有顾客等候理发，下午 17：50 关门，但之前已经在店内的顾客，保证得到正常服务. 顾客按先后次序排队，只要有顾客理发师就不休息，没有顾客时理发师休息，早休息的理发师先为顾客服务. 试问这样一个排队系统的顾客平均等待时间、最大队长以及服务员的实际服务时间各是多少？

注 本书附录 B 中给出了本题的一个 MATLAB 程序 barber3. m，供参考.

3. 某居民楼共 21 层. 早晨 6：00—9：00 之间，平均有 500 人出门，200 人进门，没有人在楼层之间串门. 电梯运动通过一层距离时间为 1 s，启动和制动另需 1 s，开门、关门需要 2 s，一个人进、出电梯平均时间 0.5 s，电梯容量为 15 人. 出门、进门呼叫规律服从泊松分布（即呼叫间隔服从指数分布），呼叫楼层等概分布. 电梯上行时将乘客送完，下行时有更低楼层呼叫（只要时间允许）就带走. 早晨 6：00 电梯位于 1 层楼，无乘客时电梯停留在刚结束服务的楼层. 一般，谁先呼叫谁先接受服务，但在电梯上行时，不考虑更低楼层的服务请求，可以接受更高楼层的服务请求；电梯下行时不考虑更高楼层的服务请求.

(1) 假设该楼只有一台电梯，考虑上、下乘客的平均等待时间；

(2) 假设该楼有两台电梯，独立运行，考虑平均等待时间.

注 本书附录 B 中给出了本题问题(1)的一个 MATLAB 程序 elevater. m，供参考.

6.16 追兔问题的进一步探索

我们现在要探索这样一个问题：追兔问题中，什么范围内猎狗能在野兔到达兔穴前抓到野兔？

在 6.14 节**追兔问题**中我们编写了一个猎狗追野兔的程序 DchaseR. m. 如果知道野兔的初始位置，设为 $(0, b)(b<0)$，以及猎狗与野兔的速度 v，u，利用上述程序我们可以方便地考察处在位置(x_0, y_0)的猎狗能否在野兔进穴前追上野兔.

第一步 假设野兔开始处于点 $(0, -60)$，猎狗的速度为 $v=5$ m/s，野兔的速度为 $u=3$ m/s. 我们先找几个猎狗能追上野兔的范围的边界上的点.

首先，显然$(0, -100)$，$(0, 100)$应该在边界上.

其次，固定 $y_0=-20$，变动 x_0，用二分法，我们发现猎狗若从点$(78, -20)$出发，则在点$(0, -1)$处抓到野兔，因此点$(78, -20)$在范围内. 若猎狗从点$(80, -20)$出发，则在点$(0, 1)$处才能抓到野兔，实际上野兔已经进了洞，因此点$(80, -20)$不在范围内. 若猎狗从点$(79, -20)$出发，则在点$(0, 0)$处抓到野兔，可见点$(79, -20)$恰好在边界上.

再次，固定 $y=-40$，用类似方法发现$(74, -40)$在边界上. 用这种方法我们找到了 9 个边界上的点:(49, −80),(65, −60),(74, −40),(79, −20),(80, 0),(79.5, 20),(75, 40),(66, 60),(50, 80).

第二步 根据追兔问题的对称性,可以想象,点(−49, −80),(−65, −60),(−74, −40),(−79, −20),(−80, 0),(−79.5, 20),(−75, 40),(−66, 60),(−50, 80)也应当在边界上.这样我们总共获得了边界上 20 个点.我们发现这些点不仅关于 y 轴对称,关于 x 轴也基本上是对称的.用 MATLAB 画出这些点,看上去它们像是在一个椭圆上(图 6 - 15).

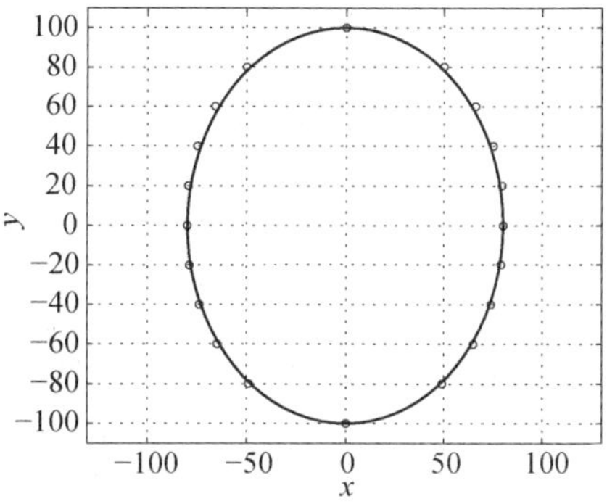

图 6 - 15 追兔问题的边界

第三步 如果这 20 个点真是在一个椭圆上,那么这椭圆的中心应当在原点,长轴在 y 轴上,短轴在 x 轴上,且长半轴等于 100,短半轴等于 80.把这样一个椭圆连同上面 20 个点一起画在同一幅图上,发现这 20 个点都落在椭圆上(误差很小,如图 6 - 14 所示).

至此,我们有理由相信边界是一个椭圆!

第四步 现在该是我们证明自己的发现的时候了.

用第一步中的方法继续找边界点行吗?不行.这样做既费事,又不精确(仅仅是近似值),更不能找出全部边界点,不能作为证明,怎么办?

能否采取逆向思维,我们不考虑猎狗从哪点开始追野兔,恰好在兔穴处抓到野兔.我们倒放电影,设想野兔和猎狗同时从兔穴离开,各自按反方向朝它们的来路奔去.当野兔到达起点$(0, b)$时,猎狗所在的位置就是边界点了.

设兔穴位于坐标原点$(0, 0)$,野兔初始位置在$(0, -b)(b>0)$.追线只同野兔与猎狗的速度比有关,不妨设野兔的速度为 1,猎狗的速度为 $v(v>1)$.时刻 t 时,野兔位于$(0, -t)$,猎狗位于(x, y).由追线的切向指向野兔,得

$$y'=\frac{y-(-t)}{x-0}=\frac{y+t}{x}. \tag{6.16.1}$$

又在 0 到 t 这时间段,猎狗走过路程按速度考虑是 vt,按轨迹考虑是 $\int_0^x\sqrt{1+(y')^2}\,\mathrm{d}x$,把 $\int_0^x\sqrt{1+(y')^2}\,\mathrm{d}x=vt$ 代入式(6.16.1)得

$$xy'=y+\frac{1}{v}\int_0^x\sqrt{1+(y')^2}\,\mathrm{d}x. \tag{6.16.2}$$

对式(6.16.2)两边求导,加上初始条件 $y(0)=0$, $y'(0)=k$ (k 的值暂且不

管)，得到轨迹方程

$$\begin{cases} xy''=\dfrac{1}{v}\sqrt{1+(y')^2}, \\ y(0)=0,\ y'(0)=k. \end{cases}$$

这是可降阶方程，令 $p(x)=y'$，解得

$$p=y'=\frac{c}{2}x^{\frac{1}{v}}-\frac{1}{2c}x^{-\frac{1}{v}}. \tag{6.16.3}$$

对式(6.16.3)两边积分，并注意 $y(0)=0$ 得

$$y=\frac{1}{2}\left[\frac{cv}{v+1}x^{1+\frac{1}{v}}-\frac{v}{c(v-1)}x^{1-\frac{1}{v}}\right]. \tag{6.16.4}$$

欲使猎狗恰好在兔穴处追到野兔，猎狗的起点 $(x_0,\ y_0)$ 必须满足式(6.16.4)，且满足 $vb=\int_0^{x_0}\sqrt{1+(y')^2}\,\mathrm{d}x$，或利用式(6.16.2)改写为

$$vb=v(x_0y_0'-y_0). \tag{6.16.5}$$

将 x_0，y_0 代入式(6.16.4)，利用式(6.16.3)整理式(6.16.5)得

$$\begin{cases} \dfrac{cv}{v+1}x_0^{1-\frac{1}{v}}-\dfrac{v}{c(v-1)}x_0^{1-\frac{1}{v}}=2y_0, \\ \dfrac{cv}{v+1}x_0^{1+\frac{1}{v}}+\dfrac{v}{c(v-1)}x_0^{1-\frac{1}{v}}=2vb. \end{cases}$$

以上两式加、减，得

$$\begin{cases} \dfrac{cv}{v+1}x_0^{1+\frac{1}{v}}=y_0+vb, \\ \dfrac{v}{c(v-1)}x_0^{1-\frac{1}{v}}=vb-y_0. \end{cases}$$

以上两式相乘，消去常数 c，得

$$\frac{v^2}{v^2-1}x_0^2+y_0^2=v^2b^2,\quad 即\quad \frac{x_0^2}{b^2(v^2-1)}+\frac{y_0^2}{v^2b^2}=1. \tag{6.16.6}$$

这是中心位于原点，长轴在 y 轴上的一个椭圆，其长半轴等于 vb，短半轴等于$\sqrt{v^2-1}b$，这样就证明了我们的猜想.

在 6.14 节追兔问题中，$b=60$，$v=5/3$. 将这两个值代入式(6.16.6)得到猎狗刚好能在兔穴处追上野兔的边界范围是椭圆

$$\frac{x^2}{80^2}+\frac{y^2}{100^2}=1.$$

6.17 多项式函数的性态研究

本节我们提供一个比较复杂的实验,即研究多项式函数的性态. 粗略考虑,问题似乎并不复杂,无非是求导、求根、判别、下结论. 细细琢磨,需要认真处理的地方不少. 我们把这个实验作为学生学完 MATLAB 语言之后集中上机训练的题目,实验目的不仅是巩固所学的许多命令,而且让学生体会到解决一个实际问题必须对问题有全面、细致的考虑,发现错误时能够找出问题,解决问题. 学生在完成这个实验之后,独立编程能力会有很大提高.

6.17.1 实验内容

任意输入一个多项式函数,试求它的零点、单调区间、极值、最值、凹凸区间、拐点,并作函数图形.

6.17.2 分析

大处着眼,能求一、二阶导数,能求零点就能解决问题,在 MATLAB 中,求导数和求函数零点(方程的根)都有现成的命令. 小处着手,问题不少,有许多细节需要斟酌,甚至可以说,要想编程解决这个问题,细节决定成败.

(1) 输入方式

在 MATLAB 中,多项式可以用符号表示,如 x^3－3＊x＋2,也可以用向量表示,如[1,0,－3,2]. 如果多项式用符号表示,则求根用 solve,求导用 diff,求值用 subs. 如果多项式用向量表示,则求根用 roots,求导用 polyder,求值可用 polyval. 两种方式都可以,但符号方式求根困难费时,结果复杂,而向量方式求根方便快捷,结果明了,我们选择用向量表示多项式.

(2) 虚根和重根的处理

研究多项式函数的性态时用到的是该多项式及其一、二阶导数的实根,既不关心虚根,也不关心实根的重数. 而使用 roots 求出的是多项式的全部根,如何把虚根删除,重根只保留一个?

使用命令 imag 可以实现删除虚根. 如设多项式 $p=[1\ \ -4\ \ 6\ \ -4\ \ -15]$,

r＝roots(p) 得全部根 $r=[3.0000\ \ 1.0000+2.0000i\ \ 1.0000-2.0000i\ \ -1.0000]$

r＝r(imag(r)＝＝0) 删除了虚根,得 $r=[3.0000\ \ -1.0000]$.

使用命令 unique 可以删除重复出现的根,如 $r=[1\ 1\ -2\ 3\ 3\ 3]$,

```
r=unique(r)    得 r=[-2 1 3],不仅删除了重复的根,且将根由小到大顺序排列.
```

(3) 低次多项式的处理

常数函数、线性函数的导数都是常数,而 roots 不能用于零次多项式(虽然零次多项式 0 有无穷多零点). 因此,适用于一般多项式的 MATLAB 程序可能不适用于二次以下的多项式,零次和一次多项式函数的性态最好单独研究. 后面我们还将看到,在去除一、二阶导数的重复根时,三、四次多项式也要特殊处理.

(4) 单调区间、凹凸区间的合并表示

如果有结论"函数在区间[1, 2]上单调增加","函数在区间[2, 3]上单调增加",我们希望合并表示成"函数在区间[1, 3]上单调增加". 有什么简单的办法?

设有单调区间的分割点 $r=[1, 2, 3, 4, 5, 6, 7, 8, 9]$,它把$(-\infty, +\infty)$分割成$(-\infty, 1)$,$(1, 2)$,$(2, 3)$,$(3, 4)$,$(4, 5)$,$(5, 6)$,$(6, 7)$,$(7, 8)$,$(8, 9)$,$(9, +\infty)$10 个单调区间,这些区间的单调性表示为 $s=[1, -1, 1, 1, 1, -1, 1, 1, -1, -1]$("1"表示单调增加,"-1"表示单调减少),使用命令 d=diff(s), r(d==0)=[], s(d==0)=[],得到$r=[1, 2, 5, 6, 8]$, $s=[1, -1, 1, -1, 1, -1]$,这样就把相邻的单调增加或单调减少区间合并为一个区间了.

(5) 字符串和数字混合显示

在总结函数性质时常常用"函数在区间[1, 3]上单调增加",或"函数在 $x=2$ 处取得极大值 3",其中[1, 3], 2, 3 都是求解得到的结果,事先并不知道. 假设我们已经求得多项式的一阶导数的零点 $r1=[1, 2, 4, 6]$,并已确定该多项式在 $x=r(2)=2$ 处取得极大值 $m(2)=3$,我们可以如此表达总结性语句:

```
disp(['函数在 x=',num2str(r(2)),'处取得极大值',num2str(m(2)),'.'])
```

或

```
fprintf('%s\n',['函数在 x=',num2str(r(2)),'处取得极大值',num2str(m(2)),'.'])
```

运行结果为

```
函数在 x=2 处取得极大值 3.
```

或

```
fprintf('%s %7.4f%s %7.4f%s\n','函数在 x=',r(2),'处取得极大值',m(2),'.')
```

运行结果为

```
函数在 x=2.0000 处取得极大值 3.0000.
```

(6) 关于函数图形

我们希望函数图形包括所有特征点(零点、极值点、拐点等),最好两边还略宽一些.若无任何特征点,不妨取区间[−2, 2].极值用小红圈标记,最值用大红圈标记,拐点用蓝方块标记.

(7) 关于程序说明

一个完整的程序开头应当有个说明,交代该程序的功能,使用方法以及输出的含义等,使用者可以用 help 命令查看这些说明.这些内容可以在 function 语句的下一行起用注释语句写出来. 还有一些编程人员写给自己看(也可以给使用者查阅)的注释语句,应当与以上语句隔一行后书写,help 命令不显示这些内容,用 type 命令可以查看全文.

不管我们事先对编程中可能会遇到的问题做了多么周密的思考,在编程中一定还会碰到许多意想不到的情况,我们必须正视问题,逐个解决.要学会调试程序,要学会利用 MATLAB 中的 help 和 lookfor 命令,要培养团队成员共同商讨、互相启发的习惯.

以下是我们编写的一个判断一元多项式函数性态的 MATLAB 程序(函数),文件名为 polyp. m.为便于读者弄清程序的结构和语句的含义,我们作了比较详细的注释.建议读者尽可能自己独立编程,只有在真正为难时参考一下本程序,如是,必有大的提高.

6.17.3 研究多项式性态的 MATLAB 程序

多项式函数性态研究 MATLAB 程序 polyp. m

```
function polyp(p)
% 功能 :判断一元多项式函数性态并绘图
% 输入:polyp(p),其中 p 为首项系数非零的多项式数组
% 输出:多项式函数的零点、单调区间、极值与最值、凹凸区间与拐点、函数作图

% 部分变量的意义:
% p1 为 p 的一阶导数,p2 为 p 的二阶导数
% r0 为 p 的实零点,r1 为 p1 的实零点,r2 为 p2 的实零点
% l1 为 r1 的零点个数,l2 为 r2 的零点个数
% rl 为作图区间的左端点,rr 为作图区间的右端点
% mn 为函数的最小值,mx 为函数的最大值
% t1 为 r1 分割的各区间的采样数据,t2 为 r2 分割的各区间的采样数据
% s1 为 t1 处的导数符号,s2 为 t2 处的二阶导数符号(1 表示正,−1 表示负)
% q10 为 r1 处多项式 p 的值,q20 为 r2 处多项式 p 的值
```

```
% clear; p=input('p=');              % 把函数文件改为脚本文件调试程序时用
close all;
switch length(p)
% 1 零次多项式
case 1
    if p(1)==0
      disp(['函数在区间(-inf,+inf)上为常数',num2str(p(1)),',所有点都是零
          点,无极值.']);
    else
      disp(['函数在区间(-inf,+inf)上为常数',num2str(p(1)),',无零点、无极值.
          ']);
    end
    plot([-6,6],[p(1),p(1)]); grid on             % 画一条水平直线
% 2 一次多项式
case 2
    disp(['函数在区间(-inf,+inf)上是直线,有 1 个零点:x= ',num2str(-p(2)/p
        (1)),',无极值.']);
    fplot([num2str(p(1)),'*x+',num2str(p(2))],[-p(2)/p(1)-6,-p(2)/
        p(1)+6]);grid on   % 画斜直线
% 3 高次多项式
otherwise
% 3.1 求多项式及其一、二阶导数的实零点、确定函数作图的范围
% 3.1.1 求多项式的实零点,
    r0=roots(p);r0=r0(imag(r0)==0);r0=unique(r0);l0=length(r0);
    disp (['函数在区间(-inf,+inf)上有',num2str(l0),'个零点:',num2str(r0)']);
% 3.1.2 求多项式的导数的实零点
    p1=polyder(p);
    r1=roots(p1);r1=r1(imag(r1)==0);r1=unique(r1);
% 3.1.3 求多项式的二阶导数的实零点
    p2=polyder(p1);
    r2=roots(p2);r2=r2(imag(r2)==0);r2=unique(r2);
% 3.1.4 确定函数作图的范围
    r=[r0;r1;r2];
    rl=min(r);rr=max(r);d=rr-rl;
    if (d==0) d=20; end
    rl=rl-d/10;rr=rr+d/10;
    t1=mean([[rl,r1'];[r1',rr]]);q1=polyval(p1,t1);s1=sign(q1);
    d1=diff(s1);r1(d1==0)=[];s1(d1==0)=[];l1=length(r1);
```

```
    t2=mean([[rl,r2'];[r2',rr]]);q2=polyval(p2,t2);s2=sign(q2);
    d2=diff(s2);r2(d2==0)=[];s2(d2==0)=[];l2=length(r2);
% 3.2 根据导数符号确定函数的单调性、极值和最值
% 3.2.1 无驻点情况
    if l1==0
      if s1(1)>0;
        disp(['函数在区间(-inf,+inf)上单调增加，无极值.']);
      else
        disp(['函数在区间(-inf,+inf)上单调减少，无极值.']);
      end
      x=linspace(rl,rr,60);
      y=polyval(p,x);
      plot(x,y);grid on;hold on
    end
% 3.2.2 唯一驻点情况
    q10=polyval(p,r1);
    if l1==1
      if s1(1)>0;
        disp(['函数在区间(-inf,',num2str(r1),']上单调增加.']);
        disp(['函数在区间[',num2str(r1),',+inf)上单调减少.']);
        disp(['函数在 x = ',num2str(r1),'处取得极大值 ',num2str(q10)])
      else
        disp(['函数在区间(-inf,',num2str(r1),']上单调减少.']);
        disp(['函数在区间[',num2str(r1),',+inf)上单调增加.']);
        disp(['函数在 x = ',num2str(r1),'处取得极小值 ',num2str(q10)])
      end
      x=linspace(rl,rr,60);
      y=polyval(p,x);
      plot(x,y);grid on;hold on                % 画函数图形
      plot(r1,q10,'ro','markersize',4)         % 标注极值
    end
% 3.2.3 一般情况下函数的单调性
    if l1>1
      if s1(1)>0;
        disp(['函数在区间(-inf,',num2str(r1(1)),']上单调增加.']);
      else
        disp(['函数在区间(-inf,',num2str(r1(1)),']上单调减少.']);
      end
```

```
    for k=2:l1
      if s1(k)>0
        disp(['函数在区间[',num2str(r1(k-1)),',',num2str(r1(k)),']上单调增
          加.']);
      else
        disp(['函数在区间[',num2str(r1(k-1)),',',num2str(r1(k)),']上单调减
          少.']);
      end
    end
    if s1(l1+1)>0
      disp(['函数在区间[',num2str(r1(l1)),',+inf)上单调增加.']);
    else
      disp(['函数在区间[',num2str(r1(l1)),',+inf)上单调减少.']);
    end
% 3.2.4 一般情况下函数的极值
    for k=1:l1
      if s1(k)>0 & s1(k+1)<0
        disp(['函数在 x = ',num2str(r1(k)),' 处取得极大值 ',num2str(q10
          (k))]);
      end
      if s1(k)<0 & s1(k+1)>0
        disp(['函数在 x = ',num2str(r1(k)),' 处取得极小值 ',num2str(q10
          (k))]);
      end
    end
    x=linspace(r1,rr,80);
    y=polyval(p,x);
    plot(x,y);grid on;hold on                % 画函数图形
    plot(r1,q10,'ro','markersize',4)         % 标注极值
  end
% 3.2.5 函数的最值(当且仅当偶次多项式有最值)
  if length(p)>1 & mod(length(p),2)==1
    if p(1)>0                                                    % 开口向上
      mn=min(q10);k=find(q10==mn);
      disp(['函数在 x = ',num2str(r1(k)'),' 处取得最小值 ',num2str(mn)]);
      plot(r1(k),mn*ones(k,1),'mo','markersize',8);           % 标注最小值
    else
      mx=max(q10);k=find(q10==mx);
```

```
      disp(['函数在 x = ',num2str(r1(k)'),' 处取得最大值 ',num2str(mx)]);
      plot(r1(k),mx*ones(k,1),'mo','markersize',8);          % 标注最大值
    end
  else
    disp('函数无最值')
  end
% 3.3 根据二阶导数的符号确定函数的凹凸性与拐点
% 3.3.1 二阶导数无零点时函数的凹凸性与拐点
  if l2==0
    if polyval(p2,0)>0;
      disp(['函数在区间(-inf,+inf)上为凹，无拐点.']);
    else
      disp(['函数在区间(-inf,+inf)上为凸，无拐点.']);
    end
  end
% 3.3.2 二阶导数仅一个零点时函数的凹凸性与拐点
  q20=polyval(p,r2);
  if l2==1
    if s2(1)>0
      disp(['函数在区间(-inf,',num2str(r2(1)),']上为凹.']);
      disp(['函数在区间[',num2str(r2(1)),',+inf)上为凸.']);
    else
      disp(['函数在区间(-inf,',num2str(r2(1)),']上为凸.']);
      disp(['函数在区间[',num2str(r2(1)),',+inf)上为凹.']);
    end
    disp(['(',num2str(r2(1)),',',num2str(q20),') 是函数的一个拐点.'])
  end
% 3.3.3 一般情况下函数的凹凸性与拐点
  if l2>1
    if s2(1)>0
      disp(['函数在区间(-inf,',num2str(r2(1)),']上为凹.'])
    else
      disp(['函数在区间(-inf,',num2str(r2(1)),']上为凸.'])
    end
    for k=2:l2
      if s2(k)>0
        disp(['函数在区间[',num2str(r2(k-1)),',',num2str(r2(k)),']上为凹.'])
      else
        disp(['函数在区间[',num2str(r2(k-1)),',',num2str(r2(k)),']上为凸.'])
```

```
        end
      end
      if s2(l2+1)>0
        disp(['函数在区间[',num2str(r2(l2)),',+inf)上为凹.'])
      else
        disp(['函数在区间[',num2str(r2(l2)),',+inf)上为凸.'])
      end
      disp('函数的拐点为:')
      for k=1:l2
        disp(['(',num2str(r2(k)),',',num2str(q20(k)),')'])
      end
    end
    plot(r2,q20,'bs','markersize',6); hold off          % 画拐点
end
```

6.17.4 程序的测试与改进

程序已经编好,接下来需要进行测试.我们应当尽可能输入各种不同类型的多项式,使得程序的每一个语句都有机会得到运行,把输出的结果与我们的预期作对比,看看是否吻合.如果一切结果都正常,就意味着所编的程序正确.如果有结果不正常,我们务必找出原因,设法解决.

对于上述程序,我们也做了许多测试,大部分结果正常.

例 6.17.1 选同济 6 版《高等数学》习题 3-6 第 1 题:绘制函数 $y=\frac{1}{5}(x^4-6x^2+8x+7)$ 的图形.

输入命令

```
polyp([1 0 -6 8 7]/5)
```

运行结果为

```
函数在区间(-inf, +inf)上有 2 个零点:-2.8207   -0.61179
函数在区间(-inf, -2]上单调减少.
函数在区间[-2, +inf)上单调增加.
函数在点 x=-2 处取得极小值-3.4
函数在点 x=-2 处取得最小值-3.4
函数在区间(-inf, -1]上为凹.
函数在区间[-1, 1]上为凸.
函数在区间[1, +inf)上为凹.
函数的拐点为
```

(−1, −1.2)
(1, 2)

函数图形如图 6 - 16 所示,与同济 6 版《高等数学》的习题解答完全一致.

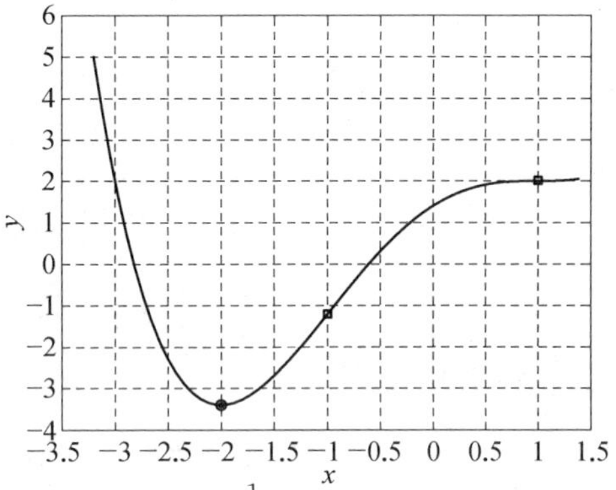

图 6 - 16　函数 $y=\frac{1}{5}(x^4-6x^2+8x+7)$ 的图形

例 6.17.2　取多项式 $x^7-6x^6+13x^5-13x^4+10x^3-13x^2+12x-4$.

输入命令

```
polyp([1 −6 13 −13 10 −13 12 −4])
```

运行结果为

```
函数在区间(−inf, +inf)上有 1 个零点:1
函数在区间(−inf, 1]上单调增加.
函数在区间[1, 1]上单调减少.
函数在区间[1, 1.6372]上单调增加.
函数在区间[1.6372, 2]上单调减少.
函数在区间[2, +inf)上单调增加.
函数在点 x=1.6372 处取得极大值 0.18108
函数在点 x=2 处取得极小值 3.8192e−014
函数无最值
函数在区间(−inf, 1]上为凸.
函数在区间[1, 1.4046]上为凹.
函数在区间[1.4046, 1.867]上为凸.
函数在区间[1.867, +inf)上为凹.
函数的拐点为
(1, 0)
(1.4046, 0.10277)
(1.867, 0.073272)
```

函数图形如图 6－17 所示.

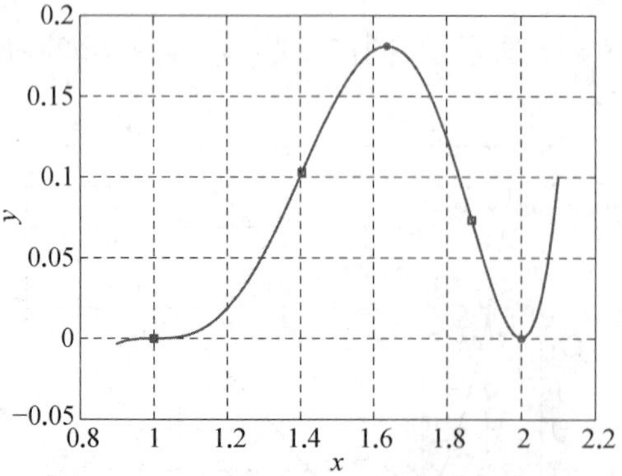

图 6－17　多项式 $x^7-6x^6+13x^5-13x^4+10x^3-13x^2+12x-4$ 的图形

这次发现两个问题：①2 也是零点，输出中缺失；②"函数在区间[1，1]上单调减少"显然不合常理. 仔细分析后发现，2 和 1 都是多项式 $x^7-6x^6+13x^5-13x^4+10x^3-13x^2+12x-4$ 的重根. MATLAB 中用迭代法求解高次方程的近似根，中间会有误差，当求解高次方程的重根时，误差会更大，有可能重根变成了几个不同的根，或实根变成了复根，甚至会失根. 事实上，本程序中的多项式的真正的根是 1，1，1，2，2，－0.5＋0.866i 和－0.5－0.866i，MATLAB 求出的根是：

```
-0.5000+0.8660i
-0.5000-0.8660i
2.0000+0.0000i
2.0000-0.0000i
1.0000
1.0000+0.0000i
1.0000-0.0000i
```

用长格式显示看得更清楚一些：

```
-0.500000000000000+0.866025403784439i
-0.500000000000000-0.866025403784439i
2.000000000000010+0.000000060445698i
2.000000000000010-0.000000060445698i
1.000002063631232
0.999998968184379+0.000001787806119i
0.999998968184379-0.000001787806119i
```

可见，在 MATLAB 看来只有一个实根，近似为 1，而 2 不是实根.

问题找到了，如何解决？由于问题的关键是重根，我们自然考虑能不能求根前先去掉重复根.高等代数教材中提供了去掉多项式重复根(根仍保留)的方法：设 $f(x)$ 是含重根的一个多项式，$g(x)=f'(x)$，$d(x)=(f(x),\ g(x))$ 是 $f(x)$ 与 $g(x)$ 的最大公因式,则 $h(x)=f(x)/d(x)$ 就是与 $f(x)$ 有同样的根但无重复根的多项式.

对于两个符号多项式 f，g，MATLAB 提供了求最大公因式的命令 gcd(f, g).该命令不能用于向量多项式,因此要先把向量多项式转化为符号多项式;当 f 和 g 中有常数时该命令失效,因此,对低次多项式要特殊处理.据此,我们编写了一个名为 qcg.m 的去掉多项式重复根的子程序(或称子函数)：

```
function pp=qcg(p)
q=polyder(p);
f=poly2sym(p);
g=poly2sym(q);
if length(q)==1
   pp=p;
else
      y=gcd(f,g);
      z=sym2poly(y);
      pp=deconv(p,z);
end
```

这个子程序可以作为函数文件独立存放,也可以附在主程序 polyp.m 的尾部,二者的作用是相同的.为了调用这个子程序,需要对主程序稍作修改：

(1) 把 3.1.1 中的 r0=roots(p)改为 pp=qcg(p);r0=roots(pp);

(2) 把 3.1.2 中的 r1=roots(p1)改为 pp1=qcg(p1);r1=roots(pp1);

(3) 把 3.1.3 中的 r2=roots(p2)改为 pp2=qcg(p2);r2=roots(pp2).

这样,程序就修改完了.现在,重新输入命令

```
polyp([1 -6 13 -13 10 -13 12 -4])
```

运行结果为

```
函数在区间(-inf, +inf)上有 2 个零点：1   2
函数在区间(-inf, 1.6372]上单调增加.
函数在区间[1.6372, 2]上单调减少.
函数在区间[2, +inf)上单调增加.
函数在点 x=1.6372 处取得极大值 0.18108
函数在点 x=2 处取得极小值 6.2172e-015
函数无最值
函数在区间(-inf, 1]上为凸.
```

函数在区间[1, 1.4046]上为凹.
函数在区间[1.4046, 1.867]上为凸.
函数在区间[1.867, +inf)上为凹.
函数的拐点为
(1, 0)
(1.4046, 0.10277)
(1.867, 0.073272)

一切正常. 我们取各种各样的多项式对程序进行测试,尚未遇到问题.

练习 6.17

1. 编写一个 MATLAB 程序,对于平面区域 $0 \leqslant x \leqslant 1$, $0 \leqslant y \leqslant 1$ 中任意给定的非共线的 n 个点,用红线勾画其凸包(注:平面上 n 个点的凸包是指连接这 n 个点中的若干点而成的包含所有 n 个点在内的一个凸多边形),并计算该凸包的面积.

按逆时针方向顺序连接点(x_1, y_1), (x_2, y_2), $\cdots$, (x_n, y_n)而成的凸多边形的面积计算公式为

$$S = \frac{1}{2}\left(\begin{vmatrix} x_1 & y_1 \\ x_2 & y_2 \end{vmatrix} + \begin{vmatrix} x_2 & y_2 \\ x_3 & y_3 \end{vmatrix} + \cdots + \begin{vmatrix} x_n & y_n \\ x_1 & y_1 \end{vmatrix}\right).$$

2. 对于任意给定的一条一般二次曲线 $F(x, y) = ax^2 + bxy + cy^2 + dx + ey + f = 0$,指出它的类型,若为椭圆给出中心坐标,若为双曲线给出渐近线方程,给出二次曲线 $F(x, y) = 0$ 的标准形方程,并把原二次曲线图形和标准形方程图形画在一幅图上作对比(如有对称轴或渐近线也一并画出).

6.18 混沌和分形

6.18.1 混沌和分形简介

"混沌"和"分形"是两种主要的非线性现象,它们不但在确定性和随机性之间架起了桥梁,而且激起了非线性现象的广泛研究.

1963 年,美国气象学家洛伦兹(E. N. Lorenz)发现了混沌(chaos)现象."蝴蝶效应"是最早发现的混沌现象之一(本书的例 1.2.5 介绍了洛伦兹吸引子与"蝴蝶效应").

最早给出混沌的第一个严格数学定义的是李天岩(T. Y. Li),他和约克(J. A. Yorke)在 1975 年正式提出了"混沌"一词,并给出了它的定义和一些性质. 混沌的数学定义比较抽象,这里从略(有兴趣的读者可参考:于方波,2008).

混沌具有以下三个性质:

(1) 存在所有阶的周期轨道.

(2) 存在一个不可数集，此集合含有混沌轨道，而任意两个轨道既不趋于远离，也不趋于靠近，而是两种状态交替出现. 同时任意轨道不趋于其他轨道，即此集合中不存在渐近轨道.

(3) 混沌轨道高度不稳定. 混沌不是简单的无序和混乱，它只是没有明显的周期和对称，但同时却具备了丰富的"内层"有序状态.

混沌广泛存在于工程与自然界中. 近些年已看到若干关于混沌应用的报道，这使得工程师和科学家们对混沌的兴趣更加浓厚. 卡毕坦尼亚克(Kapitaniak，2008)从混沌的定义、有关定理出发，介绍了混沌的基本内容，并给出了机械、化工、电子、土木工程以及流体力学等领域中产生混沌的若干实例.

自从两千多年前希腊人欧几里德(Euclid)创立了几何学以来，人们对某个数学集合总是习惯于用 Euclid 空间(欧氏空间)$\mathbf{R}^n$ 对其研究以及度量，其中 n 表示该空间的维数(dimension)通常它是一个整数. 对于有限个点，取 $n=0$；一条线段或平面上的曲线，取 $n=1$；一个有限平面，取 $n=2$；对于有限的空间几何体，则取 $n=3$. 同时也可以分别得到它们的定长度量. 习惯上我们分别称它们为点的个数、线段的长度、平面图形的面积和立体的体积. 但近一个多世纪以来，相继出现了一些被称为"数学怪物"(mathematical monsters)的东西，人们无法用传统的 Euclid 几何语言去描述它们的局部和整体性质.

自从有了函数的连续与可微性及其关系以来，是否存在一个处处连续而点点不可微的函数成了研究的一个热点问题. 首先解决这个问题的是德国数学家威尔斯特拉斯(Weierstrass)，他在 1872 年构造出了处处连续但点点不可微的一个函数(被称为 Weierstrass 函数)$W(x)=\sum\limits_{k=0}^{\infty}a^k\cos(2\pi b^k x)$，$0<a<1<b$，$ab\geqslant 1$.

当 $a=0.5$，$b=3$ 时，Weierstrass 函数的图形如图 6-18 所示.

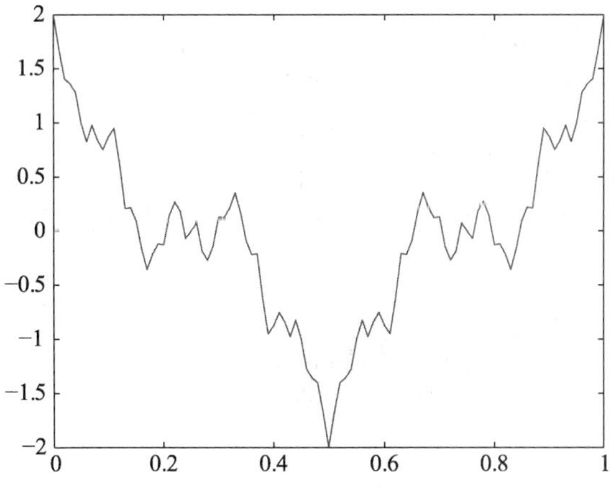

图 6-18　Weierstrass 函数的图形($a=0.5$，$b=3$)

典型的数学怪物有 Weierstrass 函数，Koch 曲线(见本书第 7 章中的"分形中的 Koch 雪花问题"中的相关部分)，Cantor 集和 Sierpinski 集. 在本节后面的实验中,将详细介绍 Cantor 集和 Sierpinski 集(包括 Sierpinski 垫片，Sierpinski 地毯和 Sierpinski 海绵).

上述提到的数学怪物困惑了数学家很多年，终于在 20 世纪 70 年代被美国数学家曼德尔布罗特(B . B. Mandelbrot)解决. 在上面的叙述中,我们始终在 Euclid 几何的整数维数空间中讨论，那么为什么不允许有非整数维数的几何存在呢? 曼德尔布罗特在 20 世纪 70 年代创立了分形(fractal)理论. 他在 1980 年给世人提供了一幅无与伦比的杰作——Mandelbrot 集(其介绍见本书前面的例 1. 2. 6). 在 1982 年，随着 Mandelbrot 的著作 *The Fractal Geometry of Nature* 第二版的问世,在美国乃至欧洲,迅速形成了"分形热".

分形几何(fractal geometry)对象一般具有无限细致的自相似的层次结构，即局部与整体的相似性. 早在 19 世纪就陆续出现了一些具有这种特性的图例，瑞典数学家科赫(H. von Koch)在 1904 年构造出了 Koch 曲线. 在分形几何中，Koch 曲线的维数是$\frac{\ln 4}{\ln 3}=1.2619$，Cantor 集的维数是$\frac{\ln 2}{\ln 3}=0.6309$. 那么究竟什么是分形呢? 应该说到目前还没有严格的定义. 对分形更详细的介绍,有兴趣的读者可参考: 李水根(2004)，孙洪泉(2011).

分形几何诞生才不过三四十年,但它对多种学科的影响是极其巨大的. 卷入分形狂潮的除数学家和物理学家外，还有化学家、生物学家、地貌与地震学家、材料科学家等,在社会科学与人文科学方面,哲学家、经济学家、金融学家乃至作曲家、画家和电影制作家等都蜂拥而入. 美国物理学家惠勒(Wheeler)说"可以相信,明天谁不熟悉分形,谁就不能被认为是科学上的文化人". 在某些分形网站，赫然写着"分形,21 世纪的数学".

分形音乐是高科技时代赋予音乐研究的一个崭新的内容，已引起了人们极大的兴趣和广泛的关注. 分形具有自相似结构,利用分形的这一基本特征和音乐理论产生了分形音乐. ①构建一些带有自相似小段的合成音乐;②使得主题在小调的多次反复循环中重复; ③在节奏方面加上一些随机变化; ④生成能逼真地模仿传统音乐的分形音乐. 这样，分形音乐就可以由一个算法经过多次迭代生成. 曾经有人在 Mandelbrot 集上扫描,将扫描得到的数据转换成钢琴键盘上的音调，从而用音乐的方式表现出 Mandelbrot 集的结构,取名为"倾听曼德尔布罗特集"，极具音乐表现力. 目前已有一些分形音乐软件,如 Fractal Tune Smithy，Fractal Music Composer 等.

20 世纪 90 年代,随着计算机技术的飞速发展,电影中的计算机图形学(Computer Graphics,GG)技术日趋成熟,分形数字绘景技术也开始大量应用于

3D 动画和电影特效制作中,使得数字造景的真实度不断提升.从《星球大战前传》(1999、2002、2005)三部曲中的星球地表、到《玩具总动员》(*Toy Story*,1995)中的树丛林木、再到《爱丽丝梦游仙境》(*Alice in Wonderland*, 2010)中的梦幻森林,分形数字绘景逐渐成为模拟自然景物的主流特效手法. 近些年,分形数字绘景技术更加成熟,《阿凡达》(*Avatar*, 2009)中美丽的潘多拉星球、《冰雪奇缘》(*Frozen*,2013)中的烂漫雪花、《奇幻森林》(*The Jungle Book*,2016)中的丛林世界,其背后都隐藏着分形数字绘景技术的鬼斧神工.

混沌和分形有着密切的关系,混沌运动的轨道和其吸引子都是分形(洛伦兹吸引子就是一种分形,其维数是 2.06).

关于混沌和分形,有兴趣的读者可以参考康奈尔大学的"数学探险者俱乐部"(Math Explorers' Club)的"Chaos and Fractals"(http://pi.math.cornell.edu/~lipa/mec/).

6.18.2 实验目的

了解混沌和分形产生的背景,初步学会产生简单混沌和分形图形绘制.

例 6.18.1 绘制 Logistic 映射 $f(x)=ux(1-x)$ 当 $2.6<u<4$ 时的 Feigenbaum 图.

映射 $f(x)=ux(1-x)$ 称为 Logistic 映射,其中 $0<u<4$, $0<x<1$.

用 Logistic 映射形成的迭代称为 Feigenbaum 迭代(由于 Feigenbaum 对这一迭代进行了比较深入的研究,因此被命名为 Feigenbaum 迭代),当 u 变化时,由 Feigenbaum 迭代所产生的图形被称为 Feigenbaum 图.

绘制 Logistic 映射 $f(x)=ux(1-x)$ 当 $2.6<u<4$ 时的 Feigenbaum 图,其 MATLAB 程序如下:

```
clear;
x=0.2;
for u=2.6:0.0001:4
for i=1:18
    x1=u*x*(1-x);
    x=x1;
    if i>9
       plot(u,x);
       hold on;
    end
  end
end
```

运行结果如图 6－19 所示.

从图 6－19 可以看出，当 $u\in(2.6,3)$时，$\frac{u-1}{u}$是稳定的不动点；当 $u\in(3,3.4494897)$时，迭代变为 2 周期轨道，$u_1=3$ 为第 1 个分岔点；当 $u\in(3.4494897,3.544090)$时，迭代变为 4 周期轨道，$u_2=3.4494897$ 为第 2 个分岔点；当 $u\in(3.544090,3.564407)$时，迭代变为 8 周期轨道，$u_3=3.544090$ 为第 3 个分岔点；依次分岔有 16 周期，分叉点 $u_4=3.564407$；32 周期，分叉点 $u_5=3.568759$；64 周期，分叉点 $u_6=3.569692$……

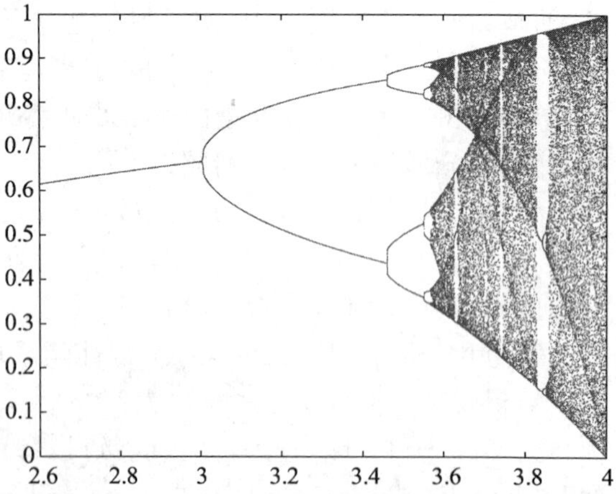

图 6－19　当 $2.6<u<4$ 时的 Feigenbaum 图

可以发现数列 $\{u_k\}$ 有收敛趋势. 20 世纪 70 年代，美国物理学家 Feigenbaum 对 2^{k-1}周期转到 2^k周期的参数临界值 u_k 进行了研究，他发现：

$$\delta_n=\frac{u_n-u_{n-1}}{u_{n+1}-u_n}\to 4.669\,201\,660\,910\,299\,09\cdots,\quad n\to\infty.$$

$\delta=\lim\limits_{n\to\infty}\delta_n$ 被称为 Feigenbaum 常数.

当 $u\in(u_\infty,4)$时，迭代进入混沌区域.

例 6.18.2（Cantor）集　1883 年，德国数学家康托（G. Cantor）提出了如今广为人知的 Cantor 集（又称为三分 Cantor 集）. Cantor 集是很容易构造的，它显示出许多最典型的分形特征。它是从单位区间出发，再由这个区间不断地去掉部分子区间的过程.

Cantor 集的构造过程：

第一步，把闭区间 $C_0=[0,1]$平均分为三段，去掉中间的 1/3 部分段，则只剩下两个闭区间$[0,1/3]$和$[2/3,1]$，即 $C_1=[0,1/3]\cup[2/3,1]$.

第二步，再将剩下的两个闭区间各自平均分为三段，同样去掉中间的区间段，这时剩下四段闭区间：$[0,1/9]$，$[2/9,1/3]$，$[2/3,7/9]$和$[8/9,1]$，即 $C_2=[0,1/9]\cup[2/9,1/3]\cup[2/3,7/9]\cup[8/9,1]$.

第三步，重复删除每个小区间中间的 1/3 段. 如此不断的分割下去，最后剩下的各个小区间段就构成了 Cantor 集（它是集合 C_k 序列的极限）.

显然有 $C_0\supseteq C_1\supseteq C_2\supseteq\cdots$，因此集合的极限即为集合的交集，即 $C=$

$\bigcap_{k\in N} C_k$.

集合 C_k 由 2^k 个不相连的闭区间组成，各区间的长度为 $\left(\frac{1}{3}\right)^k$，则 C_k 的总长度为 $\left(\frac{2}{3}\right)^k$，取极限为 $\lim_{k\to\infty}\left(\frac{2}{3}\right)^k=0$.

因此，Cantor 集自身的总长度为零[总长度用数学语言表述为勒贝格测度(Lebesgue measure)].

其实 Cantor 集的构造本身就具有严格的自相似的结构，并且具有无穷小的细节，我们可以说 Cantor 集就是分形集. 当时，Cantor 是为了证明级数中的一些定理引进的，由于它的一些奇异的性质，被当时看作集合中的另类，从而忽视了 Cantor 集的重要性. 如今 Cantor 集经常在分形的研究中遇到. 既然它是分形，那么它就有严格的自相似结构，如果按比例缩小 1/3，则它相当于两个原来相似整体.

Cantor 集是一种最简单的分形方式，无非是不停地将一条线段变成两条小点的线段.

Cantor 集的递归算法：选取一个欧氏长度的直线段，将该线段三等分，去掉中间一段，剩下两段. 将剩下的两段分别再三等分，各去掉中间一段，剩下四段. 将这样的操作继续下去，直到无穷，则可得到一个离散的点集. 点数趋于无穷多，而欧氏长度趋于零. 经无限操作，达到极限时所得到的离散点集称之为 Cantor 集.

(1) 给定初始直线两个端点的坐标 (ax, ay) 和 (bx, by)，按 Cantor 集的生成规则计算出各点的坐标如下：

```
cx=ax+(bx-ax)/3
cy=ay-d
dx=bx-(bx-ax)/3
dy=by-d
ay=ay-d
by=by-d
```

(2) 利用递归算法，将计算出来的新点分别对应于 (ax, ay) 和 (bx, by)，然后利用步骤(1)的计算关系计算出下一级新点 (cx, cy) 和 (dx, dy)，并压入堆栈.

(3) 给定一个很小的量 c，当 $(bx, by)<c$ 时，被压入堆栈中的值依次释放

完毕，同时绘制直线段(ax,ay)—(bx, by)，然后程序结束.

绘制 Cantor 集分形图的 MATLAB 程序如下：

建立 M 文件：

```
function f=cantor(ax,ay,bx,by)
c=0.005;d=0.005;
if (bx-ax)>c
    x=[ax,bx];y=[ay,by];hold on;
    plot(x,y,'LineWidth',2);hold off;
    cx=ax+(bx-ax)/3;
    cy=ay-d;
    dx=bx-(bx-ax)/3;
    dy=by-d;
    ay=ay-d;
    by=by-d;
    cantor(ax,ay,cx,cy);
    cantor(dx,dy,bx,by);
end
```

输入命令

```
cantor(0,1,1,1)
```

运行结果如图 6-20 所示.

前面是在区间[0, 1]上生成的 Cantor 集，当然也可以在区间[0, 10]上生成康托集.

输入命令

```
cantor(0,10,10,10)
```

运行结果如图 6-21 所示.

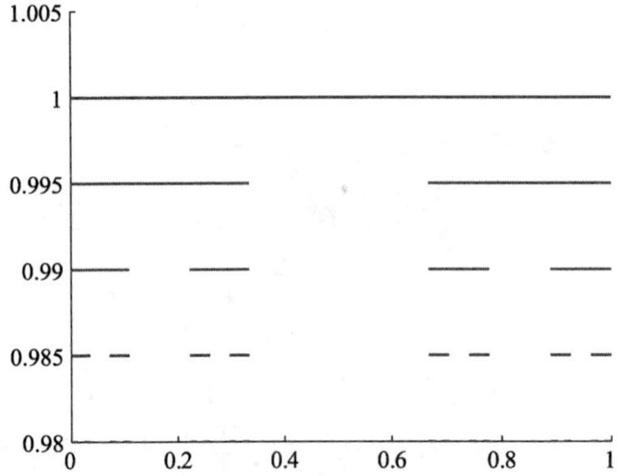

图 6-20 区间[0, 1]上生成的康托集

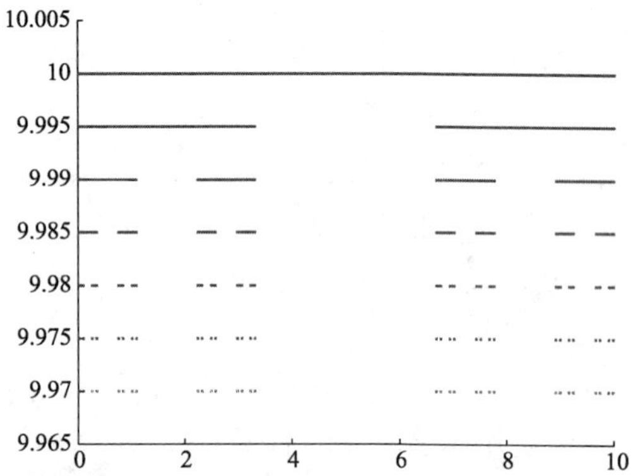

图 6-21 区间[0, 10]上生成康托集

例 6.18.3（Sierpinski 集） 波兰著名的数学家谢尔宾斯基（W. Sierpinski）在 1915—1916 年，为实变函数理论构造了几个典型的例子，这些“数学怪物”常被称为 Sierpinski 集，包括 Sierpinski 垫片（Sierpinski gasket）、Sierpinski 地毯（Sierpinski carpet）和 Sierpinski 海绵（Sierpinski sponge）. 它们不但有趣，而且还有助于形象地理解分形.

以下分别绘制 Sierpinski 垫片、Sierpinski 地毯和 Sierpinski 海绵的分形图.

（1） Sierpinski 垫片

对于等腰直角三角形进行迭代，在每次迭代过程中，先将等腰直角三角形的边长压缩 4 倍，直至每一层次迭代的等腰直角三角形都被分割；最后将分割后的小等腰直角三角形进行填充.

绘制进行 3 次迭代产生的 Sierpinski 垫片分形图的 MATLAB 程序如下：

```
clear;
x=0;
y=0;
d=1;
n=3;
for p=1:n;
   a=[];
   b=[];
   for q=1:length(x);
     x1=x(q)+[0, d/4,d/2, 3*d/4,0,d/2,0,d/4,0];
     y1=y(q)+[0,0,0,0,d/4,d/4,d/2,d/2,3*d/4];
     a=[a,x1];
     b=[b,y1];
   end
   d=d/4;
   x=a;
   y=b;
end
for q=1:length(x);
   fill(x(q)+[0,d,0,0], y(q)+[0,0,d,0], 'b')
   hold on
end
axis off; axis equal
```

运行结果如图 6-24 所示.

在上面程序中，取 $n=1, 2, 4$，同样可以绘制进行 1，2 和 4 次迭代产生的

Sierpinski 垫片分形图，如图 6－22，图 6－23 和图 6－25 所示.

图 6－22　1 次迭代的 Sierpinski 垫片分形图

图 6－23　2 次迭代的 Sierpinski 垫片分形图

图 6－24　3 次迭代的 Sierpinski 垫片分形图

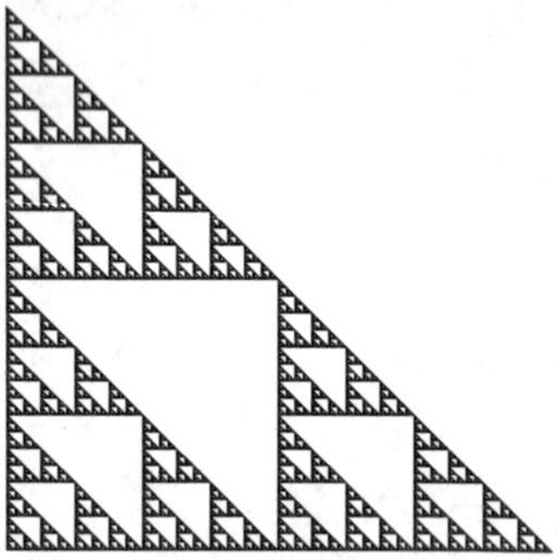

图 6－25　4 次迭代的 Sierpinski 垫片分形图

（2）Sierpinski 地毯

绘制 Sierpinski 地毯也可以采用绘制 Sierpinski 垫片同样的算法. 将正方形等分为 9 个小正方形，将其最中间的一个去掉，将其他 8 个进行填充。然后进行迭代，在每次迭代过程中，先将正方形的边长压缩 3 倍，直至每一层次迭代的正方形都被分割；最后将分割后的小正方形进行填充.

绘制进行 4 次迭代产生的 Sierpinski 地毯分形图的 MATLAB 程序如下：

```
clear;
x=0;
y=0;
d=1;
n=4;
for p=1:n;
    a=[];
    b=[];
```

```
    for q=1:length(x);
      x1=x(q)+[0, d/3,2*d/3, 0, 2*d/3,0,d/3, 2*d/3];
      y1=y(q)+[0,0,0,d/3,d/3, 2*d/3, 2*d/3, 2*d/3];
       a=[a,x1];
       b=[b,y1];
    end
    d=d/3;
    x=a;
    y=b;
end
for q=1:length(x);
    fill(x(q)+[0,d,d,0,0], y(q)+[0,0,d,d,0], 'b')
    hold on
end
axis off; axis equal
see(findobj(gcf, 'type', 'patch'), 'edgecolor', 'none')
```

运行结果如图 6-29 所示.

在上面程序中，取 $n=1, 2, 3$，同样可以绘制进行 1，2 和 3 次迭代产生的 Sierpinski 地毯分形图，如图 6-26—图 6-28 所示.

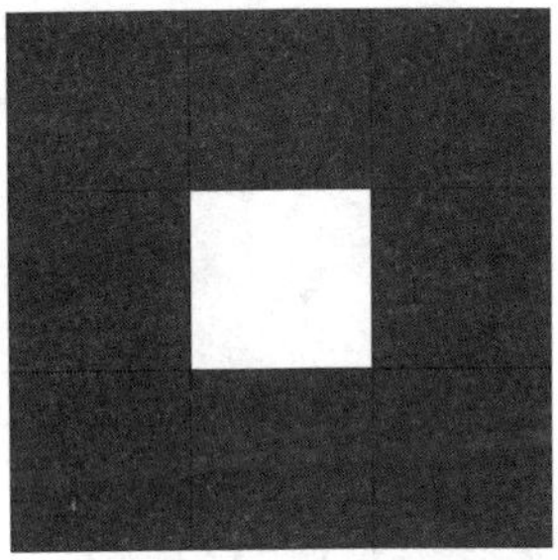

图 6-26　1 次迭代的 Sierpinski 地毯分形图

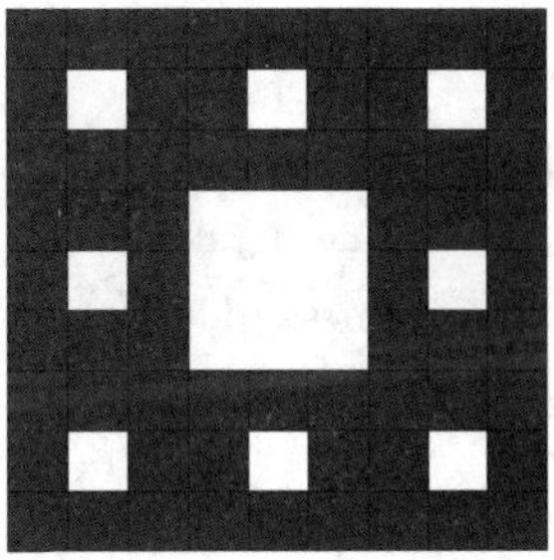

图 6-27　2 次迭代的 Sierpinski 地毯分形图

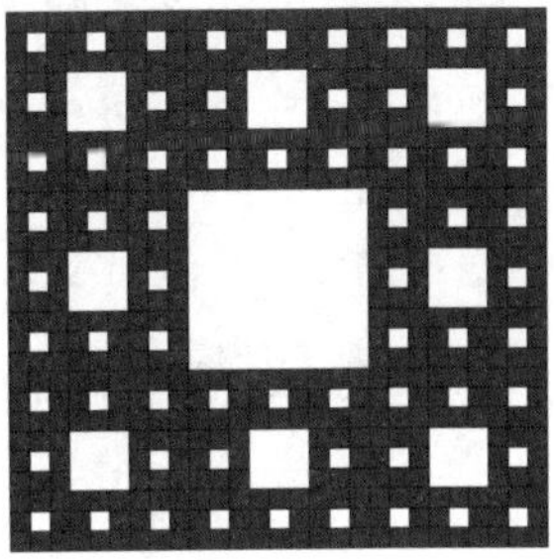

图 6-28　3 次迭代的 Sierpinski 地毯分形图

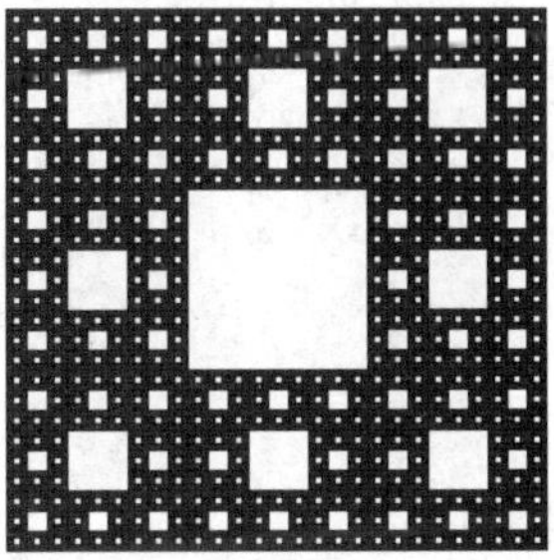

图 6-29　4 次迭代的 Sierpinski 地毯分形图

（3）Sierpinski 海绵

把正方体的每一个面分成 9 个正方形，这将把正方体分成 27 个小正方体，像魔方一样.把每一面的中间的小正方体去掉，再把最中心的小正方体也去掉，留下 20 个小正方体(图 6－30).把每一个留下的小正方体都重复前面的步骤.

以下具体用生成元的迭代完成上面的步骤. 取一个正方体,将其 27 等分,舍去中间 7 个小正方体,保留其余 20 小个正方体,得到一个生成元；对第一个生成元的 20 个小个正方体分别按照同样的方法操作取舍,即第一个生成元的 20 个小正方体用生成元迭代,直至每一层次迭代的正方体都被取舍,最后得出 Sierpinski 海绵.

绘制 Sierpinski 海绵分形图的 MATLAB 程序如下：

建立 M 文件：

```
function sierpinskihm(x,y,z,d,n)
x4=x;
y4=y;
z4=z;
d4=d;
x2=[];
y2=[];
z2=[];
a=[0,1,2];
[x1,y1]=meshgrid(a);
[x1,z1]=meshgrid(x1,a);
[y1,z1]=meshgrid(y1,a);
x1=[x1(1,1:4),x1(1,6:9),x1(2,[1,3,7,9]),x1(3,1:4),x1(1,6:9)];
y1=[y1(1,1:4),y1(1,6:9),y1(2,[1,3,7,9]),y1(3,1:4),y1(1,6:9)];
z1=[z1(1,1:4),z1(1,6:9),z1(2,[1,3,7,9]),z1(3,1:4),z1(3,6:9)];
for j=1:n
  for i=1:length(x)
    x3=x(i)+d/3*x1;
    y3=y(i)+d/3*y1;
    z3=z(i)+d/3*z1;
    x2=[x2,x3];y2=[y2,y3];
    z2=[z2,z3];
  end
  d=d/3;
  x=x2;
  y=y2;
```

```
    z=z2;
end
axis([x4,x4+d4,y4,y4+d4,z4,z4+d4])
for i=1:length(x)
    patch(x(i)+[d,d,d,d,d],y(i)+[0,d,d,0,0],z(i)+[0,0,d,d,0],z(i)+[0,0,d,d,0])
    patch(x(i)+[0,d,d,0,0],y(i)+[0,0,0,0,0],z(i)+[0,0,d,d,0],z(i)+[0,0,0,0,0])
    patch(x(i)+[0,d,d,0,0],y(i)+[d,d,d,d,d],z(i)+[0,0,d,d,0],z(i)+[0,d,d,0,0])
    patch(x(i)+[0,d,d,0,0],y(i)+[0,0,d,d,0],z(i)+[0,0,0,0,0],z(i)+[0,0,d,d,0])
    patch(x(i)+[0,d,d,0,0],y(i)+[0,0,d,d,0],z(i)+[d,d,d,d,d],z(i)+[0,0,0,0,0])
    patch(x(i)+[0,0,0,0,0],y(i)+[0,d,d,0,0],z(i)+[0,0,d,d,0],z(i)+[0,0,d,d,0])
end
axis off
set(gcf,'color',[1,1,1])
```

说明：在上述 M 文件中：x，y 和 z 分别为初始正方体的第一个顶点横坐标、纵坐标和竖坐标，d 为初始正方体的边长，n 为迭代的次数.

输入命令

sierpinskihm(0,0,0,1,1)，sierpinskihm(0,0,0,1,2)，sierpinskihm(0,0,0,1,3)

运行结果如图 6-30—图 6-32 所示.

图 6-30　1 次迭代的 Sierpinski 海绵分形图

图 6-31　2 次迭代的 Sierpinski 海绵分形图

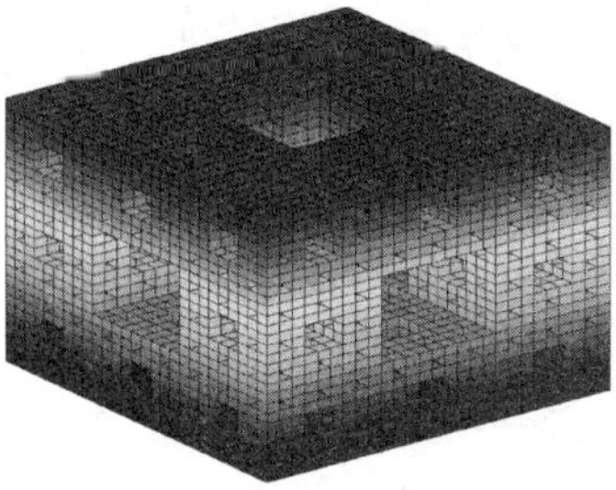

图 6-32　3 次迭代的 Sierpinski 海绵分形图

从图 6 - 30—图 6 - 32 可以看出，Sierpinski 海绵的每一个面都是 Sierpinski 地毯.

Sierpinski 海绵是 Sierpinski 地毯在三维空间的推广，它首先由奥地利数学家卡尔·门格(Karl Menger)在 1926 年描述. Sierpinski 海绵又称为门格海绵(Menger sponge)，它的维数是$\frac{\ln 20}{\ln 3}=2.7268$.

练习 6.18

1. 绘制小波函数 $f(x)=2(1-x^2)\exp[-0.5(x+u)^2](0<x<1)$ 当 $-2<u<1.5$ 时的 Feigenbaum 图.

2. 在本节的"混沌和分形简介"中给出了当 $a=0.5, b=3$ 时 Weierstrass 函数的图形(图 6 - 18). 请给出绘制 Weierstrass 函数图形的 MATLAB 程序.

3. 在本节的"Sierpinski 垫片"中给出了基于等腰直角三角形进行迭代产生的分形图. 图 6 - 33 是基于等边三角形进行迭代产生的 Sierpinski 垫片分形图. 请给出绘基于等边三角形产生的 Sierpinski 垫片分形图的 MATLAB 程序.

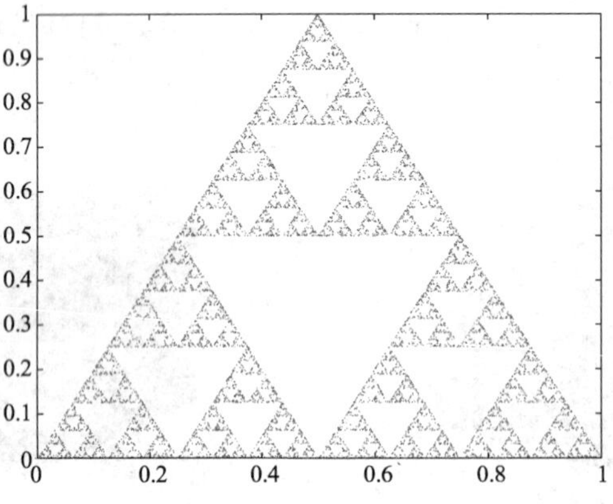

图 6 - 33　基于等边三角形产生的 Sierpinski 垫片分形图

7　数学建模初步

本章将分别介绍商人过河、穿越沙漠、蠓虫分类、分形中的 Koch 雪花以及饮酒驾车 5 个数学建模问题. 这 5 个问题属于不同的数学模型，商人过河是图论模型，饮酒驾车是微分方程模型，穿越沙漠是优化模型，蠓虫分类是统计模型，Koch 雪花是几何模型，从中读者可以领会数学建模的基本方法以及用 MATLAB 求解的一些技巧.

7.1　商 人 过 河

7.1.1　问　题

三名商人各带一名随从乘船渡河，渡河小船只能容纳两人. 随从们密约，在河的任一岸，一旦随从人数比商人多，就杀人越货. 但是乘船渡河的方案由商人决定. 商人们怎样才能安全过河?

7.1.2　分析与建模

商人过河需要一步一步实现，比如第一步：两个随从过河；第二步：一个随从驾船回来；第三步：又是两个随从过河；第四步：一个随从驾船回来；第五步：两个商人过河……

其中每一步都使当前状态发生变化，而且是从一种安全状态转变为另一种安全状态. 如果我们把每一种安全状态看成一个点，又如果存在某种过河方式使状态 a 变到状态 b，则在点 a 和点 b 之间连一条边，这样我们把商人过河问题和图联系起来，有可能用图论方法来解决商人过河问题.

建模步骤：

(1) 首先要确定过河过程中的所有安全状态. 我们用二元数组 (x, y) 表示一个安全状态(不管此岸还是彼岸)，其中 x 表示留在此岸的主人数和随从数. 例如数组 $(3, 1)$ 表示此岸有 3 个商人 1 个随从，彼岸仅有 2 个随从. 两岸各有 10 个人是安全状态：

$$(0, 0), (0, 1), (0, 2), (0, 3), (2, 2), (1, 1), (3, 0), (3, 1), (3, 2), (3, 3)$$

(2) 在两岸的安全状态之间，如存在一种渡河办法能使一种状态变为另一种状态，则在这两种状态之间连一条边. 这样，得到如下一个二部图（图 7－1），其中下方顶点表示此岸状态，上方顶点表示彼岸状态. 我们的目的是要找出一条从此岸（3，3）到彼岸（0，0）的最短路.

（3）观察发现此岸的状态（0，0），（3，0）和彼岸的状态（0，3），（3，3）都是孤立点，在求最短路的过程中不涉及这些点，把它们删去. 两岸的点用 1，2，…，16 重新标号（图 7－1）.

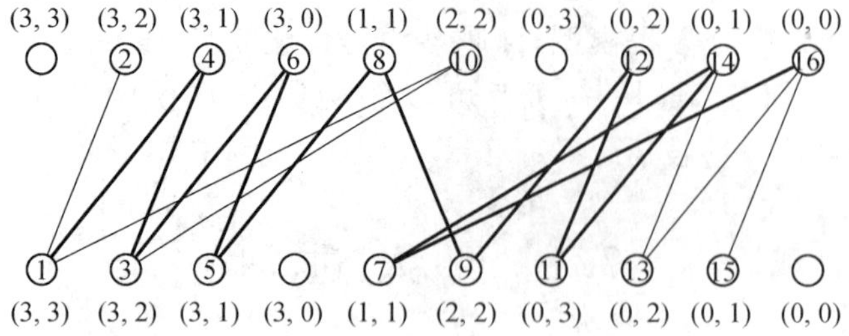

图 7－1　商人过河状态图

7.1.3　模型求解

附录中已经给了一个求最短路的 MATLAB 程序 sroute. m，可以利用.

在 MATLAB 的命令窗口输入图 7－1 的弧表矩阵 $\boldsymbol{e}$：

```
e=[1 2;1 4;1 10;3 4;3 6;3 10;5 6;5 8;7 14;7 16;9 8;9 12;11 12;11 14;13 14;13 16;
  15 16];
e=[e, ones(17,1)]; %边权都设为 1
```

调用程序 sroute. m：

```
route=sroute(e)
```

运行结果为

```
route=1 2 3 4 5 6  7 8 9 10 11 12 13 14 15 16
      0 1 2 1 4 3 10 5 6  1  8  7 10  9 12 11
      1 1 4 1 6 3 14 5 8  1 12  9 14 11 16  7
```

这表示存在一条从 1 到 16 的长度为 11 的路（图 7－1 粗黑线）：1→4→3→6→5→8→9→12→11→14→7→16，此路对应商人成功渡河的一个方案：

（3，3）↑（3，1）↓（3，2）↑（3，0）↓（3，1）↑（1，1）↓（2，2）↑（0，2）↓（0，3）↑（0，1）↓（1，1）↑（0，0）.

即:2 个随从过河,1 个随从回来,又 2 个随从过河,1 个随从回来,2 个商人过河,1 主 1 随从回来,又 2 个商人过河,1 个随从回来,2 个随从过河,1 个随从回来,最后 2 个随从过河. 这样,商人安全过了河.

请读者考虑:是否还有其他安全过河方案? 如何寻找?

提示:在图 7-1 中把刚才得到的最短路上的边权全部改大,例如取 2,重新运行程序 sroute. m. 如果得到一个不同于前面的最短路,则表示找到了另一个安全过河方案.

7.2 穿越荒漠

7.2.1 问题

一探险家计划独身徒步穿越荒漠,探险家每天可步行 40 km,除行装,最多可携带总重为 20 kg 的食物和水,探险家每天消耗 1.5 kg 水和 1 kg 食物.

(1) 根据已有资料,穿越荒漠的行程为 480 km,问探险家如何在中途建立食物和水的储藏点以确保探险家尽快安全穿越荒漠,给出探险家的日程计划.

(2) 根据最新资料,在距离终点 200 km 处有可饮用泉水,如何修改原计划,给出新的日程计划.

7.2.2 模型假设

(1) 假设天气状况、道路状况以及探险家的身体状况都无意外,每天恰好能走 40 km.

(2) 假定探险家每天所走的路程以及食物和水的消耗都是均匀分布在 24 h,随着时间流逝,食物和水逐渐减少.

在这样的假设下,我们可以把探险过程连续处理.

7.2.3 问题(1)分析与建模

设探险路线从 A 到 B,简单分析可知,中途仅设一个储藏点是不行的(请读者考虑为什么?),至少要设两个储藏点. 现假定中途设两个储藏点 C, D, $AC=x_1$, $CD=x_2$, $DB=x_3$(图 7-2).

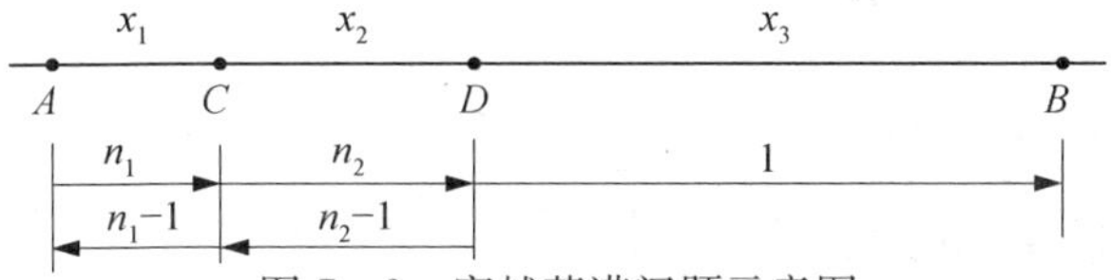

图 7-2　穿越荒漠问题示意图

设在 AC 间往返 n_1 次[这里指由 A 到 C 走 n_1 次，由 C 到 A 走 (n_1-1) 次]运送水和食物，在 CD 间往返 n_2 次运送水和食物，最后一次由 D 直接到 B. 记每次能携带的实物质量 $a=20$ kg，每公里消耗实物为 $d=2.5/40=1/16$ kg.

目标函数是总的行走路程最短：$\min f=(2n_1-1)x_1+(2n_2-1)x_2+x_3$.

等式约束条件是三段路总长等于 $x_1+x_2+x_3=480$.

不等式约束之一是 AC 间运送的实物总量必须满足：

第一段路上消耗量＋第二段将要运送量 ≤ 第一段实际运送量.

不等式约束之二是 CD 间运送的实物必须满足：

第二段路上消耗量＋第三段将要消耗量 ≤ 第二段实际运送量.

不等式约束之三是非负约束：$x_1, x_2, x_3 \geqslant 0$.

另外，还要求 n_1, n_2 取非负整数.

该模型可以表示为

$$\min f=(2n_1-1)x_1+(2n_2-1)x_2+x_3,$$
$$\text{s. t.}\begin{cases}x_1+x_2+x_3=480,\\(2n_1-1)x_1d+n_2a\leqslant n_1a,\\(2n_2-1)x_2d+x_3d\leqslant n_2a,\\x_1, x_2, x_3\geqslant 0,\\n_1, n_2\text{ 取非负整数.}\end{cases}$$

这是有约束非线性规划.

7.2.4 问题(1)求解

为适合 MATLAB 规定，改记 $x_1=x(1)$, $x_2=x(2)$, $x_3=x(3)$, $n_1=x(4)$, $n_2=x(5)$.

建立非线性约束条件的函数文件 mycon1.m：

```
function [c,ceq]=mycon1(x)
l=480;a=20;d=2.5/40;
c=[(2*x(4)-1)*x(1)*d+x(5)*a-x(4)*a;
   (2*x(5)-1)*x(2)*d+x(3)*d-x(5)*a];
ceq=[];
```

输入命令

```
x0=[100,100,280,10,5]';
A=[];b=[];Aeq=[1 1 1 0 0];beq=[480];lb=[0 0 160 2 2]';ub=[160 160 320 20
```

```
    10]';
[x, fval]=fmincon('(2*x(4)-1)*x(1)+(2*x(5)-1)*x(2)+x(3)',x0,A,b,
            Aeq,beq,lb,ub,@mycon1)
```

运行结果为

```
x = 53.3333   106.6667   320.0000   2.7500   2.0000   fval = 880
```

即 $AC = x_1 = 53.3333$, $CD = x_2 = 106.6667$, $DB = x_3 = 320$, $n_1 = 2.75$, $n_2 = 2$.

$n_1 = 2.75$ 不是正整数,不合要求. MATLAB 不能求解混合规划,遇到整数变量的非整数解时可以取整后再重新求解.

显然,最优解中 $n_1 = x(4) > 2.75$, 取定 $n_1 = 3$, $n_2 = 2$[只需增加两个等式约束 $x(4) = 3$, $x(5) = 2$,或修改上下界], 在命令窗口再执行

```
x0=[100,100,280,10,5]';A=[];b=[];Aeq=[1 1 1 0 0;0 0 0 1 0;0 0 0 0 1];
beq=[480;3;2];lb=[0 0 160 2 2]';ub=[160 160 320 10 10];
[x, fval]=fmincon('(2*x(4)-1)*x(1)+(2*x(5)-1)*x(2)+x(3)',x0,A,b,
            Aeq,Beq,lb,ub,@mycon1)
```

运行结果为

```
x = 53.3333   106.6667   320.0000   3.0000   2.0000   fval = 906.6667
```

这是符合要求的一个最优解.

若设 3 个储存点,可作类似计算,并未得到更好的解,因此,以上结果即最优解. 最佳方案应取 $x_1 = 53.3333$, $x_2 = 106.6667$, $x_3 = 320.0000$, $n_1 = 3$, $n_2 = 2$. 即先在 AC 间往返 3 次,每次背 20 kg 水和食物(水和食物按 1.5 : 1 搭配), 历时 6.666 7 d, 消耗水和食物 16.666 7 kg, 剩余 43.333 3 kg. 然后在 CD 间往返 2 次,每次背 20 kg 水和食物,历时 8 d,消耗水和食物 20 kg. 最后背上剩余的 20 kg 储备,历时 8 d,正好走出沙漠,总行程 906.666 7 km,总共耗时 22.666 7 d(22 d 16 h).

7.2.5 问题(2)分析与建模

此时情况要复杂一些,每次带多少水和多少食物必须分开考虑.

仍设 $AC = x_1$, $CD = x_2$, $DB = 200$ 为已知. 记 w_1 为第一阶段每次背水量, w_2 为第二阶段每次背水量, f_1 为第一阶段每次背食物的量, f_2 为第二阶段每次背食物的量. $w = 1.5/40 = 3/80$ 为平均每公里耗水量, $f = 1/40$ 为平均每公里消耗食物量. DB 间需要消耗食物 5 kg,水 7.5 kg,可以一次背走.

该模型可以表示为

$$\min f=(2n_1-1)x_1+(2n_2-1)x_2+200,$$

$$\text{s. t.}\quad \begin{cases} x_1+x_2=280, \\ (2n_1-1)x_1w+n_2w_2\leqslant n_1w_1, \\ (2n_2-1)x_2w\leqslant n_2w_2, \\ (2n_1-1)x_1f+n_2f_2\leqslant n_1f_1, \\ (2n_2-1)x_2f+5\leqslant n_2f_2, \\ w_1+f_1\leqslant 20, \\ w_2+f_2\leqslant 20, \\ x_1,\ x_2,\ w_1,\ w_2,\ f_1,\ f_2\geqslant 0, \\ n_1,\ n_2\ \text{取非负整数}. \end{cases}$$

7.2.6 问题(2)求解

记 $x_1=x(1)$，$x_2=x(2)$，$n_1=x(3)$，$n_2=x(4)$，$w_1=x(5)$，$w_2=x(6)$，$f_1=x(7)$，$f_2=x(8)$.

建立非线性约束条件函数文件 mycon2. m：

```
function[c,ceq]=mycon2(x)
w=1.5/40;f=1/40;
c=[(2*x(3)-1)*x(1)*w+x(4)*x(6)-x(3)*x(5);(2*x(4)-1)*x(2)*w-
  x(4)*x(6);
(2*x(3)-1)*x(1)*f+x(4)*x(8)-x(3)*x(7);(2*x(4)-1)*x(2)*f+5-x
(4)*x(8);
x(5)+x(7)-20;x(6)+x(8)-20];
ceq=[];
```

输入命令

```
x0=[100,180,4,2,12,12,8,8]';A=[];B=[];Aeq=[1 1 0 0 0 0 0 0];beq=[280];
lb=[0 0 1 1 0 0 0 0]';ub=[160 160 10 10 20 20 20 20]';
[x,fval]=fmincon('(2*x(3)-1)*x(1)+(2*x(4)-1)*x(2)+200',x0,A,B,Aeq,
Beq,lb,ub,@mycon2)
```

运行结果为

```
x = 120.0000  160.0000  1.5000  1.0000  10.0000  6.0000  10.0000  9.0000
fval = 600.0000
```

即 $AC=x_1=120$，$CD=x_2=160$，$n_1=1.5$，$n_2=1$.

n_1 必须取正整数，取定 $n_1=2$，$n_2=1$(只需增加两个等式约束 $x(3)=2$，

$x(4)=1$,或修改上下界),在命令窗口再输入

```
x0=[100,180,4,2,12,12,8,8]';A=[];b=[];
Aeq=[1 1 0 0 0 0 0 0;0 0 1 0 0 0 0 0;0 0 0 1 0 0 0 0];beq=[280;2;1];
lb=[0 0 1 1 0 0 0 0]';ub=[160 160 10 10 20 20 20 20]';
[x,fval]=fmincon('(2*x(3)-1)*x(1)+(2*x(4)-1)*x(2)+200',x0,A,b,Aeq,
beq,lb,ub,@mycon2)
```

运行结果为

```
x = 120.0000   160.0000   2.0000   1.0000   11.0000   8.5000   9.0000   9.0000
fval = 720.000
```

可见,最佳方案应取 $x_1=120$, $x_2=160$, $n_1=2$, $n_2=1$, $w_1=11$, $w_2=8.5$, $f_1=9$, $f_2=9$. 即先在 AC 间往返 2 次,每次背 11 kg 水,9 kg 食物,历时 9 d,消耗 13.5 kg 水,9 kg 食物,在 C 点存 8.5 kg 水,9 kg 食物. 然后背上 6 kg 水(不必把 8.5 kg 水全带上),9 kg 食物走到泉水边(D),历时 4 d,水喝完,剩 5 kg 食物. 最后在泉水处补充 7.5 kg 水,带上剩余的 5 kg 食物,再走 5 d,正好走出沙漠,总行程 720 km,总共耗时 18 d.

7.3 蠓虫分类

7.3.1 问题

两种蠓虫 Af 和 Apf 已由生物学家罗纳(W. L. Grogon)和维尔恩(W. W. Wirth)(1981)根据它们的触角长度、翅膀长度加以区分. 现测得 6 只 Apf 和 9 只 Af 的触长、翅长的数据如下:

Apf	(1.14, 1.78)	(1.18, 1.96)	(1.20, 1.86)	(1.26, 2.00)	(1.28, 2.00)	(1.30, 1.96)
Af	(1.24, 1.72)	(1.36, 1.74)	(1.38, 1.64)	(1.38, 1.82)	(1.38, 1.90)	(1.40, 1.70)
	(1.48, 1.82)	(1.54, 1.82)	(1.56, 2.08)			

(1) 如何依据以上数据,制定一种方法正确区分两类蠓虫;

(2) 将你的方法用于触长、翅长分别为(1.24, 1.80),(1.28, 1.84),(1.40, 2.04)的 3 个样本识别.

7.3.2 问题的分析与模型的建立

如果我们将蠓虫的触长和翅长作为分量,给出的两类蠓虫的数据就构成两个不同总体的二维向量,其中 Apf 类蠓虫构成的向量组与 Af 类蠓虫构成的向量组分别记为

$$G_1=\{\boldsymbol{\alpha}_1, \boldsymbol{\alpha}_2, \cdots, \boldsymbol{\alpha}_6\}, \quad G_2=\{\boldsymbol{\beta}_1, \boldsymbol{\beta}_2, \cdots, \boldsymbol{\beta}_9\}.$$

画出两类蠓虫触长、翅长向量的散点图,如图 7-3 所示,其中圆点表示 Apf,星号表示 Af. 明显看出 6 个 Apf 全部位于左上方,而 9 个 Af 全部位于右下方. 也就是说,两类蠓虫的触长、翅长向量与 x 轴的夹角有明显区别.

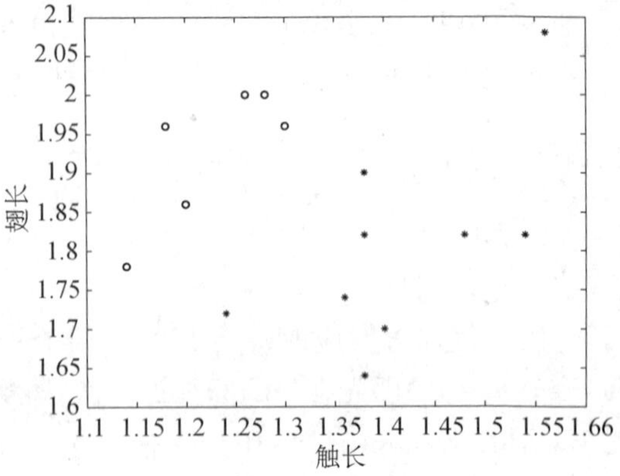

图 7-3　两类蠓虫分布的散点图

因此,我们可以以两类蠓虫的触长、翅长的均值向量为基准,凡与 Apf 的基准向量夹角余弦大于与 Af 的基准向量夹角余弦的蠓虫应归为 Apf,反之,则归为 Af.

建模步骤如下:

(1) 分别计算 Apf 和 Af 两类蠓虫的均值向量

$$\boldsymbol{u}_1=\frac{1}{6}\sum_{i=1}^{6}\boldsymbol{\alpha}_i, \qquad \boldsymbol{u}_2=\frac{1}{9}\sum_{i=1}^{9}\boldsymbol{\beta}_i.$$

(2) 对于待判的蠓虫 x 分别计算 $\cos(x, \boldsymbol{u}_1)$, $\cos(x, \boldsymbol{u}_2)$,其中

$$\cos(x, \boldsymbol{u}_1)=\frac{(x, \boldsymbol{u}_1)}{|x|\cdot|\boldsymbol{u}_1|}, \qquad \cos(x, \boldsymbol{u}_2)=\frac{(x, \boldsymbol{u}_2)}{|x|\cdot|\boldsymbol{u}_2|}.$$

(3) 建立判别函数: $d(x)=\cos(x, \boldsymbol{u}_1)-\cos(x, \boldsymbol{u}_2)$,判别准则为

$$\begin{cases} d(x)>0, & x\in Apf, \\ d(x)<0, & x\in Af. \end{cases}$$

对于触长、翅长分别为(1.24, 1.80), (1.28, 1.84), (1.40, 2.04)的 3 个样本进行识别,结果如下: $d((1.24, 1.80))=0.0012$, $d((1.28, 1.84))=0.0008$, $d((1.40, 2.04))=0.0014$.

故 3 只蠓虫都属于 Apf.

7.3.3 模型的误差分析

在提出一个判别准则时,需要研究它的可靠性. 通常利用回代误判率和交叉误判率进行误差估计. 若有 N_1 个属于 G_1 的样品被误判为属于 G_2,有 N_2 个属于 G_2 的样品被误判为属于 G_1,两类总体的样品总数为 n,则误判率为

$$p=\frac{N_1+N_2}{n}.$$

(1) 回代误判率. 设 G_1, G_2 为两个总体, X_1, X_2, …, X_m 和 Y_1, Y_2, …, Y_n 是分别来自 G_1, G_2 的训练样本,以全体训练样本作为 $m+n$ 个新样品,逐个代入已建立的判别准则判别其归属,这个过程称为回判. 若有 N_1 个属于 G_1 的样品被误判为属于 G_2,有 N_2 个属于 G_2 的样品被误判为属于 G_1,则误判率的估计值为

$$\hat{p}=\frac{N_1+N_2}{m+n}.$$

(2) 交叉误判率. 交叉误判率是每次剔除一个样品,利用其余的 $m+n-1$ 个训练样本建立判别准则,再用所建立的准则对删除的样品进行判别. 对训练样本中每个样品都作如上分析,以其误判的比例作为误判率. 具体步骤如下.

① 从总体为 G_1 的训练样本开始,剔除其中一个样品,剩余的 $m-1$ 个样品与 G_2 中的全部样品建立判别函数;

② 用建立的判别函数对剔除的样品进行判别;

③ 重复步骤①, ②,直到 G_1 中的全部样品依次被剔除,被判别,其误判的样品个数记为 m_{12};

④ 对 G_2 的样品重复步骤①, ②, ③,直到 G_2 中的全部样品依次被剔除,被判别,其误判的样品个数记为 n_{21}.

交叉误判率的估计值为

$$\hat{p}=\frac{m_{12}+n_{21}}{m+n}.$$

为了说明我们建立的方法能够正确区分两类蠓虫,我们将已知的两类蠓虫的数据代入判别函数,利用 MATLAB 编程进行计算.

$$d_1=\cos(\boldsymbol{\alpha}_i,\ \boldsymbol{u}_1)-\cos(\boldsymbol{\alpha}_i,\ \boldsymbol{u}_2),\quad i=1,\ 2,\ \cdots,\ 6.$$

d_1:0.0045　0.0072　0.0042　0.0052　0.0045　0.0029

$$d_2=\cos(\boldsymbol{\beta}_i,\ \boldsymbol{u}_1)-\cos(\boldsymbol{\beta}_i,\ \boldsymbol{u}_2),\quad i=1,\ 2,\ \cdots,\ 9.$$

d_2: −0.0009　−0.0046　−0.0082　−0.0032　−0.0012
−0.0071　−0.0065　−0.0084　−0.0027

由于 d_1 的数值都为正,而 d_2 的数值都为负,说明已知的两类蠓虫仍然属于各自的类别,这表明我们的方法能够正确区分两类蠓虫,即回代误判率为零. 通过计算可知,交叉误判率也为零.

7.3.4 MATLAB 程序

(1) 计算 Apf 和 Af 两类蠓虫的均值向量

```
Apf=[1.14 1.78;1.18 1.96;1.20 1.86;1.26 2.0;1.28 2.0;1.30 1.96];
Af=[1.24 1.72;1.36 1.74;1.38 1.64;1.38 1.82;1.38 1.90;1.40 1.70;1.48 1.82;
1.54 1.82;1.56 2.08];
u1=mean(Apf);u2=mean(Af);
```

(2) 计算 3 只待判蠓虫的判别函数值 d,输入

```
x=[1.24 1.80;1.28 1.84;1.40 2.04];
d=x*u1'./sqrt(sum((x.*x)')')/norm(u1)-x*u2'./sqrt(sum((x.*x)')')/norm(u2)
```

运行结果为

d = 0.0012　0.0008　0.0014,这说明 3 个待判蠓虫都属于 Apf.

(3) 计算 Apf 的回代判别函数值 d1 和 Af 的回代判别函数值 d2,输入

```
d1=Apf*u1'./dist(Apf,zeros(2,1))/norm(u1)-Apf*u2'./dist(Apf,zeros(2,1))/
    norm(u2)
d2=Af*u1'./dist(Af,zeros(2,1))/norm(u1)-Af*u2'./dist(Af,zeros(2,1))/norm
    (u2)
```

运行结果为

```
d1 = 0.0045   0.0072   0.0042   0.0052   0.0045   0.0029
d2 = -0.0009   -0.0046   -0.0082   -0.0032   -0.0012   -0.0071   -0.0065
     -0.0084   -0.0027
```

d1 全为正,d2 全为负,说明 6 个 Apf 样品全部判定属于 Apf,9 个 Af 样品全部判定属于 Af,没有误判,误判率为零.

(4) 计算 Apf 的交叉判别函数值 D1 和 Af 的交叉判别函数值 D2,输入

```
for i=1:6
    A=Apf;A(i,:)=[];v1=mean(A);
    D1(i)=Apf(i,:)*v1'/norm(Apf(i,:))/norm(v1)-Apf(i,:)*u2'/norm(Apf
        (i,:))/norm(u2);
end
for j=1:9
    B=Af;B(j,:)=[];v2=mean(B);
    D2(j)=Af(j,:)*u1'/norm(Af(j,:))/norm(u1)-Af(j,:)*v2'/norm(Af(j,:))/
        norm(v2);
end
D1
D2
```

运行结果为

```
D1 = 0.0045   0.0070   0.0042   0.0052   0.0045   0.0028
D2 = -0.0007   -0.0046   -0.0080   -0.0032   -0.0010   -0.0071
     -0.0065   -0.0082   -0.0026
```

D1 全为正,D2 全为负,说明 6 个 Apf 样品全部判定属于 Apf,9 个 Af 样品全部判定属于 Af,没有误判,误判率为零.

7.3.5 MATLAB 中的判别分析命令

本问题实际上属于统计学中的判别分析问题. 判别分析是判别个体归属哪个已知类群的一种统计方法.

MATLAB 中直接提供了判别分析的命令 classify,具体用法为

```
[class, err]=classify (sample, training, group, type)
```

这里输入参数中的 sample 为待判样本,本例中 sample 即 x; training 为训练样本,即已知其归属类群的样本,本例中包括 Apf 和 Af; group 为对应 training 的分类变量,本例中对应 Apf 中的样本可设为 1,对应 Af 中的样本可设为 0(愿意设为其他数字也行),于是 group=[ones(6, 1); zeros(9, 1)]. 参数 type 允许指明判别方法,如 'linear', 'quadratic',或 'mahalanobis'(详细内容请查 MATLAB 手册和多元统计学参考书),默认选择为 'linear'.

输出参数中的 class 指明了 sample 中每个样本(即每行)对应的类别,1 表示对应 Apf, 0 表示对应 Af; err 为误判率.

对于本例,输入命令

```
sample=x; training=[Apf;Af]; group=[ones(6,1); zeros(9,1)];
[class,err]=classify(sample,training,group)
```

运行结果为

```
class=
    1
    1
    1
err=
    0
```

这说明 3 个特判蠓虫都属于 Apf,误判率为零,与 7.3.2 节中的计算结果一致.

7.4 分形中的 Koch 雪花问题

7.4.1 问 题

在有单位边长的等边三角形中，将每一条边三等分，再以每一条边的中间一段为边，向外作等边三角形，然后再对每一条边重复这样的操作，如此下去产生的图形称为 Koch 雪花.

请讨论边数不断增多且趋于无穷大时，所产生的图形(Koch 雪花)的周长和面积的极限.

7.4.2 问题的分析

在作图变化过程中，将每一条边三等分，再以每一条边的中间一段为边，向外作等边三角形的一次操作称为一次分形(fractal)，如此下去继续作分形，由此产生的图形称为 Koch 雪花.

根据上面作法，分形中的 Koch 雪花如图 7－4 所示(画这些分形图的 MATLAB 程序将在后面给出).

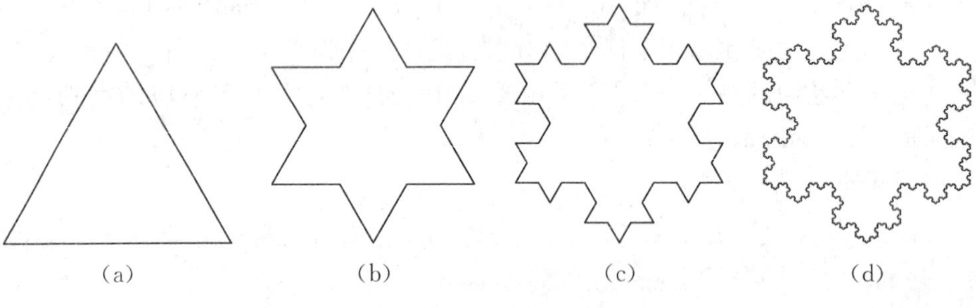

图 7－4 Koch 雪花

假设对单位边长的等边三角形作 n 次分形后形成的图形的周长为 P_n，面积为 A_n.

开始时[图 7－4(a)]，$P_0=3$，$A_0=\frac{\sqrt{3}}{4}$. 再作一次分形后[图 7－4(b)]，三角形的每条边生成了 4 条新边，新边的长度为原边长度的$\frac{1}{3}$，同时每条边生成的每个新小三角形的面积都是原三角形面积的$\frac{1}{9}$，即$\frac{1}{9}A_0$，于是有 $P_1=\frac{4}{3}P_0$，$A_1=$

$A_0+3\times\frac{1}{9}A_0$. 同理，再作二次分形后，新图形的每条边生成了 4 条新边[图 7－5(b)]，新边的长度为原边长度的$\frac{1}{3}$；同时生成的每个小新三角形的面积都是原三角形面积的$\frac{1}{9}$，即为$\frac{1}{9}\times\left(\frac{1}{9}A_0\right)$，第一次分形后[图 7－4(b)]共有 3×4 条边，所以二次分形后(图 7－4(c))的小三角形也有 3×4 个. 于是有 $P_2=\frac{4}{3}P_1=\left(\frac{4}{3}\right)^2P_0$，$A_2=A_1+3\times4\times\frac{1}{9}\times\left(\frac{1}{9}A_0\right)$.

7.4.3 模型的建立

为了找出周长为 P_n 和面积为 A_n 的通项(或递推公式)，由以上的分析和分形的过程我们发现，对每条边的变化有两个规律：

(1) 每条边生成 4 条新边[图 7－5(a)—(c)]，且新边的长度为原边长度的$\frac{1}{3}$；

(2) 每条边生成的 4 条新边共生成 4 个小三角形[图 7－5(b)，图 7－5(c)]，每个小三角形的面积为原三角形面积的$\frac{1}{9}$.

根据上面对问题的分析，分形中的 Koch 曲线如图 7－5 所示(1904 年，瑞典数学家科赫(H. von Koch ，1870—1924)构造出 Koch 曲线. 画 Koch 曲线的 MATLAB 程序将在后面给出).

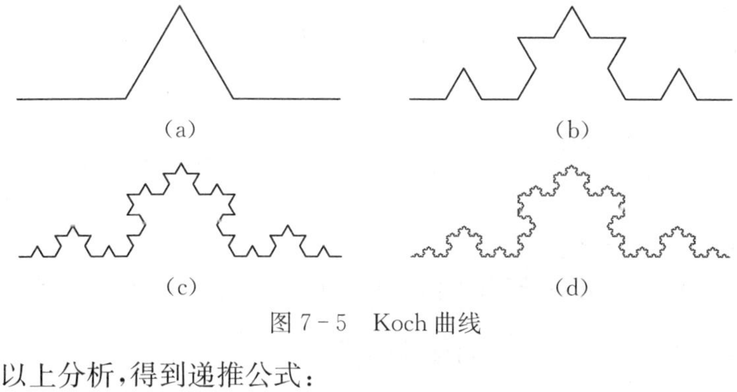

图 7－5　Koch 曲线

根据以上分析，得到递推公式：

$$P_n=\frac{4}{3}P_{n-1}=\cdots=\left(\frac{4}{3}\right)^nP_0,\quad n=1,2,\cdots;$$

$$A_n=A_{n-1}+3\times4^{n-1}\left(\frac{1}{9}\right)^nA_0,\quad n=1,2,\cdots.$$

于是

$$A_n = A_0 + 3 \times \frac{1}{9}A_0 + 3 \times 4\left(\frac{1}{9}\right)^2 A_0 + 3 \times 4^2\left(\frac{1}{9}\right)^3 A_0 + \cdots + 3 \times 4^{n-1}\left(\frac{1}{9}\right)^n A_0.$$

由于 $P_0 = 3$，所以当 n 趋于无穷大时，周长变为 $\lim\limits_{n\to\infty} P_n = 3\lim\limits_{n\to\infty}\left(\frac{4}{3}\right)^n$.

由于 $A_0 = \frac{\sqrt{3}}{4}$，所以当 n 趋于无穷大时，面积变为一个无穷级数，即

$$\begin{aligned}\lim_{n\to\infty} A_n &= A_0 + 3\left(\frac{1}{9}\right)A_0 + 3 \times 4\left(\frac{1}{9}\right)^2 A_0 + 3 \times 4^2\left(\frac{1}{9}\right)^3 A_0 + \cdots + \\ &\quad 3 \times 4^{n-1}\left(\frac{1}{9}\right)^n A_0 + \cdots \\ &= \frac{\sqrt{3}}{4}\left[1 + \frac{1}{3} \times \sum_{n=1}^{+\infty}\left(\frac{4}{9}\right)^{n-1}\right].\end{aligned}$$

因此，问题归结为计算 $\lim\limits_{n\to\infty} P_n = 3\lim\limits_{n\to\infty}\left(\frac{4}{3}\right)^n$ 和 $\lim\limits_{n\to\infty} A_n = \frac{\sqrt{3}}{4}\left[1 + \frac{1}{3} \times \sum\limits_{n=1}^{+\infty}\left(\frac{4}{9}\right)^{n-1}\right]$.

7.4.4 模型求解

计算以上问题的 MATLAB 程序如下：

输入命令

```
syms n;
P=3 * limit((4/3)^n, n, inf)
A=(sqrt(3)/4) * (1+(1/3) * symsum((4/9)^(n-1), n, 1, inf))
```

运行结果为

```
P=Inf, A=(2/5) * 3^(1/2)
```

所以 $\lim\limits_{n\to\infty} P_n = +\infty$，$\lim\limits_{n\to\infty} A_n = \frac{2}{5}\sqrt{3}$.

由以上计算结果可知，当分形次数不断增加且趋于无穷大时，所产生图形的周长趋于无穷大，而面积却是一个有限数 $\frac{2}{5}\sqrt{3}$.

以上结果说明，Koch 雪花的周长为无穷大，而面积是有限的（根据上面 Koch 雪花产生的过程可知，每一步的图形都是在单位圆内，因此 Koch 雪花的面积是有限的）.

这种面积有限、周长为无穷大的图形——Koch 雪花，在欧氏空间中是一种

不可思议的"奇怪"现象.

从上面的作法可以看出,Koch 曲线是极其复杂的,它的维数已不是欧氏空间中的维数——一维,它的维数大于 1. 但 Koch 曲线也不能填满任何一个小的面积,所以它的维数小于 2. 事实上,在分形几何中 Koch 曲线的维数为 1.261 8.

7.4.5 有关 MATLAB 程序

(1) 分形中的 Koch 曲线

首先建立 M 文件

```
function koch(ax, ay, bx, by, limit)       %输入量为初始点的坐标和单边终止长度
u=[ax, ay; bx, by];
l=sqrt((bx-ax)^2+(by-ay)^2);         %求单边长度
if(l<=limit)
    axis equal
    plot(u(:,1), u(:, 2))      %画连线
    axis off
    hold on
else
    cx=ax+(bx-ax)/3;       %计算 c 点的坐标
    cy=ay+(by-ay)/3;
    ex=bx-(bx-ax)/3;       %计算 e 点的坐标
    ey=by-(by-ay)/3;
    l=sqrt((ex-cx)^2+(ey-cy)^2);
    alpha=atan((ey-cy)/(ex-cx));
    if(ex-cx)<0
        alpha=alpha+pi;
    end
    dx=cx+cos(alpha+pi/3) * l;       %计算 d 点的坐标
    dy=cy+sin(alpha+pi/3) * l;
    koch(ax, ay, cx, cy, limit);       %递归调用
    koch(ex, ey, bx, by, limit);
    koch(cx, cy, dx, dy, limit);
    koch(dx, dy, ex, ey, limit);
end
```

输入命令

```
koch(0, 0, 1, 0, 1/2)
```

运行结果如图 7-5(a)所示.

类似地,分别输入命令

```
koch(0, 0, 1, 0, 1/4),
koch(0, 0, 1, 0, 1/10),
koch(0, 0, 1, 0, 1/100)
```

可以分别得到图 7-5(b)—(d).

(2) 分形中的 Koch 雪花

根据 Koch 曲线与 Koch 雪花的关系,调用三次 Koch 曲线程序就可以绘制出 Koch 雪花图形.

在建立 M 文件(koch. m)后,输入命令

```
koch(1, 0, 0, 0, limit),
koch(0, 0, 1/2, sqrt(3)/2, limit),
koch(1/2, sqrt(3)/2, 1, 0, limit)
```

其中,limit 依次取 1, 0.34, 1/4, 0.01,分别得到图 7-4(a)—(d).

7.5 饮酒驾车

7.5.1 问题

据报载,2003 年全国道路交通事故死亡人数为 10.437 2 万,其中因饮酒驾车造成的占有相当的比例. 针对这种严重的道路交通情况,国家质量监督检验检疫局 2004 年 5 月 31 日发布了新的《车辆驾驶人员血液、呼气酒精含量阈值与检验》国家标准,新标准规定,车辆驾驶人员血液中的酒精含量大于或等于 20 mg/100 mL,小于 80 mg/100 mL 为饮酒驾车(原标准是小于 100 mg/100 mL),血液中的酒精含量大于或等于 80 mg/100 mL 为醉酒驾车(原标准是大于或等于 100 mg/100 mL). 大李在中午 12 点喝了 1 瓶啤酒,下午 6 点检查时符合新的驾车标准,紧接着他在吃晚饭时又喝了 1 瓶啤酒,为了保险起见,他等到凌晨 2 点才驾车回家,又一次遭遇检查时却被定为饮酒驾车,这让他既懊恼又困惑,为什么喝同样多的酒,两次检查结果会不一样呢? 请参考下面给出的数据建立饮酒后血液中酒精含量的数学模型,并对大李碰到的情况作出解释.

参考数据:

(1) 人的体液占人的体重的 65%~70%,其中血液只占体重的 7%左右;而药物(包括酒精)在血液中的含量与在体液中的含量大体是一样的.

(2) 体重约 70 kg 的某人在短时间内喝下 2 瓶啤酒后,隔一定时间测量他的

血液中酒精含量(mg/100 mL),得到数据见表 7-1.

表 7-1　　酒精含量测量数据

时间/h	0.25	0.5	0.75	1	1.5	2	2.5	3	3.5	4	4.5	5
酒精含量(mg/mL)	30	68	75	82	82	77	68	68	58	51	50	41
时间/h	6	7	8	9	10	11	12	13	14	15	16	
酒精含量(mg/mL)	38	35	28	25	18	15	12	10	7	7	4	

说明:(1)本题是由"全国大学生数学建模竞赛"2004 年 C 题删改得到的;(2)《工程数学学报》2004 年第 7 期上刊登了关于 2004 年"全国大学生数学建模竞赛"A, B, C, D 题目研究的多篇论文,其中有关 C 题的论文有 4 篇(但所有论文都没有附计算程序);(3)关于"全国大学生数学建模竞赛"2004 年 C 题的全部解答,见:韩明,张积林,李林,林杰,林江宏(2012),《数学建模案例》.

7.5.2　问题的分析

大李喝下啤酒后,酒精先从肠胃吸收进入血液与体液中,然后从血液与体液向体外排除. 可以建立二室模型(饮酒是一种药物摄入,药物动力学中已有房室模型),将肠胃看成吸收室,将血液与体液看成中心室(图 7-6). 吸收和排除的过程都可以分别化简成一级反应来处理,加起来得到体内酒精吸收和排除过程的数学模型. 因为考虑到是短时间内喝酒,所以忽略喝酒的时间,可使初始条件得以简化.

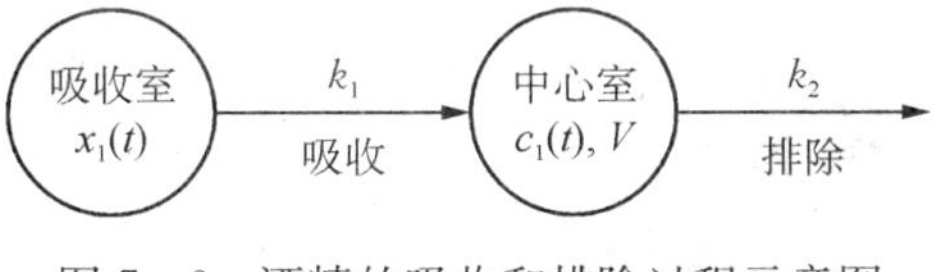

图 7-6　酒精的吸收和排除过程示意图

根据上面的问题要求,具体可以归结为如下两个问题:

(1) 建立数学模型,并解释大李在中午 12 点喝 1 瓶啤酒后,在下午 6 点检查时体内血液中的酒精含量小于 20 mg/100 mL,符合"驾车标准".

(2) 建立数学模型,并解释大李在晚饭时再喝 1 瓶啤酒后,在凌晨 2 点检查时体内血液中的酒精含量大于或等于 20 mg/100 mL,符合"饮酒驾车"的标准.

7.5.3　符号说明

酒精量是指纯酒精的质量,单位是毫克(mg);酒精含量是指纯酒精的浓度,

单位是毫克/百毫升(mg/100 mL);

t:时刻(h);

$x_1(t)$:在时刻 t 吸收室(肠胃)内的酒精量(mg);

k_1:酒精从吸收室进入中心室的速率系数;

g_0:在短时间内喝下1瓶啤酒后吸收室内的酒精量(mg);

$y_1(t)$:在时刻 t 中心室(血液与体液)的酒量(mg);

k_2:酒精从中心室向体外排除的速率系数;

V:中心室的容积(100 mL).

7.5.4 模型假设

大李在短时间内喝下2瓶啤酒后,酒精先从吸收室(肠胃)进入中心室(血液与体液),然后从中心室向体外排除.忽略喝酒时间,并假设:

(1) 吸收室在初始时刻 $t=0$ 时,酒精量立即为 $2g_0$,酒精从吸收室进入中心室的速率(吸收室在单位时间内酒精量的减少量)与吸收室的酒精量成正比,比例系数为 k_1.

(2) 中心室的容积 V 保持不变;在初始时刻 $t=0$ 时,中心室的酒精量为零;在任意时刻,酒精从中心室向体外排除的速率(中心室在单位时间内酒精量的减少量)与中心室的酒精量成正比,比例系数为 k_2.

(3) 在大李(体重为70 kg)适度饮酒没有酒精中毒的前提下,假设 k_1 和 k_2 都是常数,与饮酒量无关.

(4) 考虑到大李在下午6点接受检查,之后由于离开检查地点以及停车等待等原因耽误了一定时间,因此假定大李在晚8点吃晚饭(即,大李从第一次接受检查到第二次喝酒之间相隔了2 h).

7.5.5 模型的建立与求解

根据假设(1),吸收室的酒精量 $x_1(t)$ 满足微分方程初值问题

$$\frac{\mathrm{d}x_1(t)}{\mathrm{d}t}=-k_1x_1(t),\quad x_1(0)=Ng_0. \tag{7.5.1}$$

其中,Ng_0 为酒精总量(N 表示啤酒的瓶数,在本问题中 $N=2$).

根据假设(2),中心室的酒精量 $y_1(t)$ 满足微分方程初值问题

$$\frac{\mathrm{d}y_1(t)}{\mathrm{d}t}=k_1x_1(t)-k_2y_1(t),\quad y_1(0)=0. \tag{7.5.2}$$

根据式(7.5.1)和式(7.5.2)得微分方程组初值问题

$$\begin{cases}\dfrac{dx_1(t)}{dt}=-k_1x_1(t),\\ \dfrac{dy_1(t)}{dt}=k_1x_1(t)-k_2y_1(t),\\ x_1(0)=Ng_0,\\ y_1(0)=0.\end{cases}$$

解上述微分方程组初值问题,其 MATLAB 程序如下:

输入命令

```
[x1, y1]=dsolve('Dx1=-k1*x1', 'Dy1=k1*x1-k2*y1', 'x1(0)=N*g(0)',
'y1(0)=0')
[y, how]=simple([x1, y1])
```

运行结果为

$$\begin{cases}x_1(t)=Ng_0e_{k_1t},\\ y_1(t)=\dfrac{Ng_0k_1}{k_1-k_2}(e^{-k_2t}-e^{-k_1t}).\end{cases}$$

记 $c(t)=\dfrac{y_1(t)}{V}$,得

$$c(t)=\frac{Ng_0k_1}{V(k_1-k_2)}(e^{-k_2t}-e^{-k_1t}). \tag{7.5.3}$$

式(7.5.3)可以写成

$$c(t)=k(e^{-k_2t}-e^{-k_1t}), \tag{7.5.4}$$

其中,$k=\dfrac{Ng_0k_1}{V(k_1-k_2)}$,$k_1\neq k_2$.

7.5.6 数据拟合与拟合误差

用 MATLAB 的函数 nlinfit(非线性最小二乘拟合),根据表 7-1 的数据拟合式(7.5.4)的参数 k_1,k_2 和 k.此问题的 MATLAB 程序如下:

输入命令

```
f=@(k, x)k(3).*(exp(-k(2).*x)-exp(-k(1).*(x));
x=[0.25, 0.5, 0.75, 1, 1.5, 2, 2.5, 3, 3.5, 4, 4.5, 5, 6, 7, 8, 9, 10, 11, 12, 13,
14, 15, 16];
```

```
y=[30, 68, 75, 82, 82, 77, 68, 68, 58, 51, 50, 41, 38, 35, 28, 25, 18, 15, 12, 10,
7, 7, 4];
k0=[2, 1, 80];            %参数的初值
k=nlinfit(x, y, f, k0)
plot(x, y, 'k+', 0:0.01:18, f(k, 0:0.01:18), 'k')
axis([0, 18, 0, 90])
```

参数 k_1，k_2 和 k 的拟合结果为 $k_1=2.0079$，$k_2=0.1855$，$k=114.4325$；数据拟合图如图 7－7 所示.

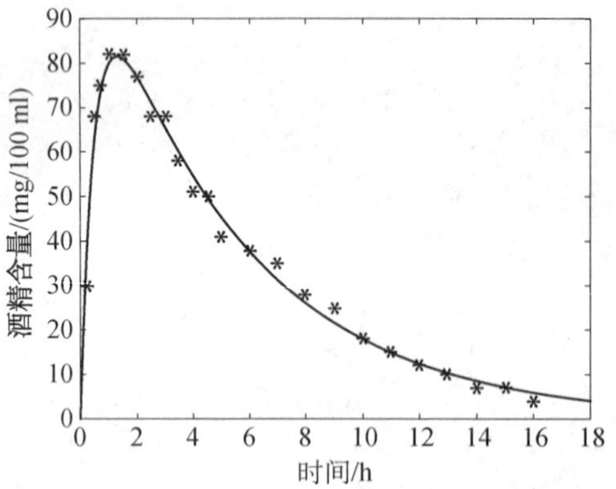

图 7－7　血液中酒精含量的数据拟合图

说明：在图 7－7 中，* 表示表 7－1 中的数据，曲线为拟合后的图形.

把 $k_1=2.0079$，$k_2=0.1855$ 和 $k=114.4325$ 代入式(7.5.4)，得

$$c(t)=114.4325(e^{-0.1855t}-e^{-2.0079t}). \tag{7.5.5}$$

需要说明的是，参数的初值是按以下思路得到的：由于在 $x=0$ 附近有 $e^x\approx 1+x$，所以 $c(t)=k(e^{-k_2t}-e^{-k_1t})\approx k(k_1-k_2)t$. 根据表 7－1，当 $t=1$ 时，有 $k(k_1-k_2)\approx 80$，所以取 $k_1=2$，$k_2=1$ 和 $k=80$，即 $k_0=[2, 1, 80]$.

以下用 MATLAB 画表 7－1 中的数据与拟合曲线的拟合误差图，其 MATLAB 程序如下：

(在已输入 x，y 后)输入命令

```
k=[2.0079, 0.1855, 114.4325]
fc=@(x)k(3).*(exp(-k(2).*x)-exp(-k(1).*x));
plot(x, y-fc(x), 'ro')
axis([0, 18, -10, 10])
```

运行结果如图 7－8 所示.

从图 7-7 和图 7-8 可以看到，数据与曲线拟合的效果很好. 在图 7-8 中，只有一个误差值是在 -10 附近，其他误差值都在 $(-6, 6)$ 之内且分布比较均匀，这说明引入的假设和建立的模型是适当的.（注：图 7-8 的横坐标表示时间，纵坐标表示酒精含量的拟合误差.）

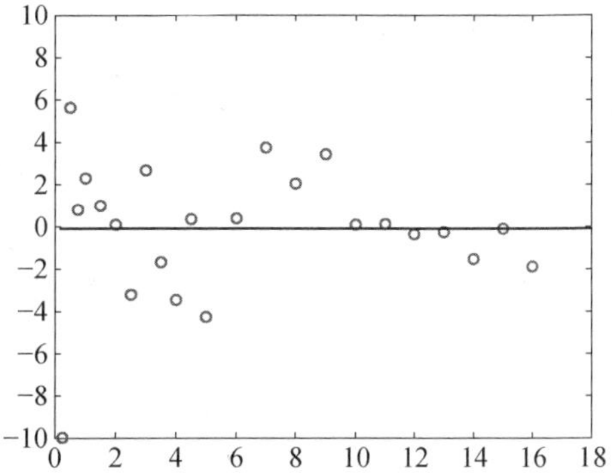

图 7-8　拟合误差图

7.5.7　模型的应用

7.5.7.1　问题(1)的应用

在问题(1)中，大李在中午 12 点喝了 1 瓶啤酒(与"参考数据"中在短时间内喝下 2 瓶啤酒相比，喝酒量减少一半)，此时 $N=1$，$k'=\dfrac{1}{2}k=57.2163$.

根据假设(3)，k_1 和 k_2 保持不变，根据式(7.5.5)，大李的血液中酒精含量的经验数学模型为

$$c(t)=57.2163(\mathrm{e}^{-0.1855t}-\mathrm{e}^{-2.0079t}). \tag{7.5.6}$$

把 $t=6$ 代入式(7.5.6)，可以得到大李在下午 6 点被检查时血液中酒精含量为 $c(6)=18.7993<20(\text{mg}/100\ \text{mL})$. 因此，此时大李符合"驾车标准"(不属于"饮酒驾车").

7.5.7.2　问题(2)的应用

在问题(2)中，大李在吃晚饭时又喝了 1 瓶啤酒，假设这瓶啤酒是在短时间内喝的(这是根据前面模型假设中的"忽略喝酒时间"). 由于问题中没有给出具体的晚饭喝酒时间，假设在晚上 s 点吃晚饭时大李又喝了 1 瓶啤酒，注意 $s>6$ (因为大李不可能在下午 6 点被检查的同时喝酒!)

设 $x_2(t)$，$y_2(t)$ 分别是晚饭喝酒胃里和血液里的酒精量. 在晚上 s 点吃晚饭时大李又喝了 1 瓶啤酒，此时胃里和血液里已有酒精，所以在晚饭喝酒时，胃里的酒精量为 $x_2(0)=Ng_0+x_1(s)$[这里 $x_1(s)$ 是第一次喝酒后 s 时刻在胃里残留的酒精量].

根据假设(3)，k_1 和 k_2 保持不变，则有

$$\begin{cases}\dfrac{\mathrm{d}x_2(t)}{\mathrm{d}t}=-k_1x_2(t),\\[2mm] \dfrac{\mathrm{d}y_2(t)}{\mathrm{d}t}=k_1x_2(t)-k_2y_2(t),\\[2mm] x_2(0)=Ng_0+x_1(s),\\ y_2(0)=y_1(s).\end{cases}$$

根据前面的结果，有

$$\begin{cases} x_1(s)=Ng_0\mathrm{e}^{-k_1 s}, \\ y_1(s)=\dfrac{Ng_0k_1}{k_1-k_2}(\mathrm{e}^{-k_2 s}-\mathrm{e}^{-k_1 s}). \end{cases}$$

把 $x_1(s)$，$y_1(s)$ 代入以上微分方程组初值问题，有

$$\begin{cases} \dfrac{\mathrm{d}x_2(t)}{\mathrm{d}t}=-k_1x_2(t), \\ \dfrac{\mathrm{d}y_2(t)}{\mathrm{d}t}=k_1x_2(t)-k_2y_2(t), \\ x_2(0)=Ng_0(1+\mathrm{e}^{-k_1 s}), \\ y_2(0)=\dfrac{Ng_0k_1}{k_1-k_2}(\mathrm{e}^{-k_2 s}-\mathrm{e}^{-k_1 s}). \end{cases}$$

用 MATLAB 编程求解，此问题的 MATLAB 程序如下：

输入命令

```
[x2, y2]=dsolve('Dx2=-k1 * x2', 'Dy2=k1 * x2-k2 * y2', 'x2(0)=N * g(0)  * (1+
exp(-k1 * s))', 'y2(0)=(k1 * N * g(0)/(k1-k2)) * (exp(-k2 * s)-exp(-k1 * s))')
[y, how]=simple([x2, y2])
```

运行结果为

$$\begin{cases} x_2(t)=Ng_0(1+\mathrm{e}^{-k_1 s})\mathrm{e}^{-k_1 t}, \\ y_2(t)=\dfrac{Ng_0k_1}{k_1-k_2}[(1+\mathrm{e}^{-k_2 s})\mathrm{e}^{-k_2 t}-(1+\mathrm{e}^{-k_1 s})\mathrm{e}^{-k_1 t}]. \end{cases}$$

记 $c(t, s)=\dfrac{y_2(t)}{V}$，则有

$$c(t, s)=\frac{Ng_0k_1}{V(k_1-k_2)}[(1+\mathrm{e}^{-k_2 s})\mathrm{e}^{-k_2 t}-(1+\mathrm{e}^{-k_1 s})\mathrm{e}^{-k_1 t}]. \tag{7.5.7}$$

式(7.5.7)可以写成

$$c(t, s)=k[(1+\mathrm{e}^{-k_2 s})\mathrm{e}^{-k_2 t}-(1+\mathrm{e}^{-k_1 s})\mathrm{e}^{-k_1 t}], \tag{7.5.8}$$

其中，$k=\dfrac{Ng_0k_1}{V(k_1-k_2)}$，$k_1\neq k_2$。

把 $k_1=2.0079$，$k_2=0.1855$ 和 $k'=57.2163$ 代入式(7.5.8)，得到晚 s 点

吃晚饭大李又喝1瓶啤酒时，酒精含量与时间(时间 t 从第二次喝酒开始算，即 $t=14-s$) 的关系为

$$c(t, s)=57.2163\left[\left(1+e^{-0.1855 s}\right) e^{-0.1855 t}-\left(1+e^{-2.0079 s}\right) e^{-2.0079 t}\right]. \quad (7.5.9)$$

根据假设(4)，大李在晚8点吃晚饭，把 $s=8$，$t=6$ 代入式(7.5.9)，得大李在凌晨2点被检查时血液中的酒精含量为 $c(6, 8)=23.0618>20$(mg/100 mL)，此时属于"饮酒驾车".

当然，人们也许更关心大李在晚上"何时"再喝1瓶啤酒后，在凌晨2点检查时体内血液中的酒精含量等于20 mg/100 mL(即饮酒驾车的临界时间). 此问题的 MATLAB 程序如下：

输入命令

```
x=0:0.1:20;
y=57.2163*((1+exp(-0.1855*(14-x))).*exp(-0.1855*x)-(1+
exp(-2.0079*(14-x))).*exp(-2.0079*x))-20;
x=fzero('57.2163*((1+exp(-0.1855*(14-x))).*exp(-0.1855*x)-(1+
exp(-2.0079*(14-x))).*exp(-2.0079*x))-20', 7)
T=14-x
```

运行结果为

$x=6.9584$, $T=7.0416$

因此，大李在晚上7.0416时之后再喝1瓶啤酒，在凌晨2点检查时体内血液中的酒精含量就会大于20 mg/100 mL(这样大李在晚上8点再喝1瓶啤酒，在凌晨2点被检查时就会被定为"饮酒驾车").

综合以上解释了：

(1) 大李在中午12点喝了1瓶啤酒，下午6点检查时血液中酒精含量为18.7993<20(mg/100 mL)，符合驾车标准；

(2) 紧接着他在吃晚饭(晚8点)时又喝了1瓶啤酒，凌晨2点被检查时血液中的酒精含量为23.0618>20(mg/100 mL)，被定为饮酒驾车.

7.5.8 模型的评价与推广

本节在短时间内喝酒情况下，建立了体液(含血液)中的酒精含量的数学模型. 该模型基于微分方程，并对给出的数据利用非线性最小二乘数据拟合法，确定了酒精从胃肠进入血液的速率系数和酒精从血液渗透出体外的速率系数，根据模型得到的结果基本符合实际. 模型很好地描述了酒精在体内的变化规律，在酒精摄入时能够较为准确地预测出不同时间的血液酒精浓度. 对驾驶人员安排

喝酒与开车的关系具有指导性作用,并能够有效地防止酒后驾车的发生.

模型的优点:①模型把复杂的生理循环问题转化为酒精从肠胃(吸收室)到血液与体液(中心室)的简单变化;②模型简明易懂,具有较好的通用性.

模型的缺点:本模型存在近似误差,是通过拟合产生的;另外模型未考虑不同的人对酒精的消耗速率可能存在差异.

模型的推广:模型作一些修改后可以用于药物动力学问题,对药物在体内的浓度变化进行研究具有一定的参考价值.

附　　录

附录 A　MATLAB 的基本操作

A1　MATLAB 的启动和关闭

A1.1　启动方式

(1) 如果已经在桌面设置了 MATLAB 快捷图标，则双击图标进入 MATLAB 环境，这是最快最常用的方式；

(2) 在开始菜单中选择程序→MATLAB→MATLAB，点击进入 MATLAB 环境；

(3) 在 MATLAB 安装目录中选择 MATLAB→MATLAB 快捷方式，双击图标进入 MATLAB 环境.

启动 MATLAB 后，进入 MATLAB 集成环境，包括 MATLAB 主窗口、命令窗口(Command Window)、工作空间窗口(Workspace)、命令历史窗口(Command History)、当前目录窗口(Current Directory).

A1.2　关闭方式

(1) 在 MATLAB 命令窗口，直接点击关闭图标，即可关闭 MATLAB 软件，这是最简单最常用的方式；

(2) 在 MATLAB 命令窗口键入"exit"或"quit"，回车关闭 MATLAB 软件；

(3) 在 MATLAB 命令窗口，菜单条中选择、点击"EXIT MATLAB"(或按 Ctrl+Q)关闭 MATLAB 软件.

A2　窗口与菜单

A2.1　主窗口

MATLAB 主窗口是 MATLAB 的主要工作界面. 主窗口除了嵌入一些子窗口外，还包括菜单栏和工具栏.

(1) 菜单栏

File 菜单项	File 菜单项实现有关文件的操作
Edit 菜单项	Edit 菜单项用于命令窗口的编辑操作
Debug 菜单项	Debug 菜单项用于调试 MATLAB 程序

Desktop 菜单项	Desktop 菜单项用于设置 MATLAB 的集成环境的显示方式
Window 菜单项	主窗口菜单栏上的 Window 菜单，只包含一个子菜单 Close all，用于关闭所有打开的编辑器窗口，包括 M-file，Figure，Model 和 GUI 窗口
Help 菜单项	Help 菜单项用于提供帮助信息

(2) 工具栏

MATLAB 主窗口的工具栏共提供了 10 个命令按钮. 这些命令按钮均有对应的菜单命令，但使用起来比菜单命令更快捷、方便.

A2.2 命令窗口

命令窗口是 MATLAB 的主要交互窗口，用于输入命令并显示除图形以外的所有执行结果. MATLAB 命令窗口中的"≫"为命令提示符，在提示符后键入命令并按下回车键后，MATLAB 就会解释执行所输入的命令，并在命令后面给出计算结果.

一般来说，一个命令行输入一条命令，命令行以回车结束. 但一个命令行也可以输入若干条命令，各命令之间以逗号分隔，若前一命令后带有分号，则逗号可以省略.

如果一个命令行很长，一行之内写不下，可以在该行之后加上 3 个小黑点，回车换行，继续写命令的其他部分.

A2.3 工作空间窗口

工作空间位于默认(Default)界面左上方窗口前台，是 MATLAB 用于存储变量和结果的内存空间. 该窗口显示工作空间中所有变量的名称、大小、字节数和变量类型说明，可对变量进行观察、编辑、保存和删除.

A2.4 当前目录窗口

(1) 当前目录窗口. 位于默认(Default)界面左上方窗口后台，用鼠标点击可以切换到前台. 当前目录是指 MATLAB 运行文件时的工作目录，只有在当前目录或搜索路径下的文件、函数可以被运行或调用. 在当前目录窗口中可以显示或改变当前目录，还可以显示当前目录下的文件并提供搜索功能.

(2) MATLAB 的搜索路径. 用户在 MATLAB 命令窗口输入一条命令后，MATLAB 按照一定次序寻找相关的文件. 基本的搜索过程是：检查该命令是不是一个变量→检查该命令是不是一个内部函数→检查该命令是否当前目录下的 M 文件→检查该命令是否 MATLAB 搜索路径中其他目录下的 M 文件.

用户可以将自己的工作目录列入 MATLAB 搜索路径，从而将用户目录纳入 MATLAB 系统统一管理. 设置搜索路径的方法有：

● 用 path 命令设置搜索路径. 例如，将用户目录 c:\mydir 加到搜索路径下，可在命令窗口输入命令：path(path，'c:\mydir').

● 用对话框设置搜索路径在 MATLAB 的 File 菜单中选 Set Path 命令或在命令窗口执行 pathtool 命令，将出现搜索路径设置对话框. 通过 Add Folder 或 Add with Subfolder 命令按钮将指定路径添加到搜索路径列表中. 在修改完搜索路径后，需要保存搜索路径.

A2.5　命令历史记录窗口

在默认设置下，历史记录窗口中会自动保留自安装起所有用过的命令的历史记录，并且还标明了使用时间，从而方便用户查询. 通过双击命令可进行历史命令的再运行. 如果要清除这些历史记录，可以选择 Edit 菜单中的 Clear Command History 命令.

A2.6　Start 按钮

MATLAB 主窗口左下角还有一个 Start 按钮，单击该按钮会弹出一个菜单，选择其中的命令可以执行 MATLAB 产品的各种工具，还可以查阅 MATLAB 包含的各种资源.

A2.7　编辑窗口和图形窗口

在命令窗口的菜单条中直接点击文件图标或选择点击 File→New→M file 打开一个编辑窗口(Edit Window). 通常，MATLAB 的程序都是在这个窗口编写成 M 文件，存盘后在命令窗口输入文件名执行运算.

在命令窗口选择点击 File→New→Figure 可以打开一个图形窗口，但通常都是在执行作图命令时自动打开画有相关图形的图形窗口.

这些窗口的上方都有菜单和工具栏，其功能与 Word 相仿，这里不再一一介绍.

A3　变量与符号

A3.1　特殊变量

变量名	说　明	变量名	说　明
i 或 j	虚数单位 $\sqrt{-1}$	Inf	无穷大
pi	圆周率 $\pi = 3.14159265\cdots$	NaN	无意义的数，如 0/0 等
eps	浮点数识别精度 $2^{-52} = 2.2204 \times 10^{-16}$	ans	表示结果的缺省变量名
realmin	最小正实数 $2^{-2^{10}} = 2.2251 \times 10^{-308}$	nargin	所用函数的输入变量数目
realmax	最大正实数 $2^{2^{10}} = 1.7977 \times 10^{308}$	nargout	所用函数的输出变量数目

特殊变量在工作空间观察不到，MATLAB 一启动，这些变量就已赋值，可以直接使用.

A3.2　用户变量

MATLAB 变量总是以字母开头，由字母、数字或下画线组成，中间不能有空格，字母区分大小写. 一般不能与特殊变量以及内部函数名同名(如果同名，则特殊变量以及内部函数将改变其值).

用户变量保存在工作空间，可以随时调用，用命令 who 或 whos 可以查到它们的信息.

A3.3　数学运算符

运算符	意　　义
+	加法运算，数与数、数与矩阵、同型矩阵之间的相加
−	减法运算，数与数、数与矩阵、同型矩阵之间的相减
*	乘法运算，数与数、数与矩阵、矩阵与矩阵之间的普通乘法
/	除法运算，当 a，b 为数时 $a/b=\frac{a}{b}$，当 $\boldsymbol{a}$，$\boldsymbol{b}$ 为矩阵时 $a/b=ab^{-1}$
\	左除运算，当 a，b 为数时 $a\backslash b=\frac{b}{a}$，当 $\boldsymbol{a}$，$\boldsymbol{b}$ 为矩阵时 $a\backslash b=a^{-1}b$
∧	乘幂运算，a^k(k 是数，a 可以是数或矩阵)，数、矩阵的普通乘幂运算
.*	点乘运算，一种数组运算，表示同型数组(矩阵)之间对应元素相乘
./	点除运算，一种数组运算，表示同型数组(矩阵)之间对应元素相除
.∧	点幂运算，一种数组运算，当 a，k 为数时，$a.\wedge k=a^k$ 当 $\boldsymbol{a}$ 为数组(矩阵)，k 为数时，$a.\wedge k$ 表示矩阵 $\boldsymbol{a}$ 的每个元素取 k 次幂

点(数组)运算在 MATLAB 中有重要作用，必须真正理解和掌握.

A3.4　关系与逻辑运算符

关系运算符	意　义	关系运算符	意　义	逻辑运算符	意　义
<	小于	>	大于	&	逻辑与
<=	小于等于	>=	大于等于			逻辑或
==	等于	~=	不等于	~	逻辑非

关系运算与逻辑运算都是元素之间的操作，结果是特殊的逻辑数组(矩阵). 值得注意的是“=”表示赋值，“==”表示(是否)等于，不可混淆. 在 MATLAB 中，“真”(Ture)用 1 表示，“假”(False)用 0 表示.

A4　常用命令和技巧

A4.1　常用命令

运算符	意　　义	运算符	意　　义
cd	显示或改变当前目录	hold	图形保持开关
dir	显示目录下的文件	disp	显示变量或文字内容
type	显示文件内容	path	显示搜索目录
clear	清理内存变量	save	保存内存变量到指定文件
clf	清除图形窗口	load	加载指定文件中的变量
pack	收集内存碎片，扩大内存空间	diary	日志文件命令
clc	清除工作窗口	quit	退出 MATLAB 命令
echo	工作窗口信息显示开关	!	调用 DOS 命令

A4.2 常用操作技巧

按　键	说　明	按　键	说　明
↑	调用上一行	Home	置光标于当前行开头
↓	调用下一行	End	置光标于当前行末尾
←	光标左移一个字符	Esc	清除当前输入行
→	光标右移一个字符	Del	删除光标处的字符
Ctrl+←	光标左移一个单词	Backspace	删除光标前的字符
Ctrl+→	光标右移一个单词	Alt+backspace	恢复上次删除的内容

A4.3 常用标点符号

标　点	作　　用
:	冒号,a:b 生成公差为 1 的数组;a:d:b 生成公差为 d 的数组
;	分号,数组的行分隔符;用于语句末尾表示不显示运算结果
,	逗号,变量、选项、语句之间的分割符,用于语句末时(与无标点符号一样)显示运算结果
( )	括号,数组援引;函数命令输入变量列表
[ ]	方括号,数组记号
{ }	大括号,元胞数组记述符
.	小数点符号,数值表示中的小数点;域访问符等
...	续行符,用于行末(**注意**:... 前最好留一空格),表示本行输入尚未结束,接下一行
%	注释符,%号后面的文字用作注释,不参与运算
=	等号,赋值记号

A5 函　数

A5.1 数学函数

常用函数见下表:

函　数	意　义	函　数	意　义
sin(x)	正弦	fix(x)	向 0 取整
cos(x)	余弦	floor(x)	向 $-\infty$ 取整
tan(x)	正切	ceil(x)	向 ∞ 取整
cot(x)	余切	round(x)	按四舍五入方式取整
asin(x)	反正弦	mod(m, n)	m 除以 n 得到的在 0 与 $n-1$ 之间的余数
acos(x)	反余弦	rem(m, n)	m 除以 n 得到的余数,余数符号同 m

续 表

函 数	意 义	函 数	意 义
atan(x)	反正切	real(z)	复数实部
sqrt(x)	开方	imag(z)	复数虚部
exp(x)	指数函数	angle(z)	复数辐角
log(x)	自然对数	conj(z)	复数共轭
log10(x)	十进对数	min(x)	最小值
abs(x)	绝对值(模)	max(x)	最大值
sign(x)	符号函数	sum(x)	元素总和

A5.2 测试函数

函 数	意 义
all(x)	向量 $\boldsymbol{x}$ 的所有分量都为非零,返回 1,否则返回 0
any(x)	向量 $\boldsymbol{x}$ 中存在一个分量为非零,返回 1,否则返回 0
isinteger(x)	当 x 为整型数时,返回 1,否则返回 0
isfinite(x)	当 x 为有限数时,返回 1,否则返回 0
isstring(x)	当 x 为字符串时,返回 1,否则返回 0
isempty(x)	当 x 为空时,返回 1,否则返回 0
isnan(x)	当 x 为不定值时,返回 1,否则返回 0
isinfinity(x)	当 x 为无穷大时,返回 1,否则返回 0
isreal	当 x 为实数时,返回 1,否则返回 0

A5.3 自定义函数

函 数	定义方式	说 明
内联函数	fun=inline('函数表达式','变量 1','变量 2',……)	使用方便
匿名函数	fun=@('变量 1','变量 2',……)函数表达式	可以接受工作空间中的变量值
M 函数	事先在编辑窗口编写 M 函数文件	用函数名或函数句柄方式调用

A6 M 文件

复杂的程序结构在命令窗口调试、保存很不方便,一般都使用程序文件,最常见的是 M 文件,它可以在编辑窗口中编写存盘,也可以在任何文本编辑器中编写,但必须以“m”作为扩展名存盘.

A6.1 M 文件概述

用 MATLAB 语言编写的程序,并以“m”作为扩展名存盘的文件称为 M 文件. 根据调用方式的不同,M 文件可以分为两类:脚本文件(Script File)和函数文件(Function File).

M 文件是一个文本文件,它可以用任何文本编辑程序来建立和编辑,最方便的是直接使用 MATLAB 提供的文本编辑器.

(1) 建立新的 M 文件

建立新的 M 文件,有 3 种方法启动 MATLAB 文本编辑器:

● 菜单操作. 从 MATLAB 主窗口的 File 菜单中选择 New 菜单项,再选择 M-file 命令,屏幕上会出现 MATLAB 文本编辑器窗口.

● 命令操作. 在 MATLAB 命令窗口输入命令 edit,启动 MATLAB 文本编辑器后,输入 M 文件的内容并存盘.

● 命令按钮操作. 单击 MATLAB 主窗口工具栏上的 New M-File 命令按钮,启动 MATLAB 文本编辑器后,输入 M 文件的内容并存盘.

(2) 打开已有的 M 文件

打开已有的 M 文件,也有 3 种方法:

● 菜单操作. 从 MATLAB 主窗口的 File 菜单中选择 Open 命令,在 Open 对话框中选中并打开所需的 M 文件. 在编辑窗口可以对打开的 M 文件进行修改,编辑完成后,将 M 文件存盘.

● 命令操作. 在 MATLAB 命令窗口输入命令:edit 文件名,则打开指定的 M 文件.

● 命令按钮操作. 单击 MATLAB 主窗口工具栏上的 Open File 命令按钮,再从弹出的对话框中选择所需打开的 M 文件.

A6.2 脚本文件

将多条 MATLAB 语句按要求写在一起,并以扩展名为"m"的文件存盘即构成一个 M 脚本文件. 如果利用 MATLAB 自带的编辑器编写存盘,MATLAB 会自动加上扩展名 m.

注意:

(1) M 脚本文件的命名与变量命名规则相仿,但在 MATLAB 中文件名不区分大小写;

(2) 要防止文件名与已有的变量名、函数名以及 MATLAB 系统保留名等相冲突;

(3) 最好将 M 文件(无论是脚本文件还是函数文件)保存在当前目录,以便调用;

(4) 执行 M 脚本文件可以在命令窗口直接输入文件名(不必带扩展名),也可以在编辑窗口选择菜单 Deburg-run 执行.

A6.3 函数文件

M 脚本文件没有参数传递功能,当需要修改程序中某些变量的值时必须修改文件. 利用 M 函数文件可以进行参数传递.

(1) M 函数文件的格式

```
function      输出形参=函数名(输入形参)
注释说明部分
函数体语句
```

其中以 function 开头的一行为引导行,表示该 M 文件是一个函数文件. 函数名的命名规则与变量名相同. 当输出形参多于一个时，应当用方括号括起来.

(2) M 函数的调用

调用的一般格式是：[输出实参表]＝函数名(输入实参表)

编写 M 函数文件要在编辑窗口，而调用 M 函数要在命令窗口. 函数调用时各实参出现的顺序、个数，应与函数定义时形参的顺序、个数一致，否则会出错. M 函数可以被脚本文件或其他 M 函数文件调用，也可以自身嵌套调用. 一个函数调用它自身称为函数的**递归调用**.

注意：在 MATLAB 中，使用 M 函数是以该函数的磁盘文件名调用，而不是以文件中的函数名调用. 为了增强程序的可读性，最好二者同名.

(3) 函数参数的可调性

在调用函数时，MATLAB 用两个永久变量 nargin 和 nargout 分别记录调用该函数时的输入实参和输出实参的个数. 变量 nargin 和 nargout 经常用于条件表达式中，决定对函数如何进行处理.

A7 程序控制结构

A7.1 顺序结构

(1) 数据的输入. 可以使用 input 函数从键盘输入数据，调用格式为：A＝input(提示信息，选项)，其中提示信息为一个字符串，用于提示用户输入什么样的数据. 当调用 input 函数时采用's'选项，则允许用户输入一个字符串.

(2) 数据的输出. 可以用 disp 函数输出数据，调用格式为：disp(输出项)，其中输出项既可以为字符串，也可以为矩阵.

(3) 程序的暂停. 暂停程序的执行可以使用 pause 函数，调用格式为：pause(延迟秒数)，如果省略延迟时间，则将暂停程序，直到用户按任一键后程序继续执行. 若要强行中止程序的运行可使用 Ctrl+C 命令.

A7.2 选择结构

(1) **if 语句.** if 语句有 3 种格式.

- 单分支 if 语句：

```
if  条件
    语句组
end
```

当条件成立时，执行语句组，执行完之后继续执行 if 语句的后继语句；若条件不成立，则直接执行 if 语句的后继语句.

- 双分支 if 语句：

```
if  条件
    语句组 1
else
    语句组 2
end
```

当条件成立时，执行语句组 1，否则执行语句组 2，语句组 1 或语句组 2 执行后，执行 if 语句的后继语句.

● 多分支 if 语句

```
if       条件 1
         语句组 1
elseif   条件 2
         语句组 2
         …
elseif   条件 m
         语句组 m
else
         语句组 n
end
```

当条件 1 成立时，执行语句组 1，然后执行 if 语句的后继语句；否则依次检查条件 2，条件 3，……，条件 m，一旦发现某条件成立，立即执行对应的语句组，然后执行 if 语句的后继语句；若上述条件均不成立，则执行语句组 n，然后执行 if 语句的后继语句.

（2）**switch 语句.** switch 语句根据表达式的取值不同，分别执行不同的语句，其语句格式为

```
switch      表达式
case        表达式 1
            语句组 1
case        表达式 2
            语句组 2
            ⋮
case        表达式 m
            语句组 m
otherwise
            语句组 n
end
```

当表达式的值等于表达式 1 的值时，执行语句组 1，当表达式的值等于表达式 2 的值时，执行语句组 2，……，当表达式的值等于表达式 m 的值时，执行语句组 m，当表达式的值不等于 case 所列的表达式的值时，执行语句组 n. 任意一个分支语句执行完后，直接执行 switch 语句的下一句.

（3）**try 语句.** 语句格式为

```
try
     语句组 1
catch
     语句组 2
end
```

try 语句先试探性执行语句组 1，如果语句组 1 在执行过程中出现错误，则将错误信息赋给保留的 lasterr 变量，并转去执行语句组 2. try 语句经常用于程序调试.

A7.3 循环结构

（1）**for 语句.** for 语句的格式为

```
for  循环变量=表达式 1:表达式 2:表达式 3
     循环体语句
end
```

其中表达式 1 为循环变量的初值，表达式 2 为步长，表达式 3 为循环变量的终值. 步长为 1 时，表达式 2 可以省略.

for 语句更一般的格式为

```
for  循环变量=矩阵表达式
     循环体语句
end
```

执行过程是依次将矩阵的各列(视作元素)赋给循环变量，然后执行循环体语句.

（2）**while 语句.** while 语句的一般格式为

```
while  （条件）
          循环体语句
end
```

若条件成立，则执行循环体语句，执行后再判断条件是否成立，若不成立则跳出循环.

（3）**break 语句和 continue 语句.**

break：当在循环体内执行到该语句时，程序将跳出循环，执行循环语句的下一语句.

continue：当在循环体内执行到该语句时，程序将跳过循环体中剩下的语句，执行下一次循环.

break 语句和 continue 语句一般与 if 语句配合使用.

（4）**循环的嵌套.** 如果一个循环结构的循环体又包含一个循环结构，就称为循环的嵌套，或称为多重循环结构. MATLAB 允许循环的嵌套.

A8 数据显示格式

格　式	中文解释	说　明	示　例(显示 1 000π)
format(short)	短格式、默认格式	显示 5 位十进制数	3.1416e+003
format long	长格式	显示 15 位浮点数	3.141592653589793e+003
format rat	有理格式	用近似分数显示	84 823/27

续 表

格 式	中文解释	说 明	示 例(显示 1 000π)
format short e	短格式 e 方式	工程计数法显示 5 位浮点数	3.1416e+003
format long e	长格式 e 方式	工程计数法显示 15 位浮点数	3.141592653589793e+003
format short g	短格式 g 方式	合适方式显示 5 位十进制数	3 141.6
format long g	长格式 g 方式	合适方式显示 15 位十进制数	3 141.59265358979
format hex	16 进制格式	显示十六进制数	40a88b2f704a9409
format bank	银行格式	只显示到小数点后 2 位	3 141.59

A9 MATLAB 的文件操作

A9.1 文件的打开与关闭

(1) 文件的打开. 打开文件用 fopen 函数,调用格式为

fid = fopen(文件名,打开方式)

其中,文件名用字符串形式,表示待打开的数据文件. 常见的打开方式有:'r' 表示对打开的文件读数据,'w' 表示对打开的文件写数据,'a' 表示在打开的文件末尾添加数据. fid 用于存储文件句柄值,句柄值用来标识该数据文件,其他函数可以利用它对该数据文件进行操作.

文件的数据格式有二进制文件和文本文件两种形式,在打开文件时需要指定文件格式类型.

(2) 文件的关闭. 关闭文件用 fclose 函数,调用格式为

sta = fclose(fid)

该函数关闭 fid 所表示的文件. sta 表示关闭文件操作的返回代码,若关闭成功,返回 0,否则返回 −1. 文件在进行完读、写等操作后,应及时关闭.

A9.2 文件的读写操作

(1) 二进制文件的读写操作

● 读二进制文件. fread 函数可以读取二进制文件的数据,并将数据存入矩阵. 其调用格式为

[A, COUNT] = fread(fid, size, precision)

其中,A 用于存放读取的数据,COUNT 返回所读取的数据元素个数,fid 为文件句柄,size 为可选项,若不选用则读取整个文件内容,若选用则它的值可以是下列值:N 表示读取 N 个元素到一个列向量;Inf 表示读取整个文件;[M, N]表示读数据到 $\boldsymbol{M}\times\boldsymbol{N}$ 的矩阵中,数据按列存放. precision 代表读写数据的类型,如 'int' 或 'float'.

● 写二进制文件. fwrite 函数按照指定的数据类型将矩阵中的元素按列写入文件中. 其调用格式为

COUNT = fwrite(fid, A, precision)

其中,COUNT 返回所写的数据元素个数,fid 为文件句柄,A 用来存放写入文件的数据,precision 用于控制所写数据的类型,其形式与 fread 函数相同.

(2) 文本文件的读写操作

● 读文本文件. fscanf 函数读取文本文件,调用格式为

$$[A,\ COUNT] = fscanf(fid,\ format,\ size)$$

其中,A 用以存放读取的数据,COUNT 返回所读取的数据元素个数,fid 为文件句柄,format 用以控制读取的数据格式,由 size 为可选项,决定矩阵 **A** 中数据的排列形式.

● 写文本文件. fprintf 函数写入文本文件,调用格式为

$$COUNT = fprintf(fid,\ format,\ A)$$

其中,A 存放要写入文件的数据. 先按 format 指定的格式将数据矩阵 **A** 格式化,然后写入到 fid 所指定的文件. 格式符与 fscanf 函数相同.

A10 MATLAB 的帮助系统

A10.1 帮助窗口

可以通过以下 3 种方法进入帮助窗口:

(1) 单击 MATLAB 主窗口工具栏中的 Help 按钮;

(2) 在命令窗口中输入 helpwin,helpdesk 或 doc;

(3) 选择 Help 菜单中的"MATLAB Help"选项.

A10.2 帮助命令

MATLAB 帮助命令包括 help,lookfor 以及模糊查询.

(1) help 命令. 在 MATLAB 命令窗口中直接输入 help 命令将会显示当前帮助系统中所包含的所有项目,即搜索路径中所有的目录名称. 同样,可以通过 help 加函数名来显示该函数的帮助说明.

(2) lookfor 命令. help 命令只搜索出那些关键字完全匹配的结果,lookfor 命令对搜索范围内的 M 文件进行关键字搜索,条件比较宽松. lookfor 命令只对 M 文件的第一行进行关键字搜索. 若在 lookfor 命令加上-all 选项,则可对 M 文件进行全文搜索.

(3) 模糊查询. MATLAB 6.0 以上的版本提供了一种类似模糊查询的命令查询方法,用户只需要输入命令的前几个字母,然后按 Tab 键,系统就会列出所有以这几个字母开头的命令.

A10.3 演示系统

在帮助窗口中选择演示系统(Demos)选项卡,然后在其中选择相应的演示模块,或者在命令窗口输入 Demos,或者选择主窗口 Help 菜单中的 Demos 子菜单,打开演示系统.

A11 给初学者的十条提醒

初学 MATLAB 者常犯的错误,绝大部分(80%以上)仅仅是一些低级错误,注意避免这些错误可以使运行 MATLAB 的命令或程序大为顺利.

(1) 所有输入(除了注释符%后的)内容,必须是英文状态下的字母、符号、数字;
(2) 所有命令必须符合它的格式要求;
(3) 进行新的运算或运行新的程序前应当用 clear 清除以前留存在工作空间的变量;
(4) 需要用数组运算的场合(如用 plot 作图时的函数表达式)必须用点运算;
(5) 在 while 循环中条件判断表达式的值要及时更新;
(6) 各种括号必须正确配对;
(7) 逻辑表达式相等应当用"==",而不是"=";
(8) 矩阵加减,或向矩阵添加行、列时,行、列必须匹配;
(9) 文件名不能是数字,也不能与内部文件名和其他文件名冲突;
(10) 变量赋值后原值不再存在,必要时应另设变量保留原值.

附录 B 第 6 章中的几个 MATLAB 程序

B1 求最短路程序 sroute. m

```
function route=sroute(G,opt)
%求图的最短路的 Dijkstra 算法程序,规定起点为 1,顶点连续编号
%G 是给定图的邻接矩阵或弧表矩阵,程序能够自动识别
%当 opt = 0(或缺省)时求无向图的最短路,当 opt = 1 时求有向图的最短路
%d——标记最短距离
%route 是一个矩阵,第一行标记顶点,第 2 行标记 1 到该点的最短距离
%第 3 行标记最短路上该点的先驱顶点
while 1      %此循环自动识别或由弧表矩阵生成邻接矩阵
   if G(1,1)==0
      A=G;
      n=size(A,1); A1=A; A1(A1==inf)=0;
      M=sum(sum(A1)); A1(A1==0)=M; A=A1-M*eye(n);
      break
   else
      e=G
      n=max([e(:,1);e(:,2)]);                %顶点数
      m=size(e,1);                           %边数
      M=sum(e(:,3));                         %代表无穷大
      A=M*ones(n,n);
      for k=1:m
         A(e(k,1),e(k,2))=e(k,3);
         if opt==0
```

```
            A(e(k,2),e(k,1))=e(k,3);          %形成无向图的邻接矩阵
          end
        end
      A=A-M*eye(n)                            %形成图的邻接矩阵
      end
      break
  end
  pb(1:length(A))=0;pb(1)=1;                  %永久标号点
  index1=1;                                   %标记确定为永久标记的次序
  index2=ones(1,length(A));                   %标记最短路上各点的先驱顶点
  d(1:length(A))=M;d(1)=0;                    %标记距离
  temp=1;                                     %标记最近一个永久标号点
  while sum(pb)<length(A)
      tb=find(pb==0);                         %临时标号点
      d(tb)=min(d(tb),d(temp)+A(temp,tb));    %更新距离
      tmpb=find(d(tb)==min(d(tb)));           %确定新最小距离点
      temp=tb(tmpb(1));                       %记录新永久标号点
      pb(temp)=1;                             %增加新永久标号点
      index1=[index1,temp];                   %记录新永久标号点
      index=index1(find(d(index1)==d(temp)-
      A(temp,index1)));                       %确定前驱顶点
      if length(index)>=2                     %前驱顶点多于 1 个时取第一个
          index=index(1);
      end
      index2(temp)=index;                     %记录前驱顶点
  end route=[1:n;d;index2];
```

B2　求最小生成树程序 mtree. m

```
function[result,weight]=mtree(G)
%求图的最小生成树的 Prim 算法
%G 是给定图的邻接矩阵或弧表矩阵,程序能够自动识别
%result 的第 1,2,3 行分别表示生成树边的起点、终点、权集合
if(nargin==1)
    opt=0;
end                                           %此循环自动识别或由弧表矩阵
while 1                                       生成邻接矩阵
    if G(1,1)==0
```

```
        A=G;
        n=size(A, 1); A1=A; A1(A1==inf)=0;
        M=sum(sum(A1))
        A1(A1==0)=M; A=A1-M * eye(n);
        break
    else
        e=G
        n=max([e(:,1);e(:,2)]);                  %顶点数
        m=size(e,1);                             %边数
        M=sum(e(:,3));                           %代表无穷大
        A=M * ones(n,n);
        for k=1:m
            A(e(k,1),e(k,2))=e(k,3);
            A(e(k,2),e(k,1))=e(k,3);
        end
        A=A-M * eye(n);                          %形成图的邻接矩阵
    end
    break
end
result=[];p=1;                                   %设置生成树的起始顶点
tb=2:length(A);                                  %设置生成树以外顶点
while length(result)~=length(A)-1                %边数不足顶点数-1
    temp=A(p,tb);temp=temp(:);                   %取出与 p 关联的所有边
    d=min(temp);                                 %取上述边中的最小边
    [jb,kb]=find(A(p,tb)==d);                    %寻找最小边的两个端点(可能不
                                                 止一个)
    j=p(jb(1));k=tb(kb(1));                      %确定最小边的两个端点
    result=[result,[j;k;d]];                     %记录最小生成树的新边
    p=[p,k];                                     %扩展生成树的顶点
    tb(find(tb==k))=[];                          %缩减生成树以外顶点
end
weight=sum(result(3,:))                          %计算最小生成树的权
result
```

B3 求二部图最优匹配程序

```
function[zuj,zyz]=optmatch(w,option)
%求二部图最优匹配的程序
```

```
%w是二部图的权矩阵(方阵)
%zuj给出最优匹配,zuz给出最优匹配的权
%option为1或缺省时求权最大的匹配,option为零时求权最小的匹配
global n flag1 s t v m y z
if nargin<2,option=1;end
if option==0,tempw=w;w=max(max(w))+1-w;end
n=length(w)
r=zeros(1,n);c=max(w');
w0=zeros(n,n);e=[];
for i=1:n
      for j=1:n
          if (w(i,j)>0)&(w(i,j)==c(i)+r(j))
              w0(i,j)=w(i,j);
              e=[e;[i,j]];
          end
      end
end
match(e);            %调用匈牙利算法求二部图的最大匹配
while flag1~=1
     ct=setdiff(v,t);
     for i=s
        for j=ct
           w1(i,j)=c(i)+r(j)-w(i,j);
        end
     end
     w1=w1(s,ct);
     a=min(min(w1));
     for i=s
        c(i)=c(i)-a;
     end
     for j=t
        r(j)=r(j)+a;
     end
     w0=zeros(n,n);e=[];
     for i=1:n
          for j=1:n
              if(w(i,j)>0)&(w(i,j)==c(i)+r(j))
                 w0(i,j)=w(i,j);
                 e=[e;[i,j]];
```

```
                end
            end
        end
        e;
        match(e);
end
fprintf('     SUCCESS! ')
w2=zeros(n,n);
for i=1:length(m)
        w2(m(i,1),m(i,2))=1;
end
w2
if option==0
        zyj=tempw.*w2
else
        zyj=w.*w2
end
zyz=sum(sum(zyj))

function match(e)        %用匈牙利算法求二部图最大匹配的子程序
global n flag1 s t v m y z;
v=1:n;m=[];e1=e;
while 1-isempty(e1)
        m=[m;e1(1,:)];
        k1=find(e1(:,1)==e1(1,1));
        k2=find(e1(:,2)==e1(1,2));
        k=union(k1,k2);e1(k,:)=[];
end
x=m(:,1)';
while length(x)<n
        flag1=2;flag2=0;
        u0=setdiff(v,x);
        u=u0(1);s=[u];t=[];
        z=u;xy=[];yx=[];
        while 1
            ns=neib(e,s);        %调用函数 neib.m 搜寻 e 的邻接边
            y0=setdiff(ns,t);
            if isempty(y0)
```

```
            flag1=0;break
          end
          y=y0(1);
          k1=find(e(:,2)==y);
          k2=e(k1,1)';
          k3=intersect(s,k2);
          yx(y)=k3(1);
          while 1
              z=m(m(:,2)==y);
              if isempty(z)
                  flag2=1;break
              else
                  xy(z)=y;
                  s=[s,z];
                  t=[t,y];
                  break
              end
          end
          if flag2==1
              break
          end
      end
      if flag1==0
          fprintf('\n      Failure! \n');break
      end
      x1=yx(y);p=[x1,y];
      while x1~=u
          y1=xy(x1);p=[p;[x1,y1]];
          x1=yx(y1);p=[p;[x1,y1]];
      end
      m=setxor(m,p,'rows');
      x=[x,u];
  end
  if length(m)==n
      flag1=1;fprintf('\n      Success! \n');m
  end

  function ns=neib(e,s)       %搜寻邻接边的一个函数
```

```
ns=[];
for i=1:length(s)
    k=find(e(:,1)==s(i));
    ns=union(ns,(e(k,2))');
end
```

B4 整数线性规划程序 IntLp.m

```
function[x,y]=IntLp(f,G,h,Geq,heq,lb,ub,x,id,options)
%整数线性规划分支定界法
%y=minf'*x,st:G*x<=h,Geq*x=heq
%用法:[x,y]=IntLp(f,G,h,Geq,heq,lb,ub,x,id,options)
%x:最优解列向量,y:目标函数最小值,f:目标函数系数列向量
%G:约束不等式条件系数矩阵,h:约束不等式条件右端系数列向量
%Geq:约束等式条件系数矩阵,heq:约束等式条件右端系数列向量
%lb:解的下界列向量,(Default:-inf)
%ub:解的上界列向量,(Default:inf)
%x:迭代初值列向量,
%id:整数变量指标列向量,1-整数(Default:1),0-实数
%options 的设置参见 optimset 或 linprog

global upper opt c x0 A b Aeq beq ID options;
if nargin<10
    options=optimset({});options.Display='off';options.LargeScale='off';
end
if nargin<9,id=ones(size(f));end
if nargin<8,x=[];end
if nargin<7|isempty(ub),ub=inf*ones(size(f));end
if nargin<6|isempty(lb),lb=zeros(size(f));end
if nargin<5,heq=[];end
if nargin<4,Geq=[];end
upper=inf;c=f;x0=x;A=G;b=h;Aeq=Geq;beq=heq;ID=id;
ftemp=IntLP(lb(:),ub(:));
x=opt;y=upper;

function ftemp=IntLP(vlb,vub)
global upper opt c x0 A b Aeq beq ID options;
[x,ftemp,how]=linprog(c,A,b,Aeq,beq,vlb,vub,x0,options);
```

```
if how<=0
    return;
end
if ftemp-upper>0.00005                                %in order to avoid errow
    return;
end
if max(abs(x*ID-round(x*ID)))<0.00005
    if upper-ftemp>0.00005                            %in order to avoid errow
        opt=x';upper=ftemp;
        return;
    else
        opt=[opt;x'];
        return;
    end
end
notintx=find(abs(x-round(x))>=0.00005);              % in order to avoid errow
intx=fix(x);tempvlb=vlb;tempvub=vub;
if vub(notintx(1,1),1)>=intx(notintx(1,1),1)+1
    tempvlb(notintx(1,1),1)=intx(notintx(1,1),1)+1;
    ftemp=IntLP(tempvlb,vub);
end
if vlb(notintx(1,1),1)<=intx(notintx(1,1),1)
    tempvub(notintx(1,1),1)=intx(notintx(1,1),1);
    ftemp=IntLP(vlb,tempvub);
end
```

B5 导弹追踪问题程序 missile.m

```
%(a, b)为敌舰位置,u 为导弹速度,v 是敌舰速度
%theta 是敌舰逃跑方向与 x 轴正向夹角
clear;close all;
global a b u v theta te ar bu
data=input('data=')  %[敌舰横坐标,敌舰纵坐标,导弹速度,敌舰速度,敌舰逃跑方向角]
a=data(1);
b=data(2);
u=data(3);
v=data(4);
theta=data(5);
```

```
%a=40;b=-10;u=300;v=90;theta=pi/3;
%解析解
a1=a*sin(theta)-b*cos(theta);
b1=a*cos(theta)+b*sin(theta);
c1=a1^(v/u)*(b1/a1+sqrt(1+b1*b1/a1/a1));
c2=(c1*u/(u-v)*a1^((u-v)/u)-u/c1/(u+v)*a1^((u+v)/u))/2;
x1=linspace(0,a1,100);
y1=-(c1*u/(u-v)*(a1-x1).^((u-v)/u)-u/c1/(u+v)*(a1-x1).^((u+v)/
u))/2+c2;
x= x1*sin(theta)+y1*cos(theta);
y=-x1*cos(theta)+y1*sin(theta);
plot(x,y,'r',[a,x(end)],[b,y(end)],'g',a,b,'go',x(end),y(end),'ro')
xe=x(end)-a;ye=y(end)-b;
te=sqrt(xe*xe+ye*ye)/v;
ar=1.1*x(end);bu=y(end)+0.1*(y(end)-b);
te,[x(end),y(end)]
legend('解析解',2);
hold on
pause
%数值解  要用 daodanfun.m,daodanf.m
daodanfun(a,b,u,v,theta);
legend('数值解',2);
pause
%模拟解
d=1/u/2;
xv(1)=a;yv(1)=b;xu(1)=0;yu(1)=0;k=1;
while xu(k)<xv(k)
      xv(k+1)=xv(k)+d*v*cos(theta);
      yv(k+1)=yv(k)+d*v*sin(theta);
      h1=xv(k)-xu(k);h2=yv(k)-yu(k);
      l=sqrt(h1*h1+h2*h2);
      h1=h1/l;h2=h2/l;
      xu(k+1)=xu(k)+u*d*h1;yu(k+1)=yu(k)+u*d*h2;
      k=k+1;
end
plot(xv,yv,'g',xu,yu,'b')
xx=x(end)-a;yy=y(end)-b;
tm=sqrt(xx*xx+yy*yy)/v;
```

```
tm,[xv(end),yv(end)]
legend('模拟解',2);
pause
%动画演示
figure
z1=xv(1:2:end);z2=yv(1:2:end);
z3=xu(1:2:end);z4=yu(1:2:end);
for k=1:length(z1)
    plot(z1(k),z2(k),'o',z3(k),z4(k),'r.');
    axis([0,ar,min([0,b]),bu]);hold on;
    mm(k)=getframe;
end
hold off;
movie(mm,0);hold on
plot(z1(end),z2(end),'rp','markersize',14);
legend('敌舰','导弹',2);
hold off

function daodanfun(a,b,u,v,theta)      %程序 missile.m 的子程序
%用途:计算导弹追踪问题数值解
%格式:daodanfun(a,b,u,v,theta)
%(a, b)为敌舰位置,u 为导弹速度,v 是敌舰速度
%theta 是敌舰逃跑方向与 x 轴正向夹角
global a b u v theta te
[t,y]=ode45(@daodanf,[0,te],[0,0],[],a,b,u,v,theta);
x=[a+v*t*cos(theta),b+v*t*sin(theta)];
plot(x(:,1),x(:,2),'g',y(:,1),y(:,2),'r.')

function dy=daodanf(t,y,a,b,u,v,theta)
global a b u v theta te
c1=a+v*t*cos(theta)-y(1);
c2=b+v*t*sin(theta)-y(2);
dy(1)=u*c1/sqrt(c1^2+c2^2);
dy(2)=u*c2/sqrt(c1^2+c2^2);
dy=dy(:);
```

B6 三位理发师的随机服务系统程序 barber3.m

```
clear;
a=cumsum(exprnd(10,1,3))-10;
b=(a<0).*0+(a>0).*a;                 %开始服务时间
s=unifrnd(15,30,1,3);
e=b+s;
w=b-a;
c=[1 2 3];                           %记录理发师编号
b1=b(1);b2=b(2);b3=b(3);
e1=e(1);e2=e(2);e3=e(3);
a(4)=a(3)+exprnd(10);
b0=b;e0=e;k=4
while a(k)<570
    [m,j]=min(e0);                   %搜寻近期最早完工的理发师编号
    b(k)=max(a(k),m);                %开始服务时间取决于到达时间和完工时间
    s(k)=unifrnd(15,30);
    e(k)=b(k)+s(k);
    w(k)=b(k)-a(k);
    b0(j)=b(k);                      %理发师j开始为顾客k理发时间
    e0(j)=e(k);                      %理发师j结束为顾客k理发时间
    c=[c,j];                         %记录理发师j为顾客服务编号
    if e1(end)<e0(1)                 %记录理发师1结束新一轮服务时间(如有)
        b1=[b1,b0(1)];e1=[e1,e0(1)];
    end
    if e2(end)<e0(2)                 %记录理发师2结束新一轮服务时间(如有)
        b2=[b2,b0(2)];e2=[e2,e0(2)];
    end
    if e3(end)<e0(3)                 %记录理发师3结束新一轮服务时间(如有)
        b3=[b3,b0(3)];e3=[e3,e0(3)];
    end
    k=k+1;                           %新顾客
    a(k)=a(k-1)+exprnd(10);          %新到顾客时间
end
a(end)=[];                           %去掉最后一个多余数据
n=length(a);
aw=sum(w)/n;as=sum(s)/n;
disp('    #n    arive    begin    end    waite    serve    sever')
```

```
%顾客序号 到达时间 开始理发时间 结束理发时间 等待时间 理发时间 理发师序号
[(1:n)',a',b',e',s',w',c']
disp('     awt      ast')
[aw,as]

t=max(480,e(end));                                    %总营业时间
t1=sum(e1-b1);t2=sum(e2-b2);t3=sum(e3-b3);            %各理发师实际服务时间
sr=mean([t1,t2,t3])/t;                                %各理发师平均服务效率
f1=find(c==1);                                        %理发师 1 的理发对象
f2=find(c==2);                                        %理发师 2 的理发对象
f3=find(c==3);                                        %理发师 3 的理发对象
disp('     n     b1     e1     s1   ')
%1 号理发师服务顾客序号  开始理发时间  结束理发时间  理发时间
[f1',b1',e1',(e1-b1)']
disp('     n     b2     e2     s2   ')
%2 号理发师服务顾客序号  开始理发时间  结束理发时间  理发时间
[f2',b2',e2',(e2-b2)']
disp('     n     b3     e3     s3   ')
%3 号理发师服务顾客序号  开始理发时间  结束理发时间  理发时间
[f3',b3',e3',(e3-b3)']
disp('     t     t1     t2     t3     sr   ')
%总营业时间 1 号理发师服务时间 2 号理发师服务时间 3 号理发师服务时间 工作效率
[t,t1,t2,t3,sr]

q(1)=0;
for k=2:n
    q(k)=k-min(find(e>a(k)));
end
lq=max(q)                                             %最大队长
```

B7 居民楼电梯程序 elevater.m

```
clear all                                             %准备工作
n1=input('n1({\CC=x CE HK J{\char125}})= ')
n2=input('n2({\CC 3v CE HK J{\char125}})=')
d1=exprnd(180*60/n1,1,n1);
a1=cumsum(d1);a=a1;
c=unidrnd(20,1,n1);
```

```
d2=exprnd(180*60/n2,1,n2);
a2=cumsum(d2);
c2=unidrnd(20,1,n2);
q=zeros(20,floor(n2/20));
for j=1:n2
    q(c2(j),sum(q(c2(j),:)>0)+1)=a2(j);
end
t=0;w1=0;w2=0;lc=0;r=0;rt=0;                     %赋初值
%x=0;y=0;
while length(a)>0|sum(any(q))>0                 %电梯运行到乘客为空
    if length(a)==0                             %确定最先呼叫时刻及楼层
        [t0,h]=min(q(find(q(:,1)>0),1));
    elseif sum(any(q))==0
        t0=a(1);h=0;
    else
        [tt,hh]=min(q(find(q(:,1)>0),1));
        [t0,k]=min([a(1),tt]);h=(k-1)*hh;
    end
    if t0>t                                     %暂无呼叫
        rt=rt+t0-t;t=t0;                        %电梯休息时间、更改时间
    else                                        %已有呼叫
          if h==0                               %乘客呼叫上楼
            k=min(sum(a<t+2),15);               %能进乘客数
            h=max(c(1:k));                      %最高楼层
            m=length(union(c(1:k),[]));         %电梯停留层数
            w1=w1+k*(t+2)-sum(a(1:k));          %等待时间
            a(1:k)=[];c(1:k)=[];                %修改数据
            t=t+1+h-lc+6*m+0.5*k;               %上到最高呼叫层
            lc=h;r=0;
            % x=x+1
    else                                        %乘客呼叫下楼
            while lc<h
            t=t+1;                              %起动
            while 1                             %寻找最高呼叫楼层
                s=find(q(:,1)<=t&q(:,1)>0);     %等候电梯人的集合
                if length(s)>0                  %有人等候
                    h=max(s);                   %确定最高楼层
                end
```

```
            if h>lc                                 %呼唤楼层高于电梯当前楼层
                t=t+h-lc;lc=h;
            else                                    %停止搜寻
                %y=y+1
                break
            end
        end
    end
    while lc>0                                      %逐层观察和进入
        k=min(sum(q(lc,:)<t+3 &                     %确定能进电梯人数
            q(lc,:)>0),15-r);
        if k>0
            r=r+k;
            w2=w2+k*(t+3)-sum(q(lc,1:k));           %累计等待时间
            t=t+6+0.5*k;
            q(lc,:)=[q(lc,k+1:end),zeros(1,k)];     %修改q表
        end
        lc=lc-1;t=t+1;                              %电梯下降一层
    end
    t=t+5+0.5*r;r=0;                                %乘客送出底层
  end
 end
end
aw1=w1/n1;aw2=w2/n2;                                %上下楼乘客平均等待时间
aw=(w1+w2)/(n1+n2);                                 %乘客平均等待时间(s)
[aw1,aw2,aw]
format short g
wt=t-rt;[wt/60,wt/t]                                %电梯工作时间(min)
format short
```

参 考 文 献

[1] Adler F R. Modeling the Dynamics of Life: Calculus and Probability for Life Science [M]. Second Edition. Brooks Cole, 2005.(中译本,微积分与概率统计——生命动力学的建模[M]. 叶其孝,等译. 北京:高等教育出版社,2011.)

[2] Kapitaniak T. 面向工程的混沌学——理论、应用及控制[M]. 2 版. 施引,等译. 北京:国防工业出版社,2008.

[3] 蔡光兴,金裕红. 大学数学实验[M]. 北京:科学出版社,2007.

[4] 堵秀凤. 数学实验[M]. 北京:科学出版社,2009.

[5] 戴立辉. 线性代数[M]. 3 版. 上海:同济大学出版社,2013.

[6] 方道元,韦明俊. 数学建模——方法导引与案例分析[M]. 杭州:浙江大学出版社,2011.

[7] 冯杰. 数学建模原理与案例[M]. 北京:科学出版社,2007.

[8] 姜启源,谢金星,邢文训,等. 大学数学实验[M]. 2 版. 北京:清华大学出版社,2010.

[9] 姜启源,谢金星,叶俊. 数学建模 [M]. 5 版. 北京:高等教育出版社,2018.

[10] 韩明. 将数学实验的思想和方法融入大学数学教学[J]. 大学数学,2011,27(4):137-141.

[11] 韩明.《概率论与数理统计》中借助数学实验理解几个极限定理[J]. 大学数学,2013,29(4):127-131.

[12] 韩明. 应用多元统计分析[M]. 2 版. 上海:同济大学出版社,2017.

[13] 韩明. 概率论与数理统计教程[M]. 2 版. 上海:同济大学出版社,2018.

[14] 韩明. 概率论与数理统计[M]. 5 版. 上海:同济大学出版社,2019.

[15] 韩明,张积林,李林,等. 数学建模案例[M]. 2 版. 上海:同济大学出版社,2020.

[16] 胡良剑,孙晓君. MATLAB 数学实验[M]. 2 版. 北京:高等教育出版社,2018.

[17] 胡守信,李柏年. 基于 MATLAB 的数学实验[M]. 北京:科学出版社,2004.

[18] 黄平,刘小兰,温旭辉. 数学实验典型案例 [M]. 北京:高等教育出版社,2015.

[19] 李尚志. 培养学生创新素质的探索——从数学建模到数学实验[J]. 大学数学,2003,19(1):46-50.

[20] 李水根. 分形[M]. 北京:高等教育出版社,2004.

[21] 李继成. 数学实验[M]. 2 版. 北京:高等教育出版社,2014.

[22] 李宏艳,王雅芝. 经济数学基础——数学实验[M]. 2 版. 北京:清华大学出版社,2007.

[23] 乐经良. 大学数学课程报告论坛组委会. 大学数学教学中的实验[C]. 大学数学课程报告论坛论文集 2005. 北京:高等教育出版社,2006,109-113.

[24] 刘式达,梁福明,刘式适,等. 自然科学中的混沌和分形[M]. 北京:北京大学出版社,2004.

[25] 刘二根,王广超,朱旭生. MATLAB 与数学实验[M]. 北京：科学出版社,2014.
[26] 马昌凤,林伟川. 现代数值计算方法(MATLAB 版)[M]. 北京：科学出版社,2008.
[27] 任玉杰. 高校数学教学模式改革与数学实验[J]. 大学数学,2004,20(1) ：19-23.
[28] 孙洪泉. 分形几何与分形插图[M]. 北京：科学出版社,2011.
[29] 薛定宇. 高等应用数学问题的 MATLAB 求解[M]. 4 版. 北京：清华大学出版社,2018.
[30] 万福永. 数学实验教程(Matlab 版)[M]. 北京：科学出版社,2006.
[31] 王正东. 数学软件与数学实验[M]. 2 版. 北京：科学出版社,2010.
[32] 肖海军. 数学实验初步[M]. 2 版. 北京：科学出版社,2012.
[33] 宣明. 数学建模与数学实验[M]. 2 版. 杭州：浙江大学出版社,2016.
[34] 杨韧,秦健秋. 数学实验——基于 CDIO 模式[M]. 2 版. 北京：科学出版社,2014.
[35] 杨海涛. 高等数学(理工类,上、下册)[M]. 4 版. 上海：同济大学出版社,2018.
[36] 于方波. 混沌的计算实验与分析[M]. 北京:科学出版社,2008.
[37] 赵静,但琦. 数学建模与数学实验[M]. 4 版. 北京：高等教育出版社,2014.
[38] 张智丰. 数学实验[M]. 北京：科学出版社,2008.
[39] 周义仓,赫孝良. 数学建模实验[M]. 2 版. 西安：西安交通大学出版社,2007.
[40] 周永正,詹棠森,方成鸿,等. 数学建模[M]. 上海：同济大学出版社,2010.